机场鸟击防范系列丛书
民航局安全能力建设资助项目

机场植物学基础

施泽荣　白文娟　赵文娟　王　正　王伟鸿　编著

合肥工业大学出版社

图书在版编目(CIP)数据

机场植物学基础/施泽荣等编著．—合肥：合肥工业大学出版社，2017.6
ISBN 978-7-5650-3382-7

Ⅰ.①机…　Ⅱ.①施…　Ⅲ.①机场—植物—识别　Ⅳ.①Q949②V351

中国版本图书馆 CIP 数据核字(2017)第 146990 号

机场植物学基础

施泽荣　白文娟　赵文娟　王　正　王伟鸿　编著　　责任编辑　权　怡　责任校对　马栓磊　汪　钵

出　版	合肥工业大学出版社	**版　次**	2017 年 6 月第 1 版
地　址	合肥市屯溪路 193 号	**印　次**	2017 年 6 月第 1 次印刷
邮　编	230009	**开　本**	787 毫米×1092 毫米　1/16
电　话	编校中心：0551-62903210	**印　张**	10.25
	市场营销部：0551-62903198	**字　数**	243 千字
网　址	www.hfutpress.com.cn	**印　刷**	合肥创新印务有限公司
E-mail	hfutpress@163.com	**发　行**	全国新华书店

ISBN 978-7-5650-3382-7　　定价：30.00 元

序

自古以来，人类对鸟类的飞行都有着极大的兴趣。“列子御风”“嫦娥奔月”，翱翔蓝天之梦，自古有之。随着社会的发展，人们对“腰缠十万贯，骑鹤下扬州”的憧憬之心，日渐浓厚，充分反映出古代人们对快捷、安全、舒适、美观的飞行器的向往与追求。一百多年前，飞机的发明给人类插上了“金翅膀”，使飞行成为一种抵挡不住的诱惑。

人类的飞行，比鸟类晚了1.5亿多年。随着科学技术的不断发展，人类终于可以与鸟类共游一片蓝天。然而，蔚蓝的天空并不平静，当飞机与鸟类同时使用同一空域时，鸟击灾害就发生了。据不完全统计：全世界民航业，每年有大约2万起不同程度的鸟击灾害发生，造成直接和间接经济损失约150亿美元。以美国为例，该国民航业每年因鸟击灾害导致直接经济损失约6.3亿美元、间接经济损失约25.2亿美元、飞机停场超过50万小时。鸟击灾害给人类造成了巨大的生命和财产损失，也带来了巨大的社会影响和心理压力。自20世纪50年代以来，全世界因鸟击造成的灾害共计：民航业有103架飞机损毁，706架飞机被击伤，3980人伤亡；军方有312架军机损毁，981架飞机损伤，396名飞行员伤亡（其中272人死亡、124人受伤）。更为严重的是，2005年美国“发现”号航天飞机升空时，燃料箱前端遭遇鸟击。因此，国际航空联合会（FAI）把鸟击灾害定为“A”级航空灾难。鸟击造成的灾害，也使人们在乘坐飞机时平添了几分心悸。

在人们的想象中，柔弱的小鸟与飞机相撞是以卵击石，而事实绝非如此。飞机真的害怕小鸟，鸟击飞机的威力非同一般。据测定，一只800g的鸟类，在飞机相对速度为300～500km/h时撞击飞机，就相当于一枚小型炮弹击中飞机。一只小鸟如果被吸进发动机，就会使进气道阻塞或打断涡轮叶片，导致空中停车、失火或操纵失控，造成灾难事故。

鸟击灾害并非是个新问题，早在1912年，美国人卡尔·罗杰斯（Kari

Rogers）驾机飞越美洲大陆时，就因鸟击导致坠机身亡。随后，为防止鸟击灾害的发生，飞机设计专家做了大量改进。但是，喷气发动机时代的到来，进一步加剧了鸟击灾害的发生。因为，早期飞机的活塞式发动机噪音大、速度慢，鸟类在空中还来得及避让飞机，即使发生鸟击灾害其损失也比较小，然而，现代喷气式飞机的速度快、噪音小、体型大，发动机的涡轮叶片与螺旋桨极易受到鸟击而遭损坏。因此，如何减控鸟击灾害的发生，确保飞行安全，已成为各国政府共同关心的一个大问题。

随着航空事业的快速发展，鸟击灾害问题被列入航空业的议事日程，因地制宜地制定综合防治与控制措施，坚持“以防为主，防治并举，土洋结合，经济有效”的原则，“治早、治小、治了”，及时清除鸟击带来的飞行安全隐患，已成为全人类的基本共识。目前，摆在我们面前的现实是，机场上空和地面上的鸟类及其他有害生物，已成为飞行安全的大敌。因此要防止鸟击灾害，确保飞行安全，就不能等到事故发生了才仓促应对，而要“以防为主”，打主动仗，在鸟类迁徙、集群、繁殖、扩散及活动峰值期，做好防控工作。也就是说，不但要认识防治对象，熟悉防控措施，还要掌握相应的鸟类及其他有害生物的活动规律，通过系统的调查研究和周密的计算分析，综合各种信息来预测（判断）鸟击灾害发生的高峰期、发生数量，以及可能受到危害的航线、机种、飞行高度等等，只有做到“知己知彼”，才能取得最佳的防治效果。鸟击灾害基础理论的研究工作，是我国鸟击灾害防治工作的基础，是减控鸟击灾害的重要环节，是保证飞机安全起降的重要工作。

在机场鸟击灾害防治工作中，我们要建立一支以机场专业人员为主的鸟击防灾专业队伍，广泛开展鸟击防范基础理论的研究工作，形成特有的鸟击防范理论体系和防灾综合治理模式，从而及时、有效地防治鸟击灾害的发生，为飞行安全做出贡献。

机场鸟击防范是一项崭新的、前所未有的工作，与气象、地质、害虫等自然灾害相比，鸟击防范没有完整的理论体系，缺乏先进的仪器设备，缺乏专业技术人才，更没有深厚的理论基础积淀。可以说，机场鸟击防范工作，在国内外起步都很晚，在理论体系的建设、应用技术的研究开发以及人才培养等方面都是白手起家。为开拓这一新的领域，广州民航职业技术学院的教师们抓住机遇，率先协同相关专家学者进行深入探讨与研究。首先，从基础理论体系建设入手，针对机场鸟击灾害的特点，编写出一套综合性的“机场鸟击防范系列丛书”，初步形成了较为完整的理论体系；其次，以全国不同生态、不同区域的民用和军用机场为研究基地，为培养鸟击防范专业技术人才，建立了一套鸟击防范综合治理模式；此外，利用现代雷达扫描技术，研究航空鸟击灾害预测预报与控制技术。

“机场鸟击防范系列丛书”让我耳目一新，特别是《鸟击防灾预测与预报技术》。据我了解，目前国内外尚无他人开展这一领域的系统研究，这是一种创新和探索。该系列丛书的出版，为我国在鸟击防范工作理论体系建设方面抢占世界理论研究和实践的制高点创造了条件，并且首开先河，开拓思路，为后续研究夯实了基础。该系列丛书既有比较深厚的理论基础，又有丰富的实践案例，图文并茂，通俗易懂，集科学性、实用性、可读性于一体。由于时间等诸多原因，尽管该系列丛书不够完善，甚至有不少疏漏之处，仍希望其能得到相关专家学者和同行的批评、指正；同时，也期盼更多的同仁及有兴趣的人士能够了解、支持并加入这一研究领域，为提升我国机场鸟击防范技术水平，实现有效治理做出贡献。毋庸置疑，该丛书必将对我国鸟击防范工作起到积极的指导和促进作用。可以说，它是一套具有科研参考价值和教学实用价值的好书，这是我在阅读该丛书后的观感，也是欣然为序的原因。相信广大读者读后也会有同感。

希望本套丛书的出版能进一步推动我国民航、军用机场鸟击防范工作的进步，使鸟击防范理论研究、新技术应用及鸟击防范人才培养工作，走在世界的前列。

广州民航职业技术学院院长　吴万敏

二〇一五年五月十八日

目　录

绪　论 ………………………………………………………………………… (1)

第一章　植物细胞 ………………………………………………………………… (8)

第一节　植物细胞基础知识 ………………………………………………… (8)

第二节　植物细胞的构造与功能 …………………………………………… (9)

第三节　植物细胞的繁殖 ………………………………………………… (25)

第二章　植物组织 ……………………………………………………………… (32)

第一节　植物组织的概念 ………………………………………………… (32)

第二节　植物组织的类型 ………………………………………………… (32)

第三节　植物体内的维管系统 …………………………………………… (45)

第三章　种子植物的营养器官 ………………………………………………… (47)

第一节　种子萌发与营养器官的发生 …………………………………… (47)

第二节　根 ………………………………………………………………… (52)

第三节　茎 ………………………………………………………………… (64)

第四节　叶 ………………………………………………………………… (80)

第五节　植物营养器官的变态 …………………………………………… (88)

第六节　种子植物的营养繁殖 …………………………………………… (92)

第四章　种子植物的有性生殖 ………………………………………………… (94)

第一节　裸子植物的有性生殖 …………………………………………… (94)

第二节　被子植物的有性生殖 …………………………………………… (97)

第五章　植物界的基本类群 …………………………………………………………（116）

第一节　概述 ……………………………………………………………………（116）

第二节　低等植物 ………………………………………………………………（118）

第三节　高等植物 ………………………………………………………………（132）

第四节　植物界基本类群的进化 …………………………………………………（142）

附录 1　植物界进化年表 …………………………………………………………（145）

附录 2　常见种子植物中文名、拉丁名对照 ……………………………………（146）

绪　论

一、植物的多样性

我国地形复杂，气候多样，植物资源丰富，已记载的高等植物有31 000多种，占全世界高等植物种类的十分之一，相当于整个欧洲的3倍。植物在大小、形态、结构、寿命和生活习性、营养方式、生态特性等方面表现出了极大的多样性，共同组成了复杂的植物界。根据这些不同的特征，一般将植物界划分为藻类植物、菌类植物、地衣、苔藓植物、蕨类植物和种子植物。

根据植物体结构的完善程度，可将植物分为两大类：低等植物和高等植物。低等植物包括藻类植物（绿藻门、裸藻门、金藻门、黄藻门、甲藻门、硅藻门、蓝藻门、褐藻门、红藻门）和菌类植物（细菌门、黏菌门、真菌门）、地衣（地衣门）；高等植物包括苔藓植物（苔藓植物门）、蕨类植物（蕨类植物门）、种子植物（种子植物门）。地衣是真菌与藻类共生的特殊低等植物。

根据植物体内是否含有叶绿素，可将植物分为绿色植物和非绿色植物。细菌和真菌植物体内不具有叶绿素，属于非绿色植物；藻类、苔藓、蕨类和种子植物具有叶绿素，属于绿色植物。

种子植物是现今地球上种类最多、最高等的类群，也是和人类经济生活最密切的类群。全部树木、农作物和绝大多数的经济植物都是种子植物。种子植物从形态构造到生活习性等各方面同样表现了多样性。有多年生的高大干直的乔木，低矮丛生的灌木，缠绕攀缘的藤本植物，一、二年生的多样的草本植物，等等。

二、植物在自然界的作用

（一）绿色植物的光合作用

光合作用是含叶绿素的植物组织在光下利用二氧化碳和水合成碳水化合物的过程，既是有机物的合成过程，也是光能转变为化学能的过程。

关于绿色植物光合作用产生有机碳的数量，据研究者估计，在森林中除用于呼吸作用以外，每公顷每天产生相当于75～300千克葡萄糖的有机碳，净光合作用每一个生长季里每公顷产生相当于21.8～77吨葡萄糖的有机碳；陆生植物在一年中产生16.6×10^9吨有机碳，而其中三分之一是树木产生的。

光合作用形成的碳水化合物是合成脂肪、蛋白质等其他有机化合物的基本有机物。这些碳水化合物绝大部分用于生长发育，一部分在呼吸过程中被氧化，释放出植物生命活动中所需要的能量，剩余部分贮藏在各器官中，供动物和人类进一步利用。由此可见，植物的光合作用是把无机物转化为有机物、把太阳能转化为化学能并且释放出氧的过程，是地球上生命活动所需能量的基本源泉。

人类所需要的多种生产生活资料都是由光合作用产生的，如果没有光合作用就不会有人类的生存与发展。人类的衣、食、住、行、药物以及工业原料，很大一部分是来源于植物光合作用的产物。就食的方面来说，粮食、油料、蔬菜、水果、糖、咖啡等都是植物提供的；就衣着方面来说，棉花、麻类是主要的原料；甚至动物提供的食品、原料，也是间接来源于植物的；住和行的方面，主要表现在木材利用上，房屋建筑、家具、桥梁、矿柱、枕木等都需要植物提供大量木材；在药物及工业原料方面，许多植物含有治疗各种疾病的药物成分，在造纸、纺织、制糖、橡胶、油漆、染料、芳香油、生物碱等工业制造方面也需要大量的植物作为原料。

光合作用创造了自然界无穷无尽的财富，对光合作用的研究将使人类更有效地获取自然界的财富，更有效地提高林木、农作物、经济植物的产量，并大规模地把太阳能转变为工业上可利用的能源。对光合作用的研究是一个重大的生物科学问题，同时又与人类现在面临的粮食、能源、资源、环境、材料、信息科学与技术等问题密切相关。

（二）非绿色植物的矿化作用

自然界的物质总是处在不断的运动中，不仅有从无机物合成有机物的过程，还有从有机物分解成无机物的过程。矿化作用是指细菌和真菌把死的有机物分解为简单无机物的过程。有机物分解的主要途径：一方面是通过动植物的呼吸作用；另一方面是死的有机体经过非绿色植物细菌和真菌的作用发生分解（或称为非绿色植物的矿化作用）。经过非绿色植物的矿化作用，复杂的有机物被分解成为简单的无机物，再回到自然界中，重新被绿色植物利用。

（三）植物在自然界物质循环中的作用

自然界的物质循环主要包括两个方面：一个是无机物的有机质化，即生物合成作用；另一个是有机物的无机质化，即矿化作用或分解作用。这两个过程对立统一，构成了自然界的物质循环。在物质循环过程中，以高等绿色植物为主的生产者，在无机物的有机质化过程中起主要作用；以异养型微生物为主的分解者，在有机质的矿化过程中起主要作用。如果没有微生物的作用，自然界各类元素及物质，就不可能周而复始地循环利用，自然界的生态平衡就不可能保持，人类社会也将不可能生存发展。

自然界的物质循环可分为水循环和其他物质的循环，后者包括碳循环、氮循环、硫循环等。

碳循环　大气中含有0.03%的二氧化碳（CO_2）。据估计地球上的绿色植物在光合作用过程中每年吸收的二氧化碳约等于大气中二氧化碳总量的1/35～1/50。按照植物每年光合作用所需要的二氧化碳量来计算，只要35～50年的时间，大气中的二氧化碳将全部耗尽。事实上大气中的二氧化碳含量是保持相对稳定的，因为大气中的二氧化碳可从植物、动物、微生物的呼吸作用，动植物尸体的分解，木材、煤炭、石油等物质的燃烧和火山的喷发等方面得到补充，使大气中的二氧化碳保持平衡。碳元素在自然界的循环如图 1 所示。

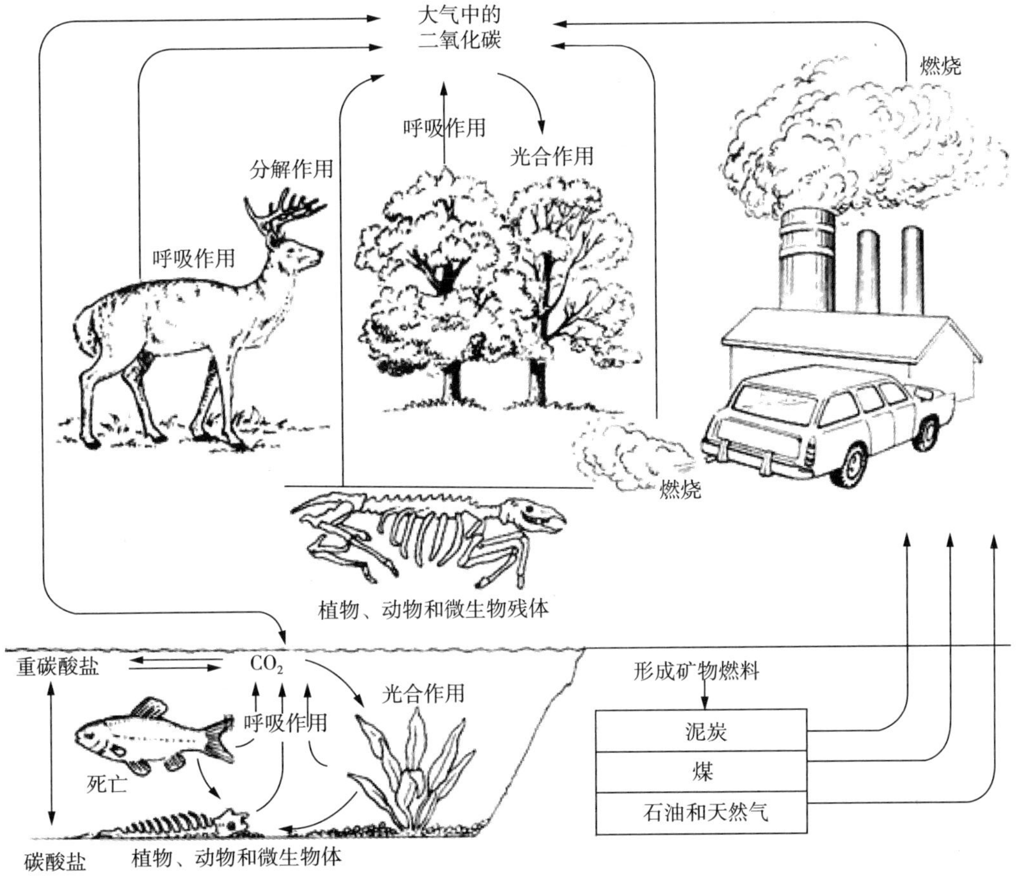

图 1　碳元素在自然界的循环

氮循环　氮素是植物生命活动中不可缺少的最重要元素之一，大气中约含 80% 的氮素。这种游离状态的氮素，不能被绿色植物直接利用，只有通过固氮作用与其他元素结合后，才能被植物吸收。少数细菌和蓝藻能够进行固氮作用，把空气中游离的氮合成为氮化合物，供给植物的氮素营养。绿色植物利用吸收的氮素合成蛋白质，建造自己的躯体。蛋白质又通过动植物的呼吸作用以及动植物尸体的分解放出氨，一部分成为含氨的盐类被植物吸收，是植物吸收氨盐的主要来源；另一部分经过硝化细菌的作用成为硝酸盐，硝酸盐也可以由反硝化细菌的作用回复成游离氮，再回到大气中。自然界的氮素就是这样通过植物的作用而辗转循环的。氮元素在自然界的循环如图 2 所示。

植物体内除碳和氮的循环以外，其他元素也都类似上述情况，先被植物吸收，又从植物复还自然界而循环着。总之，植物界是按照辩证的规律来完成其作用，一方面是合成作用，另一方面是分解作用，两者辩证统一，做有规律的变化，循环反复，使自然界成为无尽的宝库，维持着无数的生命。同时，使整个自然界，包括动物、绿色植物、非绿色植物以及非生物成为不可分割的统一体。

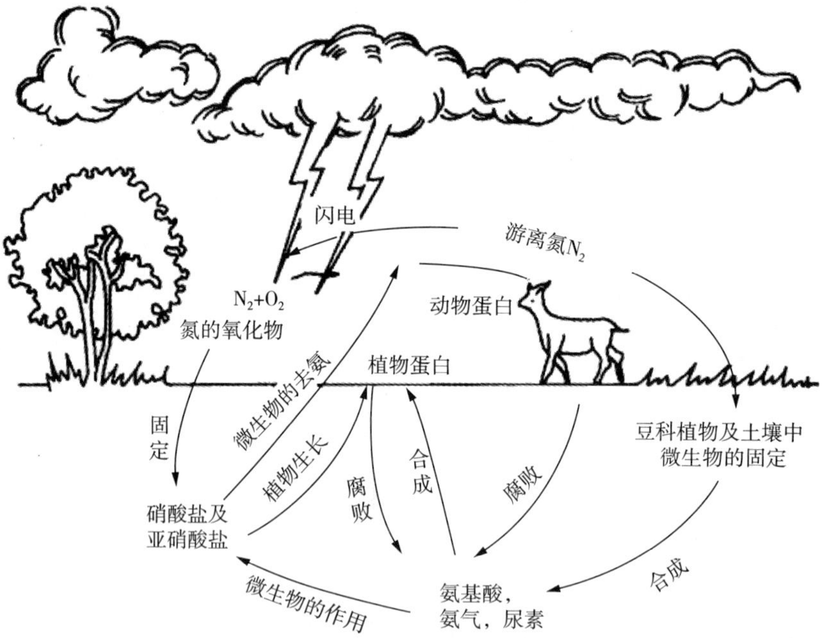

图 2　氮元素在自然界的循环

(四) 绿色植物对环境污染的净化作用

由于工业生产规模日益扩大，工厂排放的含有各种有害物质的废气、废水、废渣大量进入大气、水体和土壤，越来越严重地污染着环境，影响人类的生产和生活。

就植物与环境污染的关系来说，污染物对植物具有不同程度的危害，甚至造成植物的死亡。植物受害的程度，随着污染物的性质、浓度和植物的种类而有差异。有些植物表现出相当敏感，并在植物体上，特别在叶片上显出可见的症状，因此可以用来监测环境污染的程度。有些植物具有抗性及吸收累积污染物的能力。树木对大气污染具有不同程度的净化作用，除能吸收大气中的污染物质之外，树木能够吸收二氧化碳，补充大气中的氧气，并有调节气候、减弱噪声、阻止灰尘等作用。一些水生的藻类植物有积累重金属的作用，有些细菌可以转化有毒物质，可用于净化污水、改善水质。

三、植物学研究内容及分科

植物对人类生活与经济活动有极其重要的作用，衣、食、住、行、医药及工业品等都与植物的生产利用密不可分，因此植物是重要的生产对象，也是重要的研究对象。

植物学是研究植物界和植物体的生活和发展规律的科学。研究的目的是要了解和掌握植物生活、发育的规律，从而更好地控制、利用和改造植物，为社会主义建设服务。

植物学研究的内容极为广泛，主要包括植物的形态构造、生理机能、生长发育的规律，植物与环境的相互关系以及植物分布的规律，植物的进化与分类和植物资源利用等方面。

随着其他学科的发展，植物学的研究逐渐形成了一些专门的研究分科，如研究植物形态及形成规律的植物形态学；研究植物内部构造及形成规律的植物解剖学；区别植物种类，探索植物间亲缘关系，按照植物进化对植物进行分类的植物分类学；研究植物细胞结构、机能及其生命现象的植物细胞学；研究植物生命活动、生长发育规律的植物生理学；研究植物遗传与变异的植物遗传学；此外还有植物生态学、植物群落学、植物地理学等。

随着物理、化学等学科的发展，电子显微镜及其他新技术的应用，生物学研究发生了巨大变化，近年来又形成了许多新的分科，如从分子水平上研究生物生命现象的物质基础的分子生物学，从分子水平研究遗传和变异的物质基础的分子遗传学等。

上述学科的发展，都是由社会实践的要求所决定的，这些学科之间既是相互区别又是互为基础的。各学科都是植物学方面的基础理论，在植物学的发展史上以及现代的科学领域中具有重要的意义。科学发展至今，要说明一个问题的本质，要解决一个实际的问题，必须既有学科的分工，又有各学科的共同研究，按照辩证唯物主义的观点和理论联系实际的方法才能有效地解决。

四、我国植物学发展

我国是研究植物最早的国家之一，植物学知识经历了萌芽、积累、发展和壮大的过程，并对世界植物科学的形成和发展做出了巨大的贡献。距今七八千年前，黄河、长江流域各氏族部落经长期的尝、闻、辨识、采集和种植植物，积累了有关植物的知识。早在殷商时代就开始种植麦、黍、稻、粟等作物，有目的地观察、记载和描述植物的形态、生长和繁殖特性，区分植物为草、木两类，将菌类、藻类、葱蒜类、蓬蒿类等归为草类，将榆类、桑类、楝（槭树）类归为木类（《山海经》《夏时》）。西周（公元前 11 世纪—前 771 年）还专设官吏，从事动植物资源调查、辨名物、察地形、别土宜以及管理农田等，积累了许多有关植物的知识（《周礼·地官·司徒》）。

春秋战国时期是中国历史上由奴隶社会进入封建社会的大变革时期，不同学说、流派共荣，百家争鸣。植物学知识得到初步整理和记载，出现了农学、药物学（本草）和有关植物的著作，初步形成了比较系统的植物学知识。《诗经》记有黄河流域中、下游和长江以北地区的植物约 130 种，并有植物形态、生境和分布等描述。在当时，远志、菟丝子、益母草等植物已用为药用植物。《神农本草经》第一卷，收载、记述植物药材 252 种，是我国乃至世界最古老的草药书之一。

到秦汉时期，著《尔雅》，记述植物 200 余种，有《释草》（记菌类、藻类、葱蒜类、蓬蒿类等）、《释木》（记榆类、桑类、楝（槭树）类）专篇。分别给荷（莲）的茎、叶、花和种子以不同的名称。懂得树木的根部有“直根”（主根）和“曼根”（须根）之分，且知其有不同的生理功能（《韩非子·解老》）。

魏晋时期，嵇含撰《南方草木状》，记述热带、亚热带植物 80 种，分其为草、木、果、竹四类，对多数植物的生态特征、产地和用途做了精确的说明，是我国最早的植物专著，享有“世界最早的植物志”“最早的南方植物志”之誉。后魏贾思勰的《齐民要术》，称麦蘖为“黄衣”，认为五、六月可种豆，豆科植物可以肥田，豆类同谷类轮作可以增产。书中记载的有关农业产品的加工以及植物的接枝技术，同现今应用的方法极为相似。

唐宋时期，农业和手工业日益发展，政府置办药园（唐代）、花圃（宋代），组织学者广泛采集植物标本，比较研究植物的形态（特别是植物的花叶）特征、地理分布等，积累了更为丰富的植物知识，出现了大量的植物专谱和著作。如《新修本草》（《唐本草》）（659 年）、欧阳修的《洛阳牡丹记》（1031 年）、蔡襄的《荔枝谱》（1059 年）、苏颂等编撰的《本草图经》（1061 年）、韩彦直的《橘录》（1178 年）、陈仁玉的《菌谱》（1245 年）等，都是中国现存最早的专类植物图谱，并对此后的植物分类产生了重要影响。《花果卉木全芳备祖》（1256 年），全书 58 卷，分为果、花卉、草木、农桑、蔬菜和药物等部分，是我国乃至世界上最古老、最系统的一部植物词典。

元、明、清诸代，植物学知识继续积累和发展，除元代王祯的《农书》（1313 年前后）有一定影响外，以明代的贡献最大。明代徐光启（1562—1633）的《农政全书》（1628 年成书，1639 年刊出），为农业上的重要书籍。明末宋应星（1628—1644）的《天工开物》（1637 年）为植物工业上的重要书籍。明代李时珍，被称为“中国古代最杰出的博物学家”，其所著《本草纲目》，总结了 16 世纪以前我国的本草著作，记载药物 1892 种，其中植物药 1094 种，分为草、谷、菜、果、木等五部，内容十分丰富。《本草纲目》囊括了植物界的所有门类：低等的藻类植物、地衣植物和高等的苔藓植物、蕨类植物、裸子植物和被子植物。清《授时通考》（1742 年）为农业上、园艺上及工业上杰出的书籍，内有栽培植物的考订。清代吴其濬著《植物名实图考》和《植物名实图考长编》，前者分 38 卷、12 大类，记载植物 1714 种，分谷类、蔬菜、草类、果部、木类等，是我国第一部大型区域性植物志。

清末朝臣李善兰（壬叔）与英人威廉臣合译出版《植物学》一书（1858 年出版），是我国第一部介绍西方近代植物科学的著作。全书共 8 卷，约 35 000 字，有插图 200 多幅。书中主要介绍了植物学的基本理论知识，包括植物的地理分布、植物体的内部组织构造、植物体各器官的形态构造和功能以及植物的分类方法等等。李善兰在书中创译了细胞、萼、瓣、心皮、子房、胎座、胚、胚乳等植物学专门术语，分类学中的“科”和伞形科、石榴科、菊科、唇形科、蔷薇科、豆科等许多科的名称及“植物学”一词均是他首次创译。此书是我国第一部近代植物学书籍，极大地促进了我国近代植物学的发展。胡先骕（1894—1968）是中国近代富有成就的植物分类学家之一。他一生发现了 1 个新科，6 个新属，一百几十个新种。钱崇澍（1883—1965）主要研究华东植物，涉及分类、区系和植被等方面。陈焕镛（1890—1971）主要研究华南植物，主攻樟科、胡桃科和山毛榉科植物，发现了几十个植物新种，并发表属于“真花说”的多元被子植物分类系统。张景钺（1895—1975）是我国第一个从事植物形态学研究的植物学家，对植物系统分类学研究颇多。此外，耿以礼（1897—1975）对禾本科，郑万钧（1904—1983）对裸子植物，张肇骞（1900—1972）对菊科、堇菜科、胡椒科，秦仁昌（1889—1986）对蕨类植物，陈邦杰（1907—1970）对苔藓植物，饶钦止（1900—1998）对淡水藻类，曾呈奎（1909—2005）对海水藻类，以及戴芳澜（1893—1973）和邓叔群（1902—1970）对真菌类都开展了深入系统的研究工作，取得了举世瞩目的成绩。

20 世纪 60 年代，“世界杂交水稻之父”袁隆平（1930—）用“野败型”野生稻与栽培稻杂交，成功建立水稻“三系”，又培育出“超级稻”，为全世界杂交优势研究和利用做出了杰出贡献。

多年来，党和政府一直高度重视植物科学志书的撰写、修订、出版和人才的培养。中国植物学家分工协作共同编写了《中国植物志》《中国经济植物志》《中国高等植物图鉴》《中国真菌志》《中国经济海藻志》《中国黄海海藻志》《中国植被》等植物辞书。一系列研究机构的设立和科研项目的立项资助，使得一批世界级的植物学家涌现，如王伏雄（1913—1995）在裸子植物胚胎学上的成就，李扬汉（1902—2004）在禾本科植物解剖学方面的贡献，王德宝（1918—2002）等人首次人工合成生物活性与天然转移丙氨酸相同的酵母丙氨酸转移核糖核酸，殷宏章（1908—1992）等第一个发现光合磷酸化高能态的存在。像这样的科学家还有很多，难以一一列举，他们都为我国乃至世界植物科学事业的发展做出了杰出贡献。我国植物学的研究和成就已成为世界植物科学发展的重要组成部分。

五、当代植物学发展的主流与趋势

利用分子生物学手段定向设计和强化植物的某些性状，人类已完成了拟南芥、日本晴水稻植物基因组的测序工作。基因的功能，基因在细胞、组织和个体水平上的表达时期、表达部位及其植物发育和调控的分子机理等，将是今后植物学研究和发展的主流和方向。

借助分子生物学技术，研究作物光合作用的本质，不断提高作物的光合效率，使我们的粮食和蔬菜更加优质高产，更加多样化、营养化。随着转基因技术的不断改进和创新，可以将具有特定功效的基因转入特定植物的受体细胞或特定的染色体的特定位置上，并能使之稳定、特异表达，将大大提高作物产量和育种效率，或将某些植物改造成更加有利于人类的生活而又不破坏环境的品种。

环境污染和破坏的加剧、植物资源的不合理开发和利用愈来愈明显地影响着人类的健康生存和持续发展。人类已经越来越重视研究植物的多样性，保护和合理开发利用植物资源；重视珍稀濒危植物的保育研究和适度繁育与有效利用；重视对“人与自然的和谐相处”的研究，加强湿地生态系统的保护和重建，自觉维护生态平衡，以建设一个更为和谐、稳定、可持续发展的生态环境。

第一章 植物细胞

第一节 植物细胞基础知识

植物的种类形形色色，千差万别。但就植物体的构造来说，植物有机体都是由细胞构成的。恩格斯概括19世纪细胞学研究的结果时指出：“一切有机体，除了最低级的以外，都是由细胞构成的，即是由很小的、只有经过高度放大才能看到的、内部具有细胞核的蛋白质小块构成的。”植物体有的很简单，如某些单细胞的低等植物，一个细胞就代表一个个体，一切生命活动，包括新陈代谢、生长、发育、繁殖都由一个细胞来完成。至于复杂的高等植物，一个个是由无数细胞构成的，细胞之间有了机能上的分工和形态结构上的分化。细胞是生命结构的单位，是生物结构中的一个形态单位和生理学单位，又是生物个体发育和系统发育的基础，是生物结构、功能和遗传变异的基本单位。要了解各种植物的生活、生长、发育、遗传、繁殖和病变的规律，就必须了解植物的基本结构单位——植物细胞。

细胞知识的进展很大程度上取决于观察用的仪器和方法。细胞结构的发现是和欧洲15世纪到16世纪工业生产的巨大发展相联系的，特别是和透视制造与光学技术的发展有直接关系。没有显微镜就不可能发现细胞。

16世纪至17世纪出现了最早的显微镜。1665年英国人虎克（Robert Hooke）用经过他自己改进的显微镜研究软木的结构时，发现了极小的蜂窝状的小室，命名为细胞。实际上虎克所观察到的仅仅是软木死细胞的细胞壁。19世纪显微镜有了重大改进，对细胞的认识也随之发展。经过许多人的研究，到1840年前后已认识到细胞包含细胞核、细胞质和叶绿体等组成部分。1838—1839年德国植物学家施莱登（M. Schleiden）和动物学家施旺（T. Schwann）根据对植物和动物观察的大量资料提出一切动植物是由细胞组成的观点，建立了细胞学说。伟大导师恩格斯高度评价了细胞学说，把它和能量守恒与转化定律及生物进化论并列为19世纪自然科学的三大发现。细胞学说揭露了生物的规律，给“生物是神创造的、物种永恒不变”的唯心论及形而上学观点以有力的打击，大大推动了生物科学的发展。

细胞学说的建立，不仅引起了许多学者的注意，而且引发了他们更加广泛深入的研究，从而有了细胞的直接分裂和有丝分裂的发现。有丝分裂的基本原理是形成姐妹染色体并均等分配到子细胞的细胞核中，同时发现每一种生物细胞中的染色体数是恒定的。19世纪末发现了另一类细胞分裂——减数分裂。与此同时，由于遗传学的发展，20世纪初产生了染色体可能是遗传物质载体的观念，从而使细胞与遗传密切联系，开启了细胞遗传学的阶段。

人类在光学显微镜的帮助下，对生物界的认识有了极大的飞跃。光学显微镜经过三百多年的发展改进，有效放大倍数为 1 200～1 500 倍，分辨率为 0.2 微米。这是光学显微镜观察能力的极限，是由光波的性质决定的，因此光学显微镜的分辨能力已经发展到了顶峰。细胞内在最高分辨率以下的结构，光学显微镜是看不到的。

20 世纪 20 年代以来，人们以电磁透视镜代替玻璃透视镜，以电子束来代替光束，研制成了电子显微镜。电子显微镜的放大倍数可达 20 万倍或更高，其分辨率高达 2 埃。由于电子显微镜和其他一些新技术的应用，对细胞的了解又增加了新的内容，揭示了细胞内各种微小细胞器如线粒体、叶绿体、核糖体等的超显微结构与功能，使细胞学的研究水平从光学显微镜下的显微结构发展到了电子显微镜下的超显微结构。

随着近代物理、化学的发展，一些新技术如 X -射线衍射法、同位素示踪和放射自显影等的应用，使细胞从超微发展到分子水平阶段。不仅掌握了细胞核、细胞质、细胞壁、各种细胞器以及染色体、核酸、蛋白质等形态结构及功能，而且从分子水平上进行了说明。生物遗传物质脱氧核糖核酸（DNA）双螺旋结构的阐明被认为是 20 世纪以来，自然科学中的重大突破之一，使细胞的研究进入了一个新的阶段——现代细胞学的阶段。

细胞是生物结构的基本单位，但不是唯一单位。自然界中还存在着没有细胞结构而具有生命特性的有机体，如动植物及人类致病的病毒就是这一类没有细胞结构的有机体，它们是蛋白质外壳包围着核酸芯子组成的病毒粒子，在电子显微镜下病毒的形状和大小差异很大。病毒是简单的原始的生命形式。因此，细胞不过是生物有机体发展到一定阶段的产物，是大多数有机体形态结构和生理活动的重要基本单位，但不是唯一的结构。

植物细胞的形状非常多样，常见的有球形、椭球形、多面体、圆柱形和纺锤形等。细胞的形状是由所处环境和担负的生理机能决定的。例如生长在植物体表面起保护作用的细胞呈多面体，相互连接非常紧密；游离的细胞或生长在疏松组织中的细胞呈球形、椭球形；而在植物体内起支持和输导作用的细胞则呈圆柱形或长纺锤形；等等。

植物细胞的大小差异很大，一般是很小的，必须在显微镜下才能看到。种子植物的薄壁细胞直径为 15～660 微米；韧皮纤维细胞长 1～5 毫米，但其直径仍然很小；最长的棉花纤维细胞可长达 6.5 厘米。而最小的细胞是细菌状的有机体——支原体（*Mycoplasma*），直径为 0.1 微米。细胞大小的计量单位一般采用微米（μm）和埃（Å）。1 微米是千分之一毫米，1 埃是万分之一微米或千万分之一毫米。通常以微米作为显微结构的计量单位，以埃作为超微结构的计量单位。

第二节　植物细胞的构造与功能

生活的植物细胞由原生质体和细胞壁组成。细胞壁包围在原生质体的外面。原生质体又包括细胞质、细胞核、质体、线粒体及其他细胞器等结构。原生质体是细胞内的活质，是具生命特征的部分，随着细胞的生长，细胞内出现液泡及细胞内含物，植物细胞的组成部分可归纳如下：

- 植物细胞
  - 原生质体
    - 细胞质和膜系统
    - 细胞核
      - 核膜
      - 核质
      - 核仁
    - 质体
      - 白色体
      - 叶绿体
      - 有色体
    - 线粒体
    - 其他细胞器
      - 核糖体
      - 高尔基体
      - 溶酶体
      - 圆球体
      - 微粒体
      - 微管
  - 液泡及细胞内含物
    - 淀粉、蛋白质、脂肪、酶、维生素
    - 植物激素、其他物质
  - 细胞壁
    - 胞间层
    - 初生壁
    - 次生壁

一、原生质

原生质是生命活动的物质基础，植物细胞的生活部分——原生质体是由原生质构成的，原生质由复杂的有机物和无机物组成。根据对原生质所做的化学分析得知：原生质一般含水80%～90%，蛋白质10%～20%，类脂2%～3%，碳水化合物1%，此外，还有核酸、盐类等其他物质。

水 水是原生质的组成成分之一，在原生质中水的含量变化很大，可以随植物种类不同、个体发育阶段不同和所处环境条件不同而有很大变化，例如种子的细胞原生质含水是很少的，占10%～40%。原生质里的水一部分和蛋白质结合，一部分以自由状态存在。水是很好的溶媒，一切生化过程都需在有水的情况下才能进行。这表明生命是离不开水的。原生质中高的含水量是有实际意义的，一般说来，较高的含水量表示了较高的代谢活动效率，例如正在萌发生长的生活细胞含水量是较高的。

蛋白质 蛋白质占原生质干重的60%以上，是原生质的重要组成成分。蛋白质是由氨基酸组成的长链分子，氨基酸是蛋白质的组成单位，可由几百个甚至几万个氨基酸分子合成蛋白质的长链分子。目前已了解构成人体蛋白质的有20种氨基酸。合成的蛋白质具有一定的结构，它们通过侧链彼此结合，也可通过侧链和其他物质结合，如果蛋白质的结构破坏，那它也就变成无生命的复杂的有机化合物了。恩格斯科学地指出："无论在什么地方，只要我们遇到生命，我们就会发现生命是和某种蛋白质相联系的，而且无论在什么地方，只要我们遇到不处于解体过程中的蛋白质，我们也无例外地发现生命现象。"

核酸 核酸也是长链分子，它由比较小的核苷酸重复组成，头尾相接形成链条，是一种高分子化合物。核酸有两种类型：脱氧核糖核酸（DNA）和核糖核酸（RNA）。核酸在细胞遗传、生长、发育、细胞分裂以及在蛋白质分子和其他细胞成分的合成中必不可少。

类脂 是一类高分子的碳氢化合物，它们基本上是长链分子，但链的长度比蛋白质、核酸短得多。类脂、核酸与蛋白质相结合，构成原生质的基本组成部分。

碳水化合物 是由碳、氢、氧组成的化合物，包括简单的单糖（葡萄糖）和由单糖缩合成的双糖、多糖等。葡萄糖是光合作用的产物，同时又是细胞的能源基础，并可转化成有机酸、脂肪、蛋白质和核酸。

无机盐类 原生质中含有某些无机盐类，是植物细胞生命活动中不可缺乏的物质，例如，铁和镁的存在与叶绿体的形成有关，蛋白质合成需要氮、硫、磷等。

综上所述，构成原生质的物质其组成的化学元素主要是碳、氢、氧、氮（占植物鲜重的99%以上）以及钾、磷、钙、硫、铁和一些微量元素如硼、铜、锰、锌、钠、氯等十几种元素。随着植物种类不同和生长环境不同，细胞中原生质所含元素也不同，根据植物的化学分析，甚至可达40种元素之多。

原生质在物理性质上表现为无色半透明状态的黏稠液体，它的密度比水大，为1.025～1.055g/cm^3，是一种亲水胶体，有极强的亲水性。原生质胶粒带有电荷，使得原生质具有很大的吸水力及对物质的吸收作用，给细胞进行物质交换及各种化学反应提供了极其有利的条件。如果胶体破坏，原生质也就丧失了活性，失去了生命的特性。

原生质最重要的生理特性是具有生命现象，即具有新陈代谢的能力。原生质能够从周围环境中吸取水分、空气和其他物质进行同化作用，把这些简单的物质同化成为自己体内的物质；同时又将体内复杂的物质进行异化作用，分解为简单的物质，并释放出能量。原生质同化和异化的矛盾统一过程就是新陈代谢，是重要的生命特征之一。

二、原生质体

在生活的植物细胞中，细胞壁以内由原生质组成的原生质体在形态结构上分化成细胞质、细胞核、质体、线粒体及其他细胞器等部分，见图1-1。

（一）细胞质及其膜系统

在幼嫩的生活细胞中，细胞质充满细胞腔，在成熟的细胞中，由于液泡形成与增大，细胞质逐渐成为紧贴细胞壁的薄层，介于细胞壁和液泡之间。细胞质紧贴细胞壁的膜状结构叫质膜，也叫细胞膜，内面和液泡分界的一层膜叫液泡膜。细胞质在整个原生质体中是重量最占优势的部分，是细胞进行生命活动的重要部分之一。

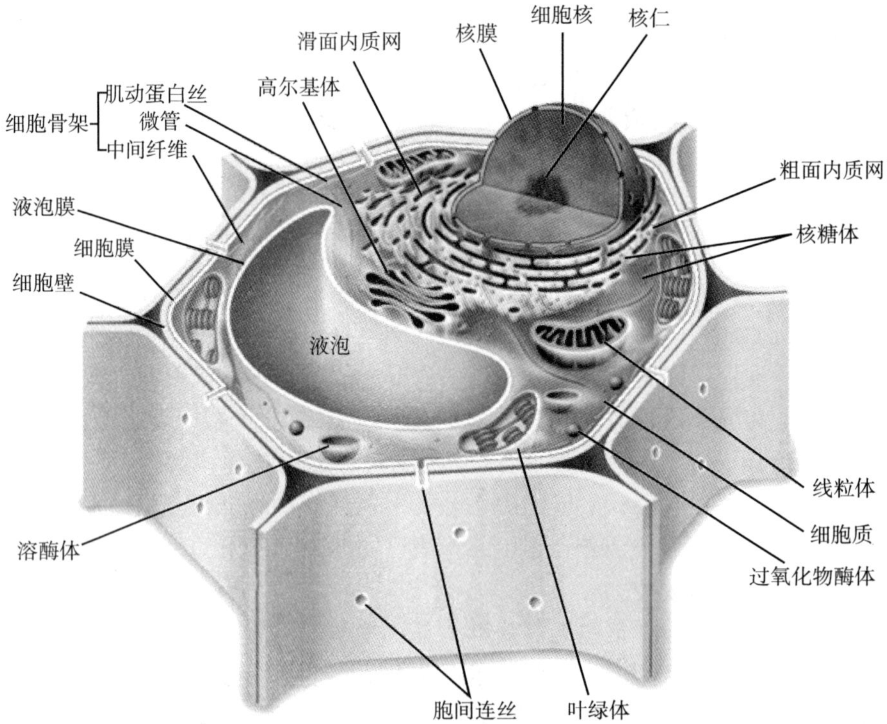

图 1－1　植物细胞的构造

质膜由脂类和蛋白质组成，是一层有选择性的薄膜，使细胞具有选择性吸收的功能。在一定条件下，水分子和某些溶质分子可以自由透过，进入细胞，而另一些溶质分子则不能透过。因此，它对调节水分和溶质进入细胞起着重要的作用，如果质膜遭到破坏，就不可避免地引起细胞死亡。

液泡膜是围绕液泡的细胞质的内层膜，它阻止液泡的内含物和细胞质混合。在光学显微镜下，质膜和液泡膜并不十分清楚，在电子显微镜下，则两者都可看清楚。

质膜与液泡膜之间的细胞质部分，在光学显微镜下呈现为无色、半透明的均一物质。在电子显微镜下，细胞质具有明显的膜系统结构，这种复杂的膜系统统称为内质网（图 1－2）。内质网是由膜层组成的，膜的厚度约为 5 埃。内质网的一些分支和质膜相连，另一些分支和核膜相连，说明质膜、核膜和内质网形成相互联系的膜系统。相邻细胞的内质网可穿过细胞壁相互连接。内质网的结构与成分和质膜相同，侧面常显得粗糙，这是由于膜的外表面附着许多直径为 10～20 埃的半圆形小颗粒，称为核糖体。

内质网在细胞生命活动中的作用：内质网的存在提供了细胞空间内的支持骨架，增加了细胞的内表面积，使细胞的代谢活动在膜上高效率地进行；内质网是核糖体集中分布的场所，而核糖体与蛋白质的合成有关；形成细胞内的运输和贮藏系统，特别是对蛋白质的运输和贮存；通过胞间连丝中内质网的活动，保持了细胞间的联系。

细胞发育过程中内质网的数量可能有很大变化，影响其变化的因素包括细胞的类型、年龄以及外部条件。在细胞分裂过程中，内质网的数量由少变多，结构由简单趋于复杂，由疏网状变为密网状，同时，内质网上的核糖体数量也有增加，细胞内活跃的代谢活动与大量内质网是相关的。生活细胞的细胞质是不断运动的。在一些植物的细胞中，如黑藻叶细胞，南瓜和黄瓜嫩茎及一些植物花丝上的皮毛，都可以在显微镜下观察到明显的细胞质运动。

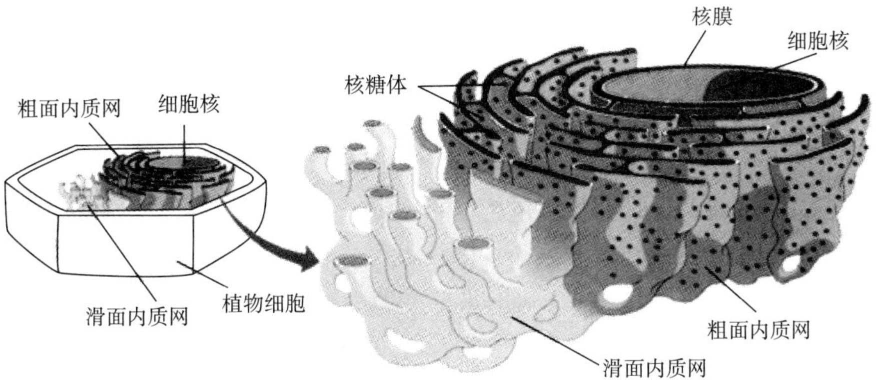

图 1-2 内质网空间结构

根据方式的不同，细胞质运动可分为细胞质环流、穿梭流动和布朗运动等，这些运动也同微丝和微梁系统的存在有密切的关系。

（1）细胞质环流。是细胞质流动的一种形式。在液泡发达的植物（如黑藻、轮藻、伊乐藻）细胞中，细胞质成薄层沿着细胞膜以一定的速度和方向循环流动。这种不断地循环流动称为细胞质环流。普通植物细胞的细胞质环流速度是几微米每秒至几十微米每秒。

（2）穿梭流动。穿梭流动是细胞质流动的另一种形式，它与环流不同，是向相反方向来回穿梭。由于流动方向在一定时间内来回交换，因此叫穿梭流动。

（3）布朗运动。在活细胞中可以看到细胞质内的许多小颗粒在无规则地跳动着，这在暗视野显微镜下观察更为明显，叫作布朗运动。布朗运动的产生除了与微丝的存在有关外，还与微梁网格的收缩有关。

细胞质运动可以促进细胞中物质的交换与运输，有利于细胞的新陈代谢和细胞生长，与创伤的恢复也有密切关系，是生命活动的一种标志。细胞质运动受到外界条件如温度、光照、化学物质的刺激以及创伤的影响而变化，例如，温度高、光照强则细胞质运动速度加快。

（二）细胞核

细胞核在幼嫩细胞中常位于中央，呈球形，相对体积较大。在成熟的细胞中常位于紧贴细胞壁的细胞质中，呈椭球形，相对体积较小。细胞核在光学显微镜下很容易看到，它是由核膜、核质和核仁构成的。核膜是细胞核最外的一层薄膜，在电子显微镜下可以看出，核膜是一双层膜，并与内质网的膜系统相连，核膜上有核孔，可容许一定大小的物质分子通过，是细胞核和细胞质交换的通道。核膜以内的物质称为核质，由一种极易被碱性染料着色的染色质和另一种不易染色或染色很浅的核液所组成。染色质呈颗粒状、丝状或网状散布在核液中。在不分裂的细胞中染色质是不明显的，或者可成为着色深的网状物。细胞分裂时，染色质经一系列变化形成着色深的染色体。在核质中还有一个至数个小球体称为核仁。

细胞核是原生质特化的一个部分，它比细胞质具有更大的黏滞性和折光性。其化学成分主要是蛋白质、核酸、类脂、酶和其他无机成分，核内主要含 DNA，是染色质的主要组成成分，也是遗传的物质基础。不同植物的 DNA 含量是不同的，而且相当稳定。核仁由蛋白质、DNA 和 RNA 组成，是合成 RNA 的主要场所。

细胞核的功能主要是控制生物的遗传性和调节细胞内物质的代谢途径，对细胞的生长、细胞壁的形成、有机物的合成等具有重要作用。但核的作用是与细胞质密切不可分的。

在细菌和蓝藻的细胞中存在有染色质类的物质，并且通常是位于细胞的中央，但它们的周围却没有核膜来使它和细胞质隔开。目前认为这种无核膜的状态是一种比较原始的状态。缺少核膜的细胞叫作原核细胞，而具有核膜的细胞称为真核细胞。

（三）质体

质体是绿色植物特有的结构，它对碳水化合物的代谢起着重要作用。根据所含色素及生理机能的不同，质体可分为白色体、叶绿体、有色体三种。

白色体　是一种不含色素的质体，多见于幼嫩或不见光的组织的细胞中，特别在贮藏组织的细胞中较多。通常呈颗粒状或不规则的形状，数目很多，多聚集于细胞核附近。有些白色体在细胞生长过程中能积累淀粉称为造粉体，有些白色体则能参与油脂的形成称为造油体。在光照和一定的条件下，白色体产生色素而转变成叶绿体或有色体。

叶绿体　叶绿体存在于植物绿色部分的细胞中。高等植物的叶绿体，形状大小比较近似，多呈颗粒状或圆碟状。某些藻类细胞中只含有一个叶绿体，高等植物的叶细胞中可含几十个或多至几百个叶绿体。

高等植物叶绿体所含色素有叶绿素 a（$C_{55}H_{72}O_5N_4Mg$），叶绿素 b（$C_{55}H_{70}O_6N_4Mg$），胡萝卜素（$C_{40}H_{56}$），叶黄素［$C_{49}H_{54}(OH)_2$］。前两种是绿色色素，叶绿素 a 呈蓝绿色，叶绿素 b 呈黄绿色。后两种是黄色色素，叶黄素呈黄色，胡萝卜素呈橙色或红色。叶绿体中所含色素约三分之二是叶绿素，故呈现绿色，也是植物呈现绿色的原因。

叶绿体的结构，在高倍光学显微镜下呈均一的扁圆体，直径 2～6 微米。在电子显微镜下，叶绿体有精致的片层结构（图 1－3），最外为一双层膜包围，里面充满无色的基质。在基质中含有圆盘状的颗粒叫作基粒，每一基粒是由许多表面带有叶绿素的膜层形成的小圆盘——类囊体堆积而成。例如，烟草的一个叶绿体含 40～80 个基粒，每一基粒直径 6 000 埃，厚 800 埃，每一基粒由10～15 个或更多的类囊体组成。此外，在基质中还有一些片层叫基质片层，把基粒

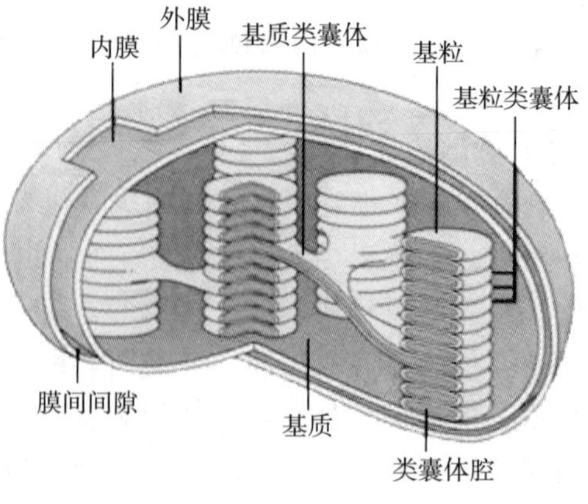

图 1－3　叶绿体超微结构图解

错综地连接起来。基质片层形成交织的网，其间的空隙充满了基质。叶绿体的全部片层都是由双层膜构成的。

叶绿体大约含56%的蛋白质、32%的脂肪、8%的叶绿素和一些核糖核酸。类脂、蛋白质、色素形成了叶绿体的膜层，大约15%的片层结构是由色素和片层结合构成。RNA以小颗粒的形状出现在片层之间，叶绿体中也含DNA，另外很多蛋白质以酶分子的形式出现，以控制调节叶绿体内的生化反应。

叶绿体的主要功能是进行光合作用。光合作用是把光能转化成化学能的过程，这一过程将二氧化碳和水合成碳水化合物。光合作用可用下面的化学反应式来表示：

$$6CO_2+12H_2O \xrightarrow[\text{叶绿体}]{\text{674 千卡光能}} C_6H_{12}O_6+6H_2O+6O_2$$

光合作用的整个反应可以分成两个阶段。第一阶段是光反应，光反应需要光和叶绿体参加，它是一个将光能转化为化学能的反应，光反应是在类囊体上进行的。第二阶段是暗反应，暗反应是指借助于光反应中所产生的化学能将二氧化碳合成碳水化合物的过程。暗反应的反应过程是在基质中进行的。

光合作用是自然界中极其重要的合成作用，它把无机物直接合成为有机物。光合作用的主要产物是碳水化合物，但许多其他的化合物也从某些中间产物中形成。因此，光合作用既能产生组成类脂和脂肪的基本单位——脂肪酸和甘油，又能产生组成蛋白质的基本单位——氨基酸。

叶绿素吸收光能是有选择性的，可见光中，叶绿素最强烈地吸收红光和蓝光，几乎不吸收绿光。同时光合作用的强度在红光中最强。实验证明，提取出来的叶绿素，虽然也能吸收光能，但不能进行光合作用，而分离出来的叶绿体在一定条件下能够进行光合作用，说明叶绿素要在一定结构的活质——叶绿体内才能进行光合作用。叶绿素的生成有一定的条件，如质体的存在，一定的光照和温度，氧的供应，某些矿质元素如铁、镁的存在，酶的参与，等等。如果环境条件变化，叶绿素破坏，叶绿体解体，植物的绿色也就不存在了。

叶绿体中含有30种酶，是酶集中的场所，许多生化反应都在叶绿体内进行。叶绿体不仅是光合作用的中心，而且是细胞内其他生化活动的中心之一。

有色体　是含绿色色素以外色素的质体。所含色素为胡萝卜素和叶黄素，故呈现黄色、红色或橙色。例如，黄色的花瓣，柑橘，山楂，番茄和辣椒的红色果实，胡萝卜橙红色的根能呈现一定颜色，都是由于细胞中含有有色体的缘故。因为胡萝卜素很容易结晶，所以在显微镜下有色体常呈多边形、杆状、颗粒状、镰刀、板块状等，往往是带角的不规则的形状。

上述三种质体在细胞分化发育过程中随发育状况及外界因素不同而变化。白色体在见光的情况下可转化成叶绿体，例如，马铃薯的块茎暴露在光下则逐渐呈现绿色，就是细胞中的白色体转变成叶绿体的缘故。叶绿体也可以随着细胞及外界温度变化而转变成有色体，例如某些果树幼嫩的子房是白色的，当子房发育成幼果时逐渐变为绿色，到果实成熟时又转变为橙黄色或红色，都是由于细胞内质体的变化引起的（图1－4）。

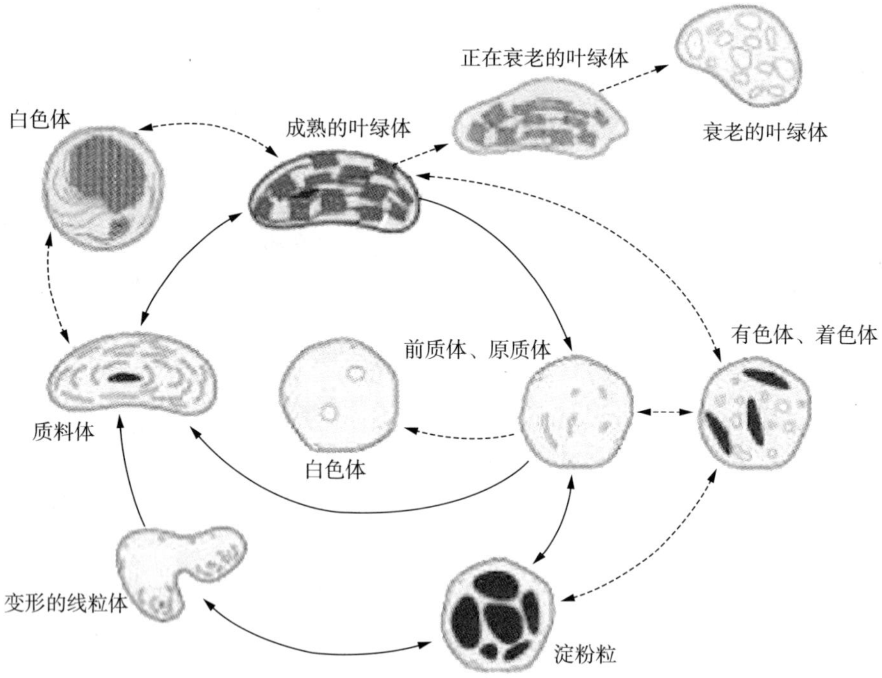

图 1－4　质体间的转化

（四）线粒体

线粒体是所有生活细胞的细胞质中普遍含有的一种结构。在光学显微镜下呈很小的颗粒状、棒状、细丝状，它们的大小不一，一般直径 0.5～1.0 微米，长度 1～2 微米。在电子显微镜下可观察到具有精致的结构，由内外两层膜组成。内膜在不同的部位向内折叠，形成嵴。嵴可呈搁板状或管状突起，是由双层膜的薄片构成，在嵴之间充满基质，其中含有蛋白质及少量的 DNA（图 1－5）。

线粒体的膜主要由磷脂构成，也含有蛋白质分子，用丙酮—水混合液从线粒体提取出 90%的脂类，其基本结构仍然保持完整，表明其结构大部分是蛋白质分子。两层膜之间充满液体。线粒体的膜结构有效地增加了酶分子附着的表面。

线粒体的重要功能就是进行呼吸作用，植物维持生命活动。进行生长发育需要能量，呼吸作用是释放能量的具体过程。在呼吸作用过程中，化合物分解，化合键断裂，贮藏能便被释放出来，为植物的生命活动提供能量。

呼吸作用可用如下的反应式简单概括：

$$C_6H_{12}O_6 + 6O_2 \longrightarrow 6CO_2 + 6H_2O + 674\ \text{千卡} \qquad \text{式（1－1）}$$

呼吸作用分解的物质主要是碳水化合物。如式（1－1），一个葡萄糖分子在有氧的情况下可氧化成 6 分子的二氧化碳和 6 分子的水，放出 674 千卡能量。细胞中大多数的其他化合物如蛋白质、脂肪都等可以用于呼吸，所以呼吸作用是在生物学规律支配下，分解碳水化合物、脂肪、蛋白质等释放能量的过程，是光合作用的逆反应。线粒体中含有非常多的酶。整个呼吸过程必须有一系列的酶参加反应，作为重要的生物催化剂，使整个过程在常温下高效率地进行。

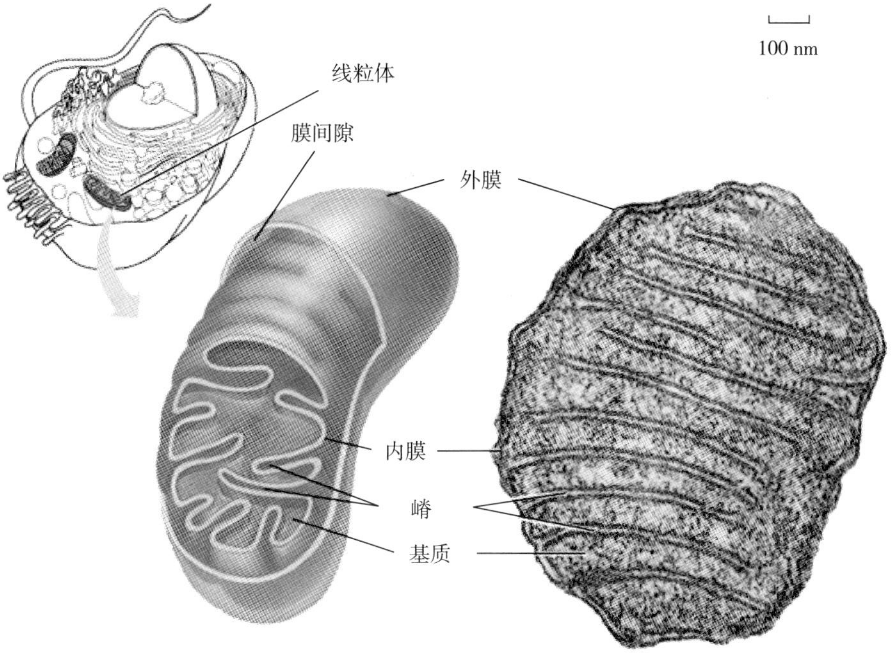

图 1-5　线粒体超微结构

线粒体是细胞中产生能量的地方，是“细胞的动力厂”，是生命活动的重要基础。线粒体上嵴的数量常常是呼吸作用强弱的标志。可以用线粒体的活性来判断细胞的活力。

（五）其他细胞

原生质体在长期进化中，原生质分化形成具一定功能和一定形态构造、与生命活动密切相关的结构，这些结构称为细胞器，存在于细胞质中。细胞核、质体、线粒体都是植物细胞的细胞器。此外，还有核糖体、高尔基体、溶酶体、圆球体、微粒体、微管等细胞器。

核糖体　是没有膜结构的细胞器，在电子显微镜下呈小而圆的颗粒，是由两个圆形的相互吻合的亚单元组成，其直径约为 250 埃，核糖体大量集中附着在内质网上，也有的游离在细胞质中，它是由 40%左右的蛋白质和 60%左右的 RNA 组成。它们是合成蛋白质的场所，在细胞中起着重要的作用。据邦纳（Boner，1965）估计，植物细胞中可能存在的各种细胞器的数目为，一个细胞一般含有一个细胞核、50 个左右的叶绿体、500 个左右的线粒体、50 万个左右的核糖体、5 亿个左右的酶分子。这是一个相对数字，可以帮助我们了解细胞和它的各部分的活动，而且着重说明了各种细胞器不仅是非常细小的，而且在细胞中大量存在，并进行着各种重要的生理活动。

高尔基体　每一植物细胞都含有一个至几个，甚至多到几百个高尔基体。在电子显微镜下可以看出，高尔基体由中空的圆盘状的膜堆积组成，每一高尔基体通常有 3～8 个圆盘，小盘边缘收缩而形成一排排膜质的小泡（图 1-6）。随着细胞的活动，盘和小泡在大小、数量上会有变化。高尔基体的主要功能是合成半纤维素和纤维素。在细胞壁生长期间，可看到高尔基体扩展或增殖，并产生大量的小泡，小泡内含有组成壁的物质——半纤维素和纤维素。这些小泡向细胞壁内表面移动，并放出内容物与壁的其他物质融合。把细胞放在放射性同位素标记过的果胶质和半纤维素的化合物中生长，观察到这些化合物首先在高尔基体和高尔基体小泡中出现，当小泡与质膜融合时，放射性化合物就在细胞壁中出现。类似的许多实验都证明高尔基体的功能与细胞壁的形成有关，与分泌作用有关。高等植物中，组成细胞壁的其他物质——木质素、果胶质，也是通过高尔基体的小泡沉淀的。

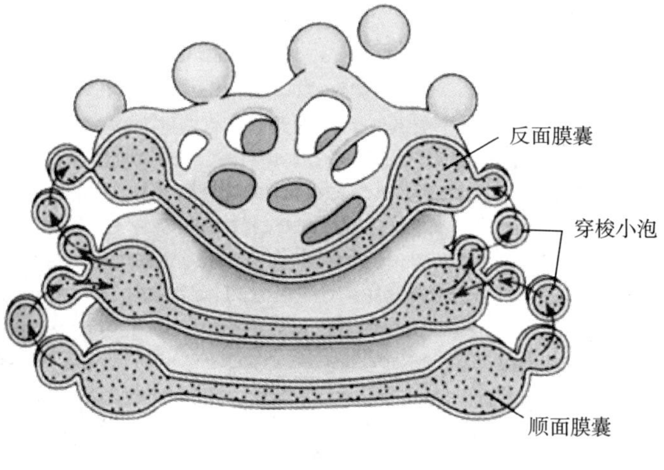

图 1-6　高尔基复合体

溶酶体　溶酶体的发现较晚。当用分级离心法试图得到纯净的线粒体时，发现有一种在大小、形状上与线粒体完全一致的，但含有各种酶的细胞质颗粒，这就是溶酶体。溶酶体中所含的各种酶，主要用来调节各种细胞组分的分解（图 1-7）。

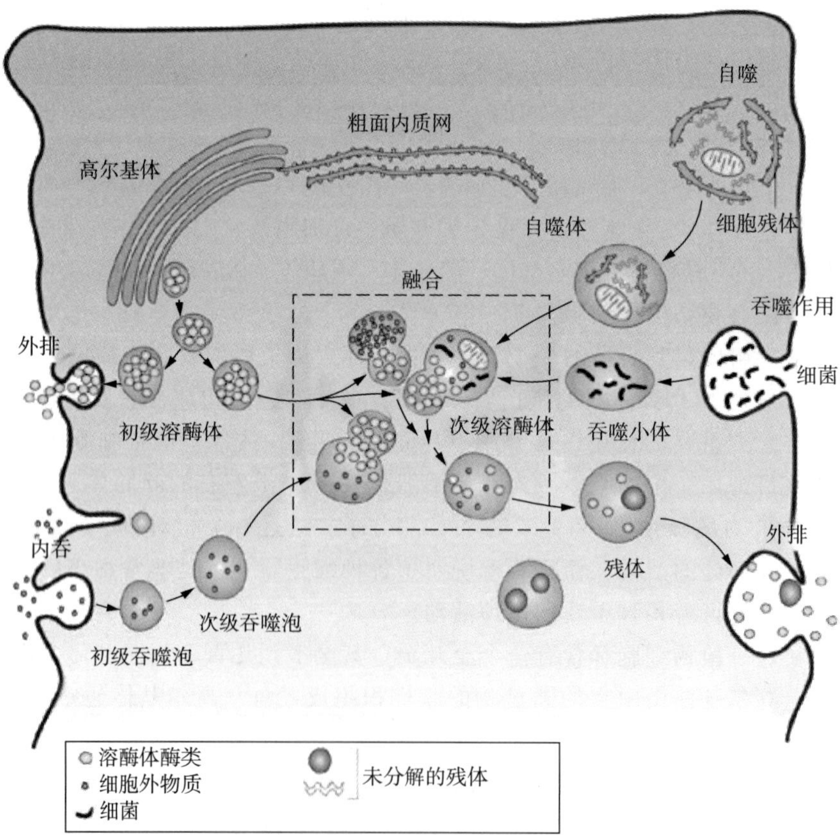

图 1-7　溶酶体作用原理

溶酶体在内部结构上与线粒体是不同的，只有一层的外膜，没有内部结构。一般认为在溶酶体的外膜没有破裂或损坏以致酶被释放之前，溶酶体内存在的酶是不活化的。当溶酶体的外膜破裂或受到损伤时，酶被释放并且活化。这些活化的酶使细胞的各种化合物遭受侵袭，结果整个细胞被破坏。细胞内含物的破坏是很多植物细胞，特别是维管细胞成熟的一种特征。

圆球体 在显微镜下观察生活的植物细胞，可看到一些随着细胞质运动的小圆颗粒叫作圆球体。圆球体为单层膜所包围，有人认为圆球体是由内质网形成的，最初的小的圆球体是从管状的内质网断裂下来的。这些小的圆球体不断增大发育成脂肪体，说明圆球体参与了脂肪的产生。

微粒体 在植物组织切片中，经常看到一种直径为0.5～1.5微米，被单层膜包围的球状或杯状颗粒，颗粒的内含物颜色比周围的细胞质要深一些，有些颗粒还含有晶朊物质。它们不像质体或线粒体中具有精致的内部结构。各类植物细胞中都能找到微粒体。已知微粒体中含有氧化酶，在植物细胞中具有特殊的生化作用，如贮存油脂的种子萌芽时，细胞中有乙醛体的微粒，能将油和脂肪转化成碳水化合物，然后被转运到植物的其他部分。在叶细胞中有一种叫过氧化体的微粒，它和氨基酸的合成及呼吸都有关系。

微管 电子显微镜下观察到在靠近细胞壁的细胞质中有一些细小的伸长的管状结构，叫作微管，其直径约250埃。根据观察，微管与微纤丝取向之间有着高度的相关性，微管具有调准微纤丝排列的作用。此外，观察到凡微管集中的地方，细胞壁发生特别加厚的现象，认为它可能与纤维素微纤丝的沉积有关。

三、液泡及细胞内含物

（一）液泡的形成

液泡是细胞内含有水溶液的小腔，所含液体叫作细胞液。幼嫩细胞，不具液泡或仅具很多小而不明显的液泡。当细胞生长时，代谢产物增多，细胞从外界吸收大量水分，于是形成液泡或小液泡增大，彼此合并，最后形成一个液泡，占据细胞中央的大部分空间，称为中央液泡，一般来说，中央液泡的形成，标志着细胞已发育到成熟阶段（图1-8）。

当中央液泡形成以后，细胞质便紧贴于细胞壁而成一薄层。在细胞质与液泡接触部分具有一层很薄的膜，称为液泡膜。

液泡中所含的细胞液，主要成分是水，水中溶有细胞生命活动过程中产生的各种代谢产物，如碳水化合物、脂肪、蛋白质、有机酸、无机盐等。这些物质浓度可达到很高，致使盐类形成结晶或使液泡带有很深的颜色。细胞液的成分随着植物的种类、发育时期以及不同代谢产物而异。

液泡在植物生命活动中具有很重要的作用，它能调节渗透压的大小，控制水分出入细胞，维持一定的膨压，使细胞处于紧张状态，从而具有一定的坚实性，液泡是各种养料代谢产物的贮藏场所。此外，高浓度的细胞液对植物抗旱、抗寒、抗盐碱能力的提高具有一定意义。

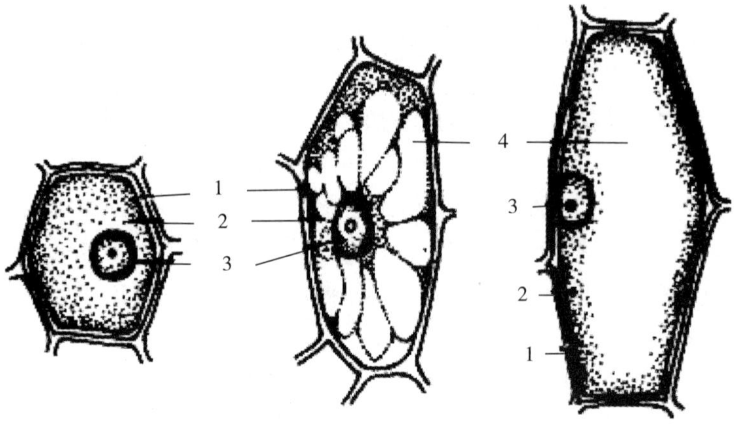

图 1－8　液泡的形成

1—细胞壁；2—细胞质；3—细胞核；4—液泡

（二）细胞内含物

细胞在生长过程中，原生质体不断进行新陈代谢活动，产生的各种代谢产物叫作细胞内含物。细胞内含物就其存在的部位来讲，有的存在于细胞质中，有的存在于细胞器中，或两处均有存在。就其对细胞生命过程中的作用来讲，有的是贮藏物质，有的是生理活性物质，有的是代谢的中间产物，其中多数是细胞生命活动过程中不可缺少的。多数细胞内含物是人类生活中食物、医药、工业原料等的重要来源。细胞内含物的种类和含量随植物种类、部位、生长发育时期和环境条件不同而异。

1. 贮藏的营养物质

淀粉粒　光合作用产生的碳水化合物，除供应当时生长发育所需的营养以外，剩余的多转化淀粉[$(C_6H_{10}O_5)_n$]。淀粉粒贮藏在细胞质中，一般是由白色体转化而成。淀粉积累时，先从白色体上一点开始，形成淀粉粒的核心，以后环绕核心继续积累，最后整个白色体全被淀粉所充满，这时白色体就成为非生活的淀粉粒。淀粉围绕核心积累，由于白天和黑夜淀粉积累量的不同而呈现出轮纹。各种植物淀粉粒的形态、大小、结构是不同的，这些特征可以作为鉴定植物种类的特征之一（图 1－9）。淀粉不溶于水，在热水中膨胀成糊，遇碘呈蓝色，这是淀粉的特殊反应，可以根据这个反应鉴定淀粉。

淀粉粒是植物界最普遍的贮藏物质，在人类食物中占着特殊重要的地位，水稻、小麦、玉米、板栗、榛子等含有极其丰富的淀粉，是粮食的主要来源。

蛋白质　细胞内贮藏的蛋白质与构成细胞活质的蛋白质不同，贮藏蛋白质是没有生命的，呈比较稳定的状态，初期常以溶解状态存在于液泡中，当细胞进入成熟阶段，随着液泡内水分的丧失而成为固体粒状，称为糊粉粒。糊粉粒是一团无定形的蛋白质，内含有一个球晶体和几个拟晶体，拟晶体是蛋白质结晶，球晶体是由球蛋白、磷酸和镁结合而成。除糊粉粒形式以外，蛋白质的另一种贮藏形式是结晶状。蛋白质遇碘（碘化钾溶液）呈黄色。可以根据这个反应鉴定蛋白质。蛋白质在油类种子中贮藏最多，如胡桃、花生、大豆、蓖麻等。

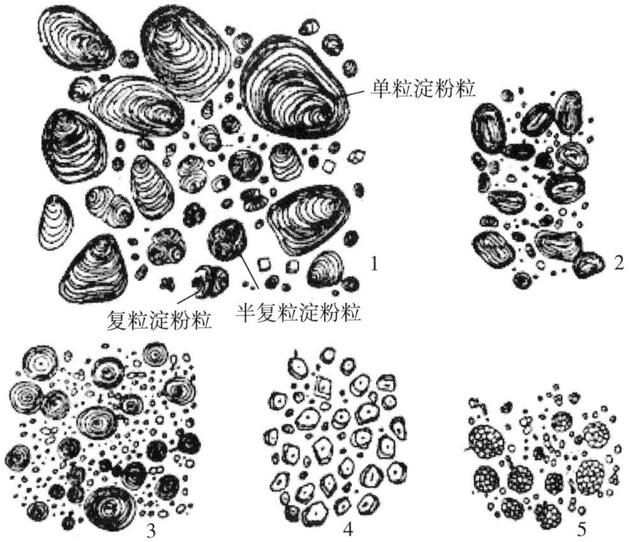

图 1－9　植物的淀粉粒

1—马铃薯；2—豌豆；3—小麦；4—玉米；5—水稻

脂肪　是一种高能量的贮藏物质，常以油滴状态存在于细胞质内，折光率很强，在光学显微镜下清晰可见，用苏丹Ⅲ滴染立即呈现橙黄色或橘红色。脂肪普遍存在于植物种子和果实的细胞中，如重要的油料植物花生、芝麻、油茶、油桐、核桃、油橄榄以及许多野生油料植物，是食用油及工业用油的主要来源。

图 1－10 所示为种子中的糊粉粒和油滴。

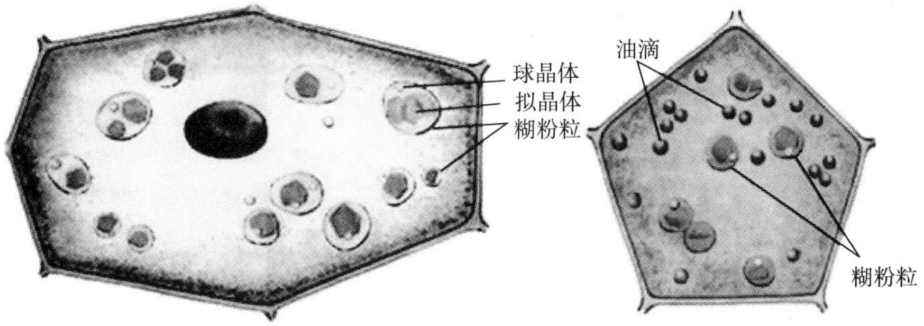

图 1－10　种子中的糊粉粒和油滴

2. 生理活性物质

细胞在新陈代谢过程中，还产生一些含量很少但对细胞生命活动起着非常重要作用的物质，这些物质统称为生理活性物质，如酶、维生素、植物激素等。生理活性物质保证细胞内一切生化反应的正常进行，调节和控制植物生长、发育、繁殖以及遗传、变异等一系列生命活动过程。

酶　集中分布在线粒体、叶绿体、微粒体和溶酶体中，同时细胞核、细胞质、细胞液内也有分布，是由蛋白质和类脂组成的一种活性物质。细胞中各种生理活动，如同化和呼吸，以及蛋白质、脂肪、碳水化合物等物质的合成与分解都需有酶的参与。细胞中酶的种类很多，而且每种酶有专一性特点，如淀粉酶只能分解淀粉，蛋白酶只能分解蛋白质。

维生素和植物激素 是植物生活中不可缺少的具有特殊作用的有机质。常有促进生长、细胞分裂，刺激花粉管萌发，影响受精和提高结实率等作用。这一类物质的种类很多，但在植物体内比较普遍存在的天然激素有五类，即生长素（LAA），赤霉素（GA），细胞分裂素（GK），脱落酸（ABA），乙烯（ETH）。近年来又发现了许多新的天然激素，如芸苔素、绿藻素、菜豆酸等，都具有很高的激素活性。除天然的植物激素外，近年来已经能够用人工方法合成许多激素，并已用于生产。

3. 其他物质

细胞在代谢过程中，还产生一些其他的物质：

糖类 是一种碳水化合物，液泡中的糖类呈溶解状态，主要是葡萄糖、果糖、蔗糖。它是植物生命活动过程中能源的物质基础。甘蔗、甜菜等植物的细胞液内贮藏了大量的糖分。

有机酸 细胞液中所含的有机酸，常见的有草酸、苹果酸、柠檬酸、酒石酸等。果实的酸味是由有机酸引起的，有机酸多数为植物体内代谢的产物。

单宁 是一种缺氮的有机化合物，有涩味，遇铁盐呈现蓝色以至黑色。可根据此反应来检验单宁。因单宁广泛分布在多种植物的细胞里，使未成熟的果实具涩味。黑荆树、麻栎属、栗属、柳属、木麻黄属等植物的树皮中含有大量单宁。单宁是重要的工业原料，可用于制革、防腐、印染、医药和钻井等方面。

精油 是一种挥发性的芳香物质，很多植物细胞内含有精油，例如，樟树的树皮、叶和枝干，柑橘属的花、果、叶，桉属植物的叶以及许多植物的花中，都含有丰富的精油。含精油的植物又称为芳香植物，精油是重要的化工原料。

花青素 是植物体内比较普遍存在的一种色素，通常溶解在细胞液中，有些植物的花瓣、果实呈现红色、紫色、蓝色以及某些植物的茎叶呈现红色，都是花青素所显示的色泽，花青素的颜色与细胞液的酸碱度（pH 值）有关，酸性呈红色，碱性呈蓝色，中性则呈紫色。植物在开花过程中花色发生变化是花青素对细胞液不同酸碱度的反应。

植物碱 是一种含氮的有机化合物，种类很多，因植物的种类不同而异，如咖啡、茶叶中含有咖啡因，烟草中含有烟碱等。许多植物碱是重要的医药，例如，萝芙木根中提取的利血平（蛇根碱）、阿玛碱具镇静降血压的作用；金鸡纳树皮中提取的金鸡纳碱是治疗疟疾的特效药；小蘖属植物中提取的小檗碱具杀菌作用；中药中许多有效成分也是植物碱。

无机盐类和结晶体 细胞液内，还含有一些无机盐类，有的呈溶解状态，有的呈结晶体（图 1－11）。最常见的是草酸钙结晶。

图 1－11　球兰属植物的结晶体

此外，还有些树木中的细胞含有一些特殊的物质，如橡胶树含有丰富的橡胶，松柏类树木含有丰富的松脂等，均为工业的重要原料。

四、细胞壁

（一）细胞壁的结构

植物细胞的显著特征之一是具有细胞壁。细胞壁包围在细胞的最外层，使细胞具有一定的形状。由于植物种类不同，细胞年龄不同和所执行的功能不同，细胞壁在构造和成分上差别是很大的。细胞壁是由原生质体分泌的物质形成的。在细胞分裂过程中即已开始形成壁，组成壁的物质主要是果胶质和纤维素，根据壁形成的先后、化学成分和结构方面的不同，细胞壁可分为胞间层、初生壁和次生壁三部分（图 1－12）。细胞壁上有纹孔、胞间连丝等结构。

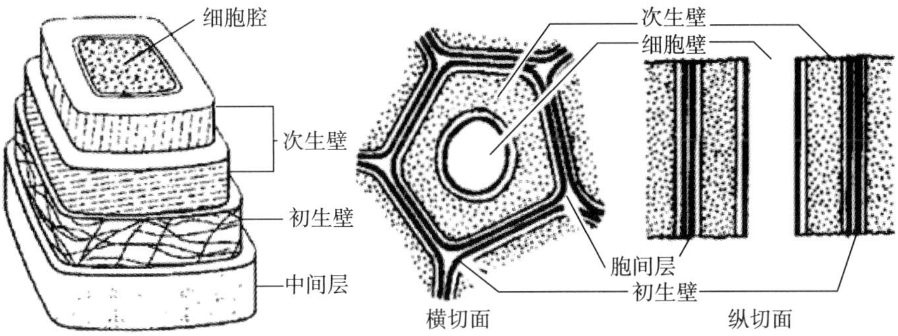

图 1－12 细胞壁横切面

胞间层 细胞分裂产生新细胞时在两个子细胞之间形成的一层薄膜（也称为中层），其主要化学成分是果胶质或果胶酸的钙盐、镁盐。果胶化合物是一种可塑性大和高度亲水性的胶体。在细胞生长过程中，有的细胞胞间层可局部消失而形成细胞间的空隙叫胞间隙。因此，胞间层既可将相邻细胞黏着在一起，又可缓冲细胞间的挤压而不致影响细胞的生长。

初生壁 细胞形成和生长阶段，原生质体分泌纤维素及少量的果胶质、半纤维素，在胞间层上形成初生壁。初生壁一般薄而柔软，厚 1～3 微米，具弹性和可塑性，可适应细胞体积不断增长的需要，同时可以透过水分和溶质。初生壁和胞间层紧连在一起，在光学显微镜下很难区别二者的界限。初生壁是在细胞体积生长阶段时形成的壁。

次生壁 有些细胞适应特殊的机能，在细胞停止伸长生长以后，细胞壁继续增厚，所增厚的部分加在初生壁的内侧，叫次生壁。次生壁一般厚 5～10 微米，有的很厚且本身又呈现多层结构，如某些纤维细胞。次生壁主要由纤维素和其他非纤维素的物质（如木质）等组成。所有植物细胞都具有初生壁，但并不都具次生壁。起机械支持作用的细胞次生壁特别发达。木本植物的根茎就是由次生壁发达的各种细胞组成的。

纹孔与穿孔 细胞壁增厚时，并非全面均匀增厚，其中常留有不增厚的部分，这些不增厚的部分因为细胞壁比较薄，在显微镜下观察像一些圆形的小孔，实际上不是真正的孔，而是一些薄壁的区域。这些薄壁的区域叫作纹孔。纹孔是细胞间水分和物质交换的通道。纹孔多数成对，即细胞上的一个纹孔和与其相邻细胞的另一个纹孔构成对（称作纹孔对）。纹孔有时通向细胞间隙，而不与相邻细胞上的纹孔构成对，这种纹孔称为盲纹孔。

典型的纹孔对有三种：具缘纹孔对、单纹孔对、半具缘纹孔对（图 1－13）。

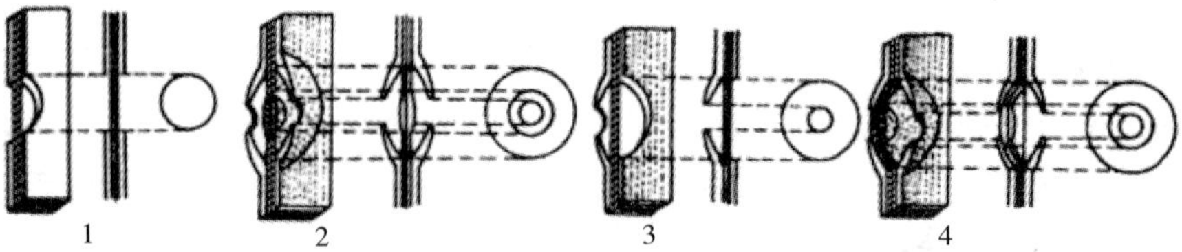

图 1－13　纹孔对

1—单纹孔对；2—具缘纹孔对；3—半具缘纹孔对；4—闭塞纹孔

具缘纹孔　纹孔四周增厚的壁向中央隆起形成底大口小的纹孔腔。隆起部分叫纹孔缘。纹孔缘包围留下的小口叫纹孔口。相邻纹孔之间原来的细胞壁（即胞间层或初生壁的部分）叫纹孔膜，纹孔膜中部常较厚，形成纹孔塞。从正面观察，具缘纹孔出现大小两个同心环，小环是纹孔口的轮廓，大环是纹孔腔底部的影像，也就是纹孔膜的边缘。具缘纹孔主要发生在次生壁强烈增厚的细胞上。

单纹孔　单纹孔的构造比较简单，纹孔缘不隆起，所形成的纹孔口底同大，纹孔腔呈圆筒形，正面观察呈一单一的圆。纹孔膜上也不形成纹孔塞。单纹孔主要发生在薄壁细胞上。

半具缘纹孔　半具缘纹孔实际上是由具缘纹孔和单纹孔形成的纹孔对，主要发生在厚壁细胞与薄壁细胞相邻的细胞壁上，厚壁细胞上产生具缘纹孔与薄壁细胞上产生的单纹孔相对而形成了半具缘纹孔。

闭塞纹孔　具缘纹孔是由于相邻细胞压力不均衡，致使纹孔塞侧向位移，从而将一个纹孔口堵住，呈闭塞状态的纹孔。闭塞纹孔通常出现在裸子植物中。

有些植物细胞，细胞成熟阶段细胞壁局部溶解，形成真正的相通的小孔，叫作穿孔。穿孔在显微镜下极易看到。例如，输送水分的导管，就是由横壁完全溶解成为大的穿孔的细胞相连接而成；输送养分的筛管细胞壁上也局部溶解，形成许多小孔，这些都是穿孔。

胞间连丝　在相邻的生活细胞之间，细胞质常常以极细的细胞质丝穿过细胞壁而彼此相互联系，这种穿过细胞壁的细胞质丝叫胞间连丝（图 1－14）。它们常常成束存在，在纹孔处发生，有时也可任意分布在整个细胞壁上。通过染色处理，胞间连丝在光学显微镜下可观察到。胞间连丝的存在进一步说明了多细胞有机体中每一细胞并不是孤立存在的，不管从结构上、生理机能上都是

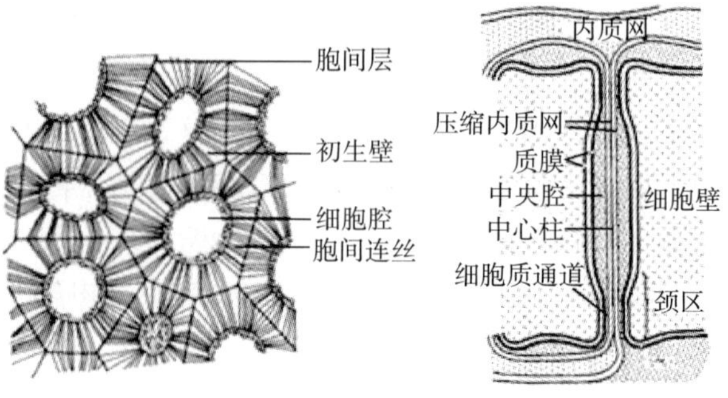

图 1－14　胞间连丝

相互联系的统一整体。

(二)细胞壁的超微结构

电子显微镜研究表明，组成细胞壁的主要物质纤维素呈纤维状的细丝交织排列组成细胞壁的骨架，其他组成细胞壁的物质如果胶质、半纤维素、木质等填充在骨架的空隙中。这种在电子显微镜下能够观察到的纤维状细丝叫微纤丝，微纤丝从化学结构上说是由纤维素长链分子（$(C_6H_{10}O_6)_n$）构成，葡萄糖残基的数目为 500～10 000，大约 40 个纤维素长链分子做束状排列形成基本纤丝，由基本纤丝平行排列形成微纤丝，微纤丝再做平行排列形成微纤丝束。微纤丝在壁上排列的方向有各种方式，在初生壁上交织很密，常与细胞的长轴成横向排列或不太规律。

(三)细胞壁的变化

由于细胞在植物体内担负的机能不同，在形成次生壁时，原生质体常分泌不同性质的化学物质填充在细胞壁内，与纤维素密切结合而使细胞壁的性质发生各种变化，常见的变化有木化、角化、栓化、矿化等。

木化 细胞壁上增加木质的叫木化。木质不是碳水化合物，而是苯基丙烷衍生物的单位构成的聚合物，是一种亲水性的物质，与纤维素结合在一起。木质渗入常常自中层开始，然后扩展到初生壁和次生壁。细胞壁木化以后硬度增加，加强了机械支持作用，同时木化的细胞仍可透过水分。木本植物体即由大量木化的细胞（如导管、管胞、木纤维等）组成。

角化 细胞壁上增加角质的叫角化。角质是一种脂类化合物。角化的细胞壁不易透水。这种变化大都发生在植物体表面的表皮细胞，以防止水分过分地蒸腾和微生物的侵袭，同时角质还在表皮细胞外堆积成层，叫角质层。

栓化 细胞壁中增加栓质的叫栓化，栓质也是一种脂类化合物，栓化后的细胞壁失去透水和透气的能力。因此，栓化的细胞原生质体大都解体而成为死细胞。栓化的细胞壁富有弹性，日用的软木塞就是栓化细胞形成的。栓化细胞一般分布在植物茎秆、枝及老根的外层，以防止水分蒸腾，保护植物免受恶劣条件的侵害。

矿化 细胞壁中增加矿质的叫矿化。最普通的有钙盐和二氧化硅（SiO_2），多见于茎叶的表层细胞。矿化的细胞壁硬度增大，从而增强物质支持力，并保护植物不易受到动物的侵害，禾本科植物如竹子、玉米、稻、麦及禾草等的茎叶非常坚利，就是由于细胞壁内含有 SiO_2 的缘故。

第三节 植物细胞的繁殖

植物个体的生长以及个体的繁衍都是细胞数目增加、每个细胞体积增大以及功能分化的结果。细胞数目的增加是通过细胞分裂来进行的。细胞分裂的方式分为有丝分裂、减数分裂、无丝分裂三种。前二者是属于同一类的，可以说减数分裂只不过是有丝分裂的一种独特形式。在有丝分裂或减数分裂过程中，细胞核内发生极其复杂的变化，形成染色体等一系列结构。而无丝分裂则是一种简单的分裂形式。细胞分裂过程中的结构变化可以在光学显微镜下观察到。

一、染色体的结构

染色体是在有丝分裂和减数分裂过程中细胞内出现的结构。它是遗传信息的载体，由DNA、RNA和蛋白质构成的，其形态和数目具有种系的特性。在细胞间期核中，以染色质丝形式存在。在细胞分裂时，染色质丝经过螺旋化、折叠、包装成为染色体，为显微镜下可见的具不同形状的小体。因极易被碱性染料染色，所以叫作染色体。

染色体的形状和大小随植物种类不同、所处的细胞分裂时期不同而异。一般常呈杆形、V形、L形。每条染色体上有相对不着色而直径较小的主缢痕区域，叫着丝点。着丝点在染色体上的位置不同，可使染色体出现不同的形状。着丝点位于染色体一端则染色体呈杆状；位于中部时染色体呈V形；位于近中部时呈L形。一些资料认为染色体由染色线贯穿其中，染色线盘曲或多次缠绕。有人认为染色体是由一根染色线往复折叠在染色体中，也有人认为是两股或多股染色线组成。染色线上有许多容易染色的颗粒。染色线的周围是一些透明的物质称染色基质。基质以外是一层薄膜叫表膜。组成染色体的主要物质是核蛋白，它是由DNA和蛋白质结合而成。大量研究证明，DNA是一种遗传物质，生物通过遗传因子——基因，控制生物遗传性状，基因是DNA构成的。染色体实质上是一个很长的DNA分子双螺旋结构的核蛋白链条折叠或盘绕成的，即染色体是由DNA-蛋白质纤丝往复折叠所组成的（图1-15）。

染色体的数目因物种而异。但在同一种生物中，每个细胞里的染色体数目一般总是恒定的。例如，种子植物中染色体数目已发现最少为4个（一种菊科植物），最多达到约400个（一种蓼科的小乔木——海葡萄）。一种生物的体细胞具一定数目和大小，代表了一个种甚至一个属或更大类群的特征。要观察植物的染色体，就必须注意它们的染色组型。一般体细胞的染色体都是成对的，而生殖细胞（精子和卵细胞）的染色体只有体细胞里染色体的一半，并且是单个存在的。遗传学上把一个生殖细胞里的全部染色体称为一个染色体组，用n表示；体细胞的全部染色体一般包含了两个染色体组，用$2n$表示。例如松树生殖细胞（精子或卵细胞）染色体为12条，故$n=12$，体细胞为24条，则$2n=24$；杉木$n=11$，$2n=22$；杨树$n=19$，$2n=38$；板栗$n=12$，$2n=24$；油桐$n=11$，$2n=22$。

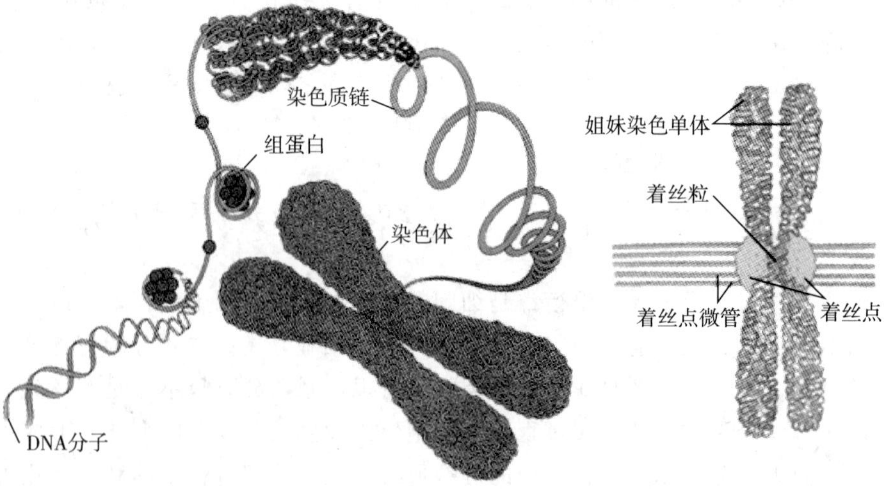

图1-15　染色体形态结构图解

二、有丝分裂

有丝分裂是一种最普通的分裂方式，植物器官的生长一般都以有丝分裂方式进行。主要发生在植物根尖、茎尖及生长快的幼嫩部位的细胞中。植物生长主要靠有丝分裂增加细胞的数量。有丝分裂包括两个过程，第一个过程是核分裂，第二个过程是胞质分裂。分裂结果形成两个新的子细胞。细胞在没有分裂的间期似乎是静止的，实际上，间期是分裂前的准备时期，核内发生着一系列的生化变化，主要是DNA复制和能量的积累，以保证分裂的进行。在分裂间期，细胞核的结构具有明显的核膜、核仁及染色质粒或染色质丝。

有丝分裂是一个连续过程，为了研究和描述方便，一般把它分为前期、中期、后期和末期四个时期，见图1-16。

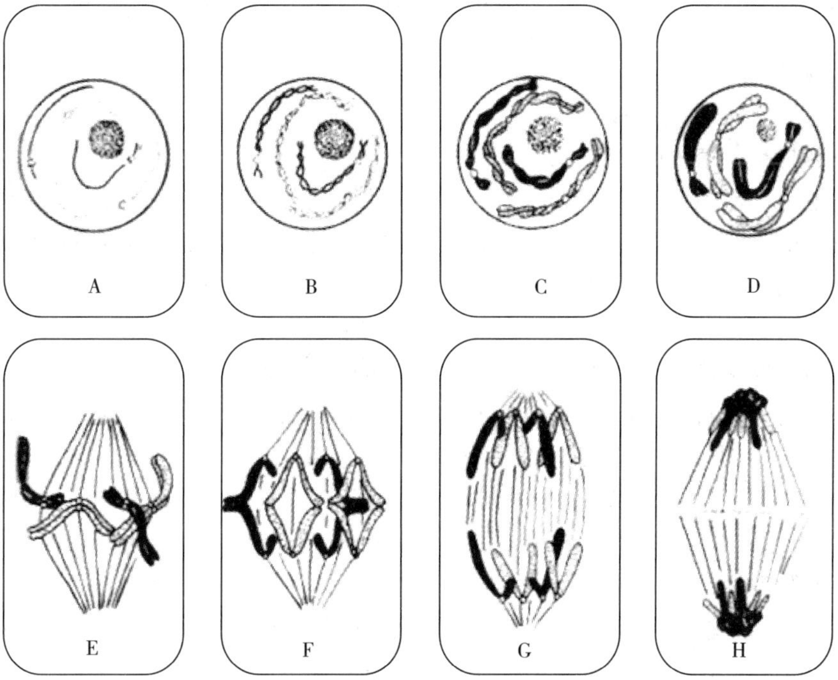

图1-16 植物细胞的有丝分裂

A～D—前期；E—中期；F～G—后期；H—末期

前期 当细胞进入有丝分裂前期，细胞核内染色质粒或染色质丝逐渐汇合并缩短变粗形成染色体，每一染色体纵裂为对等的两个染色单体，但不分开。接着核膜、核仁消失，开始从两极出现纺锤丝，标志着前期结束。

中期 染色体有规律地排列在细胞中部的赤道面上，形成赤道板，同时，由两极伸出的纺锤丝与染色体上的着丝点相连，形成纺锤体。在电子显微镜下可观察到纺锤丝是由微管组成的束形成的。中期染色体的形状缩短到比较固定的状态，排列也比较规律，因此在中期观察染色体的数目比较容易。

后期 每个染色体的着丝点分裂为二，使每条染色体都具有自己的着丝点，每个染色单体已不再是染色体的一半，而是一个完整的染色体。新的染色体随着纺锤丝的收缩向两极移动。此时两极就各有一套数目与母细胞完全相同的子染色体组。

末期 到达两极后的子染色体随之又开始恢复成丝状、颗粒状，并且越变越细，越变越扩散，这时新的核膜、核仁重新出现，形成完整的细胞核。与上述核变化的同时进行了胞质分裂，位于赤道板的纺锤丝逐渐收缩增粗，形成成膜体。最后成膜体在赤道面上融合成一薄层叫细胞板，细胞板分开细胞质形成两个子细胞之间的胞间层和初生壁，最后形成两个新的子细胞。

细胞有丝分裂的结果——由一个母细胞产生两个与母细胞在遗传性上完全相同的子细胞。子细胞的染色体数仍保持母细胞的染色体数（$2n$），有丝分裂各时期持续的时间是不同的，它们随植物种不同和所处环境条件不同而变化。前期通常时间最长，可持续 1～2 小时甚至更长；中期较短，一般在 5～15 分钟；后期最短，仅 2～10 分钟；末期则可在 10～30 分钟内完成。以上数字仅是各时期的相对时间长度而不是绝对的。

三、减数分裂

减数分裂是与生殖细胞或性细胞形成有关的一种分裂，高等植物在开花过程中形成雌雄性生殖细胞——卵和精子，必须经过减数分裂。减数分裂所形成的子细胞染色体较母细胞染色体数减少一半，由 $2n$ 变成 n，故精子和卵的染色体数都是 n。植物的有性过程必须经过精子和卵细胞的结合。这样融合后的细胞——合子，染色体又恢复原来的数目（$2n$）。

减数分裂全过程包括两次连续的分裂，即减数第一次分裂和减数第二次分裂。减数第一次分裂的前期发生同源染色体配对的现象，即由两个染色体配对：一个来自父方，是精子带来的；另一个来自母方，原来是卵细胞中的。它们在大小和形状上都很相似，由它们配合成对的过程，就叫同源染色体配对。

配对的两个染色体间进行遗传物质的交换，以后每对同源染色体的每一个染色体进行纵向分裂形成两个染色单体。但两个染色单体并不立即分开，所以此时的每对同源染色体共有四个染色单体。减数第一次分裂的后期，每对同源染色体分开，分别进入细胞两极，这个过程使染色体数目较原来的母细胞减去了一半，即分至两极的染色体只有原来母细胞（$2n$）的一半。随后再进入减数第二次分裂，这是通常的有丝分裂，每一染色体的着丝点分裂，分开成两个染色单体，每个染色单体再分别进入两极。这样通过减数分裂全过程形成了四个子细胞，而每个子细胞核内染色体数较原来母细胞（$2n$）减半，只含有单倍数（n）的染色体。

减数分裂的具体过程如下（见图 1－17）：

1. 减数第一次分裂（减数分裂Ⅰ）

包括前期、中期、后期、末期，共四个时期，前期经历时间最长，变化最大。

前期Ⅰ 又分下面五个时期。

细线期 染色体在核内出现，呈极细的线状。

偶线期 染色体配对过程开始，是由来自父方和母方的形状、大小、长度相似的两个染色体配线，这样的染色体叫同源染色体对。

粗线期 每对同源染色体缩短变粗，此时每条染色体纵裂，但着丝点不分开。所以，每个染色体有两个染色单体。

双线期　每对同源染色体的四个染色单体开始分离，但在一点或更多点上仍然保持接触，互相交叉，外观上呈X形等形状。通过接触点断裂和与相关的另一染色单体再连接引起染色单体各段的相互交换，也就是染色体上遗传因子——基因的交换，这对生物的遗传变异具有重要意义。

终变期　染色体更加收缩，变得更短更粗达到最小的体积。同源染色体对的每条染色体的两个染色单体彼此进一步分离。前期Ⅰ结束时核膜、核仁消失。

中期Ⅰ　出现纺锤体，通过交叉而仍然结合在一起的同源染色体对的两个染色体的着丝点分别对着相反的极方，与赤道板保持相等的距离。

后期Ⅰ　同源染色体对的两个染色体分别向两极移动。染色体的着丝点并不分开，因而移向两极的染色体为母细胞染色体数的一半。

末期Ⅰ　染色体周围形成核膜，进而形成两个子核，但染色体并不完全消失。每个子核中染色体数目只有母细胞的一半。

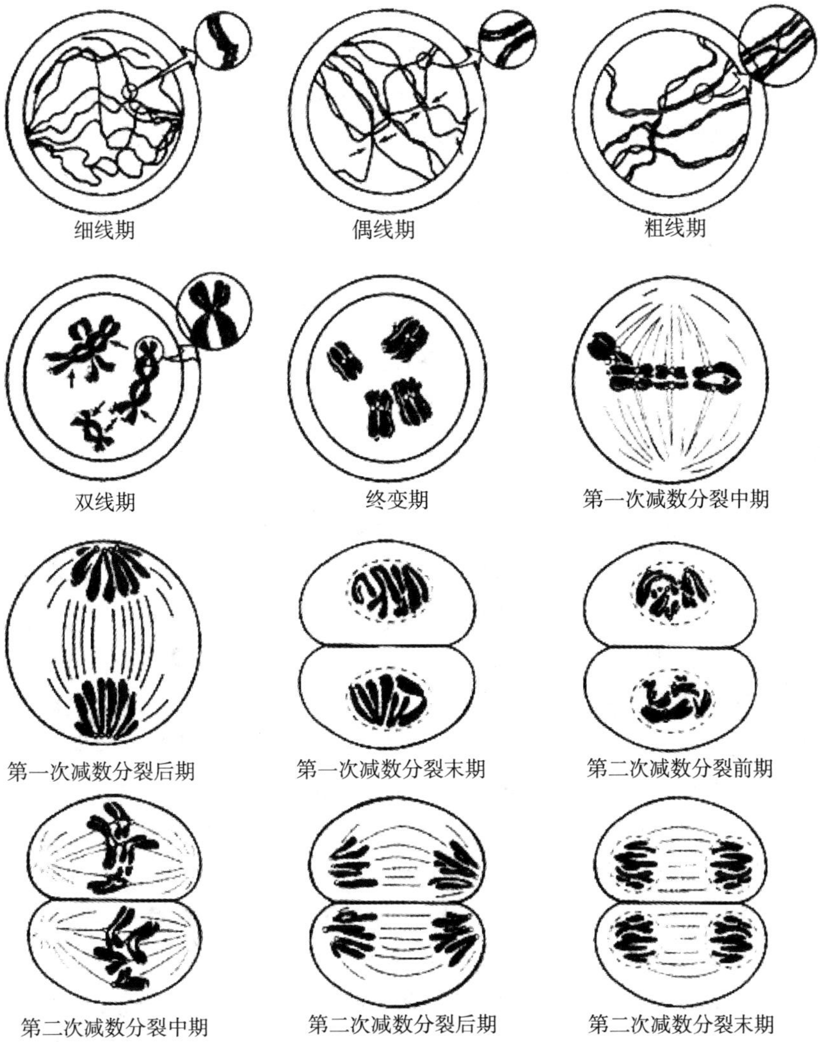

图1－17　减数分裂各时期

减数第一次分裂的终变期和中期，染色体最清晰，因此常用处于这一时期的花粉母细胞来计数植物的染色体数目。

2. 减数第二次分裂（减数分裂Ⅱ）

在第一次分裂结束后，经过暂短的间期便开始了减数第二次分裂。它实际上就是一般的有丝分裂，也分四个时期，即前期Ⅱ、中期Ⅱ、后期Ⅱ、末期Ⅱ。前期Ⅱ时间较短，中期Ⅱ染色体排在赤道面上形成纺锤体，后期Ⅱ着丝点彼此分开，两个染色单体分别向两极移动，末期Ⅱ染色体消失，核膜出现，细胞板出现，形成四个结合在一起的子细胞，叫四分体。每个子细胞的染色体数都是 $2n$ 的一半，成为单倍数 n.

减数分裂的特点总结如下：

（1）减数分裂只发生在植物的生殖过程中；

（2）减数分裂形成的子细胞其染色体数目为母细胞的一半；

（3）减数分裂由两次连续的分裂来完成，故形成的四个子细胞称为四分体；

（4）减数分裂过程，染色体有配对、交换、分离等现象。

减数分裂具有重要的生物学意义。它是有性生殖中必需的一个过程，经过减数分裂，后代染色体数目才能维持不变，否则一代代染色体成倍增加，引起细胞的无限增大和遗传性的混乱。经减数分裂的细胞染色体数目为 n，即只有一个染色体组，称为单倍体，以 n 表示。在有性生殖时，经雌雄细胞结合，染色体又恢复为两个染色体组，细胞中含有两个染色体组的个体，称为二倍体，以 $2n$ 表示。

四、无丝分裂

无丝分裂（图 1－18）是最早发现的一种细胞分裂方式，因为分裂时没有纺锤丝出现，叫作无丝分裂；又因为这种分裂方式是细胞核和细胞质的直接分裂，所以又叫作直接分裂。关于无丝分裂，有不同的看法：有人认为无丝分裂不是正常细胞的增殖方式，而是一种异常分裂现象；另一些人则主张无丝分裂是正常细胞的增殖方式之一，主要见于高度分化的细胞，如肝细胞、肾小管上皮细胞、肾上腺皮质细胞等。

无丝分裂的早期，球形的细胞核和核仁都伸长，然后细胞核进一步伸长成哑铃形，中央部分狭细，最后细胞核分裂，这时细胞质也随着分裂，并且在滑面型内质网的参与下形成细胞膜。在无丝分裂中，核膜和核仁都不消失，没有染色体的出现，当然也就看不到染色体的规律性变化。但是，这并不说明染色质没有变化，实际上染色质也要进行复制，并且细胞要增大。当细胞核体积增大一倍时，细胞核就发生分裂，核中的遗传物质就分配到子细胞中去。至于核中的遗传物质 DNA 是如何分配的，还待进一步研究。

无丝分裂大致可划分为四个时期：第一期核内染色质复制倍增，核及核仁体积增大，核仁及核仁组织中心分裂。第二期以核仁及核仁组织中心为分裂制动中心，以核仁与核膜周染色质相联系的染色质丝为牵引带，分别牵引着新复制的染色质和原有的染色质，新复制的染色质在对侧核仁组织中心发出的染色质丝的牵引下，离开核膜移动到核的赤道面上。第三期核拉长成哑铃形，中央部分缢缩变细，这是因为赤道面部位的核膜周染色质不与核膜分离，而核仁组织中心发出的染色质丝（与核膜周染色质相联系）螺旋化加强，产生的牵引拉力导致赤道面部位的核膜内陷。第四期核膜内陷加深，最终缢裂成两个完整的子细胞核，每个子核中含有一半原有染色质和一半新复制的染色质。无丝分裂不仅在动植物的病变细胞中，而且在正常组织细胞中普遍存在。无论是体细胞还是生殖细胞都能进行无丝分裂。在一定条件下，无丝分裂和有丝分裂交替进行，在某些生物的某种组织中（如蚕睾丸上皮），无丝分裂是唯一的细胞分裂方式。无丝分裂具有独特的优越性：比有丝分裂消耗能量少；分裂迅速并可能同时形成多个核；分裂时细胞核的生理功能仍可进行；在不利条件下，细胞分裂仍能进行；等等。

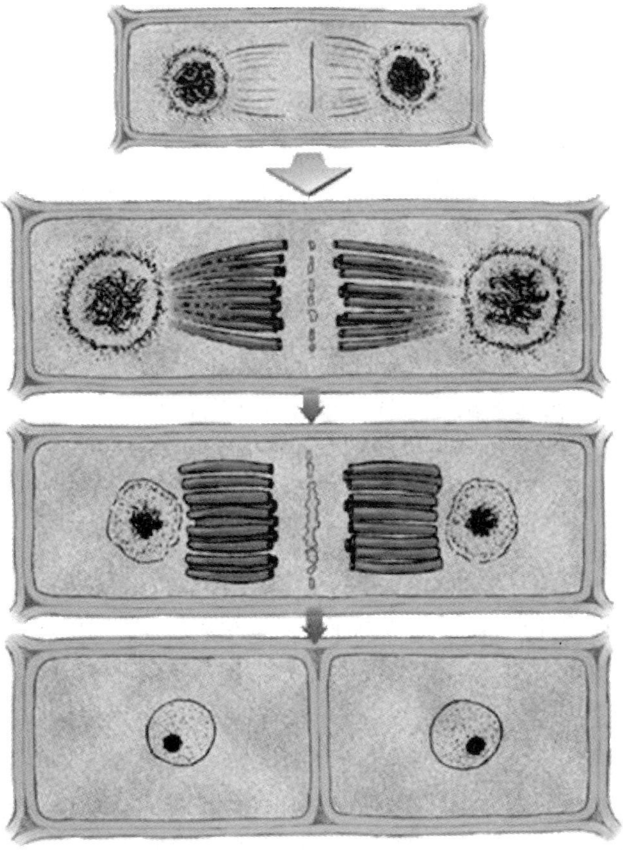

图 1－18　无丝分裂

第二章 植物组织

第一节 植物组织的概念

构成植物体的细胞，由于长期适应不同的环境条件，引起了细胞功能上和形态结构上的分化，形成了各种不同的组织。植物组织的出现是植物长期进化的结果。植物的进化程度愈高，体内细胞的分工也就愈细，组织分化也就愈明显。当植物进化到了高等植物阶段，组织的分化就更加完善。

高等植物的生长是其体内细胞分裂、生长和分化的结果。所谓分化，就是植物在生长发育过程中，体内各部分细胞由于适应不同的生理机能在形态结构上发生的各种不同的变化。通过细胞分化，本来差不多大的幼嫩细胞形成了在形态结构上各不相同的细胞群。通常，我们把那些来源相同、形态结构相似而又相互联系在一起执行共同生理机能的细胞群叫作组织。植物体的各个器官（根、茎、叶、花、果）都是由某几种组织构成的。

植物组织细胞的形态构造和它们的生理功能是相适应的。例如，叶内的同化组织，其细胞壁薄，细胞内含有叶绿体，能进行光合作用；细胞之间排列疏松、胞间隙较大，有利于气体交换。这表明进行光合作用的同化组织，形态与功能是相应的。高等植物的器官分化成为各种组织并承接不同的生理功能，使植物在生活过程中能够适应环境条件，顺利地进行生长和发育。植物生命现象中这种形态构造、生理机能与环境条件相应的特性，是同它的遗传物质密切相关的，而遗传物质的形成则是植物在进化过程中长期适应和选择的结果。

应当指出，植物的各种组织或各种器官都是组成整个植物有机体的一个从属部分，它们之间有着有机的内在相关性。在一定条件下，一片叶子、一段枝条、一段根甚至一团活的组织或一个生活的花粉粒都可能产生一株植物，就是这个道理。

第二节 植物组织的类型

根据植物组织生理功能上的不同和形态构造上的差异，一般把它们分为分生组织、薄壁组织、保护组织、机械组织、输导组织和分泌组织。其中，后面的五种组织都是在器官形成时，由分生组织衍生的细胞发展而成的，这五种组织也称为成熟组织或永久组织。

一、分生组织

分生组织（图 2-1）也称形成组织或生长组织。它的特征是构成该组织的细胞具有分裂的机能。它的作用直接关系着植物的生长和发育。植物体内的分生组织，按来源与发展可分为原分生组织、初生分组织和次生分生组织；按发生的部位则可分为顶端分生组织、侧生分生组织和居间分生组织。

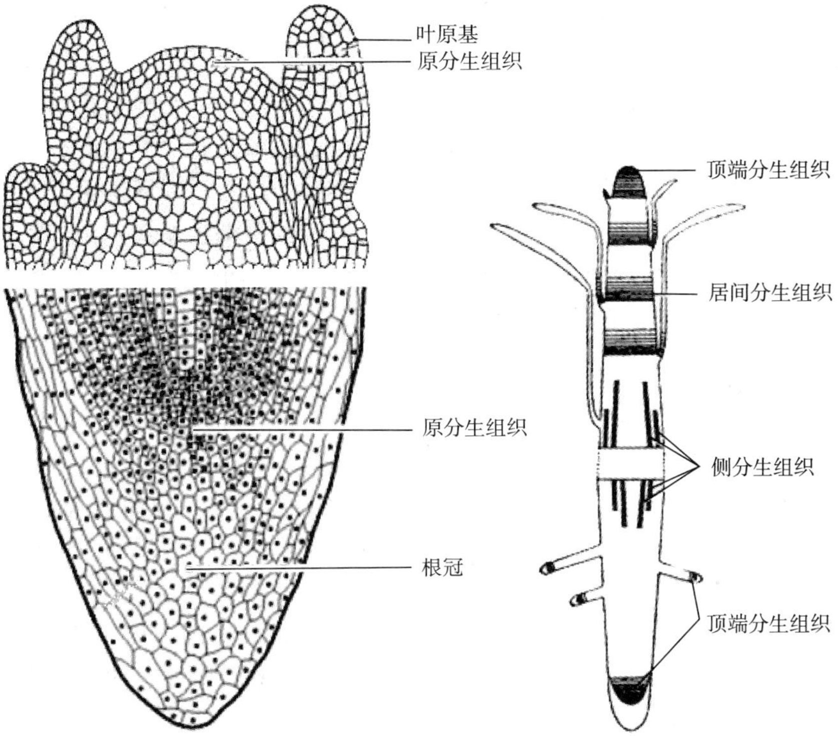

图 2-1　分生组织及位置

（一）原分生组织

原分生组织是位于根尖和茎尖的先端的一部分细胞，这部分细胞叫作原始细胞或胚性细胞，特点是细胞形小，细胞壁薄，细胞质浓，细胞核大，没有液泡或仅具有多数小液泡，细胞排列整齐紧密，通常没有胞间隙，能较长期地保持分裂机能。温带地区的树木或亚热带地区的落叶树，虽然分生组织冬季休眠，细胞停止分裂，但一到生长季，又可恢复活动。

（二）初生分生组织

初生分生组织是由原分生组织衍生的细胞组成，位于原分生组织之后。它的特点是：一方面细胞仍能分裂，一方面细胞开始分化，向着成熟的方向发展。可以看作是由全无分化的原分生组织到分化完成的成熟组织之间的过渡形式。

原分生组织和初生分生组织均位于根、茎的先端最幼嫩部分，按其存在的位置合称为顶端分生组织。茎尖的顶端分生组织不仅使茎轴伸长，还形成新叶，产生腋芽。植物生长阶段发育不仅有量的生长，同时有质的变化，其质变是在茎尖顶端分生组织的细胞中进行的，植物发育到一定的阶段，茎尖顶端分生组织有些形成花或花序，这些顶端分生组织也就全部分化而失去分裂能力了。

（三）次生分生组织

次生分生组织是由初生分生组织产生的薄壁组织在一定条件下恢复分裂机能转化而成的。其细胞特点与初生分生组织的细胞相似，也具有分裂能力，例如木栓形成层。次生分生组织发生的部位不在根、茎顶端而在它们的侧面，所以按位置说属于侧生分生组织。次生分生组织不是所有的植物都具有，而是仅见于裸子植物和双子叶植物。木本植物的次生分生组织形成层，能够保持分裂机能多年，每年分裂活动产生新的组织，从而使树木的直径不断加粗，树木茎的不断增粗就是由于茎的次生分生组织——形成层活动的结果。

竹子茎的顶端具有原分生组织和初生分生组织，在生长过程中除不断分裂使茎秆增高外，有些细胞保留在节间基部成为节间的分生组织，由于这一部分分生组织的进一步分裂，使得有些竹子能在一昼夜之间生长高达一米之多。这种分生组织从来源来说仍属于初生分生组织，从位置来说属于节间的分生组织，故称为居间分生组织。有些植物叶的基部、花轴，禾本科植物节的基部都具有居间分生组织。

二、薄壁组织

薄壁组织是植物体内分布很广的一类组织，它遍布植物体的各处而与其他组织结合在一起，成为植物体的基本部分，所以通常又称为基本组织。薄壁组织有各种不同的来源，既可以来自根或茎的顶端分生组织，也可以来自侧生分生组织形成层和木栓形成层。

薄壁组织由生活的薄壁细胞（图 2－2）组成。细胞一般较大，通常近于等径，多呈圆形、椭圆形、多面体等，也有伸长的，细胞壁内褶、甚至分枝的。细胞壁一般由纤维素和果胶质组成，细胞内液泡较大而原生质较少，细胞排列疏松，具明显的胞间隙。

薄壁组织是分化程度较低的一类组织，具有较大的可塑性。在一定条件下，可以恢复分生组织的生理机能，形成次生分生组织。这一特性对于植物体创伤的恢复、植物的营养繁殖都具有很大的意义。例如，在嫁接和扦插时，所产生的愈伤组织多数就是由薄壁组织恢复分裂而产生的。

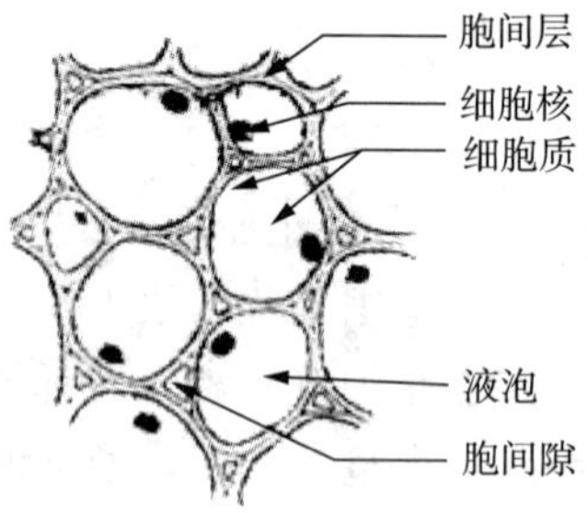

图 2－2　薄壁细胞

薄壁组织的功能主要与植物的营养有关，具有同化、贮藏、吸收和通气等机能。如果薄壁组织的细胞内含有叶绿体，能进行光合作用，就称为同化组织。如果薄壁组织的细胞里贮积了丰富的营养物质，如淀粉、糖、蛋白质、脂肪等，就称为贮藏组织。某些植物的薄壁组织的细胞能贮积大量的水分，称为贮水组织，见于仙人掌、景天等耐旱的多汁植物。有些植物的薄壁组织，胞间隙特别发达，里面充满了气体，称为通气组织，见于生长在沼泽地区的植物和水生植物。具有吸收功能的薄壁组织称为吸收组织，如根毛。

三、保护组织

保护组织分布于植物体各器官的表面，是由一层或数层细胞组成的。它的主要功能是控制蒸腾，防止水分过度丧失，防止机械损伤和避免其他生物的侵害。根据来源和形态特征的不同，保护组织可以分为两种类型：表皮和周皮。

（一）表皮

表皮　表皮是一层连续的组织，包被在整个植物体的表面，通常由一层细胞组成。表皮细胞是生活细胞，一般不含叶绿体。叶的表皮细胞常呈扁平的形状，根、茎的表皮细胞则呈长柱形，它们的横切面多呈方形或长方形。表皮细胞排列紧密，侧壁常呈波状或齿状，彼此嵌合，除气孔外，没有缝隙，充分起着保护作用。表皮细胞的外壁通常增厚，同时角化，并常形成角质层。有些植物的表皮还形成蜡被，如云杉、梓树、桉树、樟叶槭等植物的叶子，葡萄、李、冬瓜的果实外表都具有白粉状的蜡被。

气孔　表皮上穿着许多小孔，叫作气孔，是植物与外界进行气体交换的通道（图 2-3）。气孔是由两个保卫细胞组成的。保卫细胞是具叶绿体的生活细胞，一般呈肾形。两个保卫细胞，以凹入的一面相对，于是在相向面的中部，细胞壁彼此分离，形成小孔，就是气孔。有些植物的气孔，在保卫细胞的周围还有一个或几个小细胞，叫作副卫细胞，如竹类及其他禾本科植物叶的气孔。

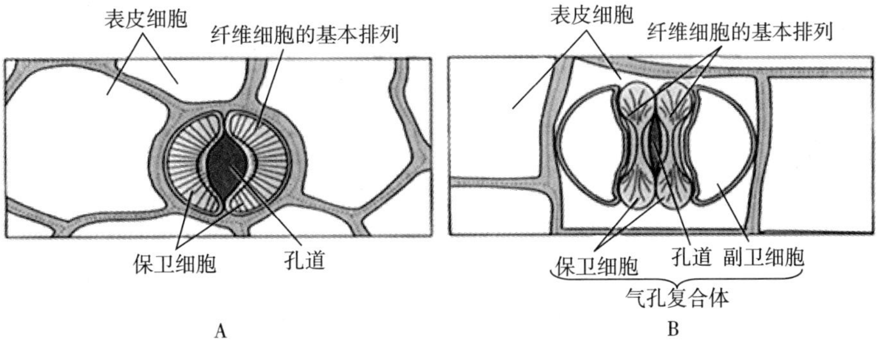

图 2-3　气孔的结构

A—双子叶植物的表皮和气孔；B—单子叶植物的表皮和气孔

保卫细胞不仅形状特殊，而且它的细胞壁增厚的情况也很特别。一般是保卫细胞弓形的一面，即与表皮细胞相连的一面，细胞壁比较薄，而其余各面的细胞壁都较厚。这样，当保卫细胞充水膨胀时，它们就向表皮细胞的一面扩张，将相向面分离部分的细胞壁拉开，结果气孔张开，这时保卫细胞变成内弯曲状。当保卫细胞失水时，膨压降低，保卫细胞恢复原状，气孔就缩小以至于关闭。所以保卫细胞不仅形成气孔，还能控制气孔的开关，以调节蒸腾。

一般植物茎、叶的表皮都具有气孔，尤以叶的下表皮最多，叶的上表皮气孔较少或不具气孔。气孔数目的多少与分布的情况，因植物的种类而异。例如，核桃叶上表皮无气孔，下表皮每平方毫米上约有气孔 460 个；苹果叶上表皮也没有气孔，下表皮每平方毫米约有气孔 400 个；黑杨上表皮每平方毫米约有气孔 20 个，而下表皮每平方毫米约有气孔 115 个。

表皮毛 表皮上除了具有气孔外，还常具有各种类型的表皮毛（图 2－4）。表皮毛是由表皮细胞向外引申而成的。就其构造来说，有单细胞的，有多细胞的；有单条的，有分枝的；有的是活细胞，有的是死细胞。有些毛的细胞壁是纤维素的，比较柔软；有些毛的细胞壁矿化，比较坚硬。一般植物的表皮毛多呈管状而先端尖，但也有圆头的，或平展呈丁字形、星状、鳞片状的。表皮毛的形态随植物的种类而异，可作为植物分类的特征之一。

表皮毛的存在能起到保护叶片，防止强光灼伤，减小蒸腾的作用，分化成腺毛还可以分泌一些物质，更好地保护植物（比如番茄的腺毛就可以分泌具有特殊性气味的物质）。在生态学上，许多植物的表皮毛还可以起到减小风沙的作用。

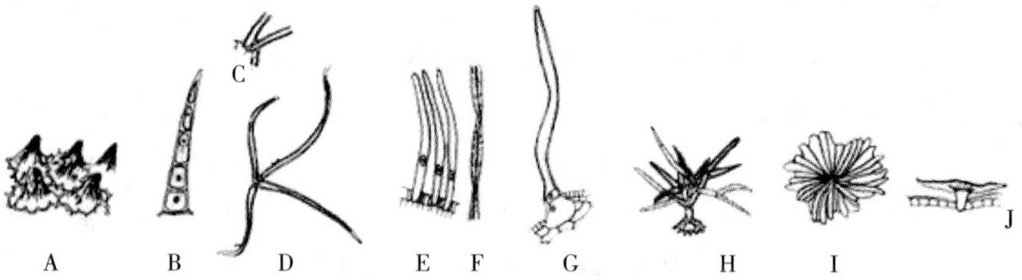

图 2－4 表皮的毛状物

A—三色堇花瓣上的表皮毛；B—南瓜的多细胞表皮毛；C，D—棉叶上的簇生毛；

E，F—棉属种子上的表皮毛（E—幼期，F—成熟期）；G—大豆叶上的表皮毛；

H—薰衣草属叶上的分支毛；I，J—橄榄的盾状毛（I—顶面观，J—侧面观）

（二）周皮

周皮 木本植物的根、茎由于多年生长不断增粗，而表皮细胞本身又不具分裂能力，因而表皮就会逐渐被破坏。周皮就是在表皮遭受破坏失去保护机能后代替表皮起保护作用的组织。它是由次生分生组织——木栓形成层活动产生的，属于次生保护组织。

木栓形成层是由已经成熟的薄壁细胞恢复分裂机能转化而成的，出现的部位因植物种类而异。茎中的木栓形成层最初是由表皮或皮层细胞转化来的。如柳树常是由表皮细胞形成的，栎类、槭树、樱桃、松树等多是由皮层细胞产生的。根里的木栓形成层则起始于中柱鞘。木栓形成层的活动主要是进行平周分裂，向外产生木栓层，向内产生栓内层。木栓层由数层细胞壁栓化的死细胞构成，栓内层由生活的薄壁细胞组成。木栓层、木栓形成层和栓内层合称为周皮。

木栓层和表皮一样，是一种结构紧密的组织，而且由数层木栓细胞组成，而木栓细胞又不易透水透气，因此，就大大加强了对植物体内部组织的保护作用。

皮孔 通常在已形成周皮的茎上，肉眼可以看到一些褐色或白色的圆形、椭圆形、方形、菱形、长条形等各种形状的突起的斑点，这就是皮孔。它是在周皮形成后植物体与外界环境进行气体交换的通道。

皮孔一般在气孔或气孔群的下方产生。在这些部位木栓形成层向外不产生木栓细胞，而是产生许多排列疏松的球形的薄壁细胞，叫作补充细胞。由于补充细胞的数目不断增多，逐渐向外扩张，结果将表皮及木栓层胀破，形成唇形突起，显出各种外形，这就是我们所看到的皮孔。皮孔形成后，就代替了气孔，成为气体出入的门户。因此，在周皮形成后，一方面有力地保护了内部的各种组织，另一方面由于皮孔的产生，内部的生活组织仍然可以获得它们生命活动中所需要的氧气。

树皮 木栓形成层的分裂能力是有限的，因而周皮的保护作用也是有一定限度的。当树木继续加粗时，原有的周皮也就会逐渐破裂而失去保护作用。这时，在原来周皮以内，就会以相同的方式形成一层新的周皮，而将原来的周皮推到外方。这样，随着植物的生长，不断地形成新的周皮，多次周皮的积累构成树木茎干和老根上的树皮。树皮对植物同样能起保护作用。

图 2-5 所示为茎的一部分横切示意图。

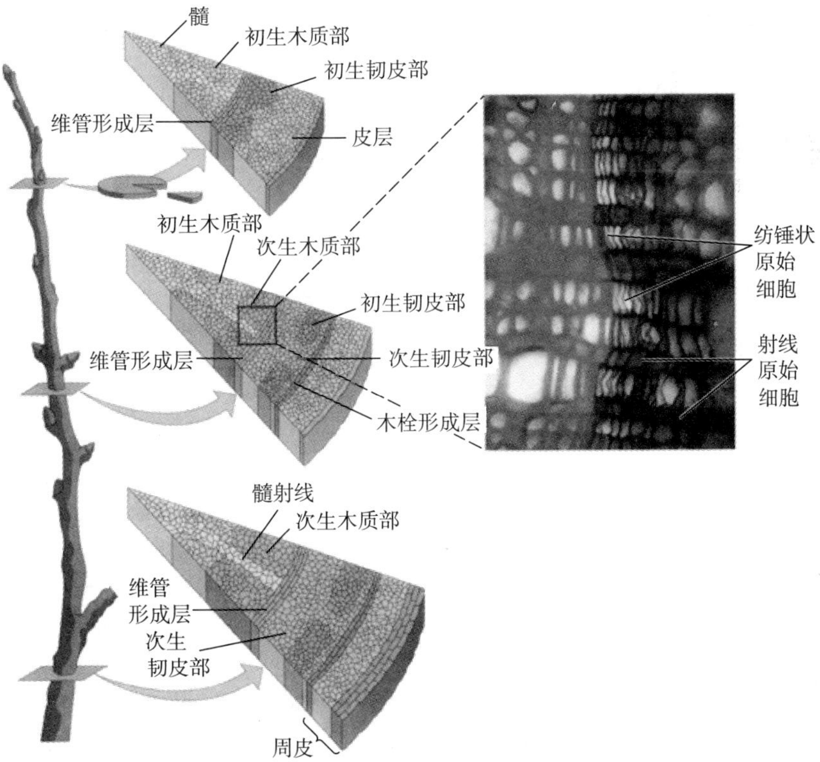

图 2-5 茎的一部分横切

四、输导组织

输导组织的机能是运输植物体内的水分和营养物质，即把根部吸收的水分和无机盐类以及叶中制造的有机物质输送到植物体的其他各部分。输导组织贯穿在植物体的各种器官中，彼此联系形成一个复杂而完善的运输系统。根据结构与所输送的物质的不同，输导组织可分为两类：一类是输送水分和无机盐类的导管和管胞；另一类是输送有机养分的筛管和筛胞。

（一）导管和管胞

1. 导管

导管是被子植物的输水组织。每一导管是由许多管状的死细胞以端壁连接而成的。导管形成后，相连细胞间的横壁消失或部分消失，因而成为上下贯通的多细胞的长管。导管的长度通常有数厘米至一米左右，藤本植物的导管有长达数米的，如紫藤的导管可长达5米多。

导管形成时，先是上下毗连的细胞伸长，然后细胞长大，细胞壁渐次增厚并木化，细胞质渐次稀薄，细胞核也随之变小变平。后来，细胞质和核消失，细胞间的横壁从中部开始溶化，逐渐向四周扩散，最后横壁消失，形成穿孔，彼此贯通，如图2-6所示。

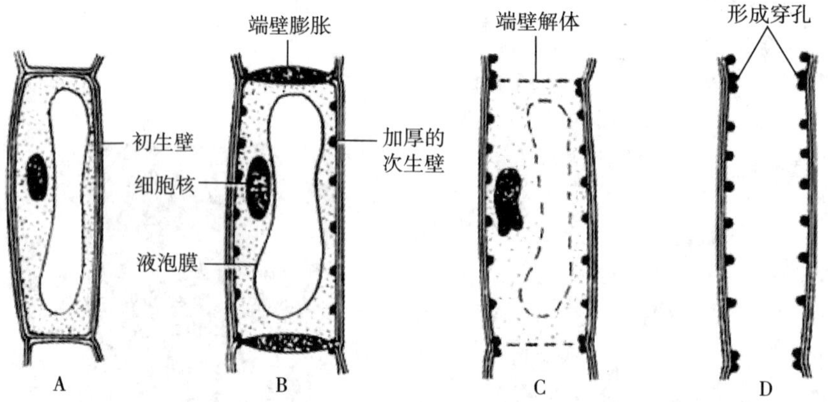

图2-6　导管分子的发育

A—导管分子前身，无次生壁形成；B—细胞体积增至最大程度，细胞核增大，次生壁物质开始沉积；
C—次生壁加厚完成，液泡膜破裂，细胞核变形，壁端处部分解体；
D—导管分子成熟，原生质体消失，次生加厚壁之间的初生壁已部分水解，两端形成穿孔

导管形成时，细胞壁木化加厚的方式有各种不同的情况，因而呈现出各种不同的花纹。根据导管增厚方式的不同，可以把导管分为以下五种类型（图2-7）：

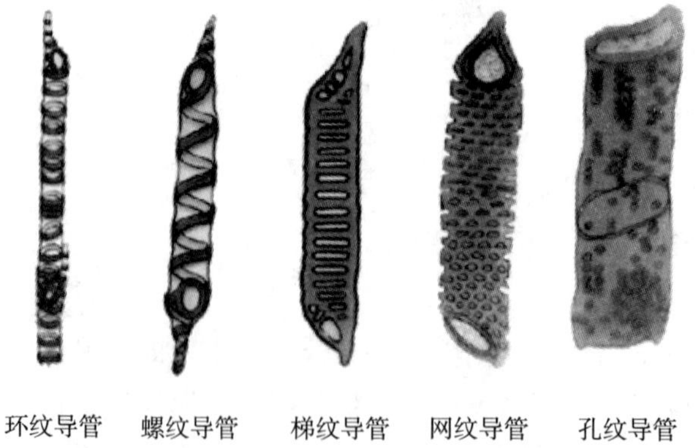

图2-7　导管的类型

环纹导管　导管的直径比较小，在导管壁上每隔一定的距离，有环状的增厚部分，因此显出环状的花纹。

螺纹导管　管径比环纹导管稍大，导管壁上的增厚部分呈螺旋状，显出螺旋状的花纹。

梯纹导管　导管壁上的增厚部分成横条突起，与未增厚的部分相间隔，呈梯状花纹。

网纹导管　导管壁上的增厚部分交错连接成网状，“网眼”为未增厚的部分。

孔纹导管　导管壁全部增厚，仅留下具缘孔纹处没有加厚。

环纹和螺纹导管是器官形成初期出现的，通常在器官伸长生长还在进行的时候，就有这两种导管出现。在器官继续成长的过程中，这两种导管常常遭受破坏。梯纹、网纹和孔纹导管在器官发育过程中出现较晚，是在伸长生长停止以后分化形成的。一般管径较大，增厚部分较多，输导效率也较高。木本植物次生木质部中的导管多是孔纹导管。

导管是一种比较完善的输水组织，水流通过导管的穿孔上升，同时也可通过侧壁上的纹孔传送。然而，导管的输导功能并非是永久保持的，其有效期的长短因植物的种类而异，有的不过数年，有的多至十余年。当植物形成新的导管后，较老的导管往往由于侵填体的产生而失去输导机能。侵填体（图 2－8）是由于导管四周的薄壁细胞的胀大，细胞壁通过导管侧壁上的纹孔侵入导管而形成的。起初，细胞质和细胞核流入其中，最后单宁、淀粉、晶体、树脂等物质，把导管堵塞起来。侵填体在木本植物中相当普遍，如刺槐、榆树、悬铃木、樟树、核桃、黄连木、栎类等树木老的木质部导管中常具侵填体。侵填体通常是自然产生的，它的大量存在，能够阻止菌类的侵害，增进木材的坚实度和耐水性。侵填体也可以因创伤而产生，在此情况，能起到防止水液外渗的作用。

2. 管胞

管胞是蕨类植物和裸子植物的输水组织（图 2－9）。每一管胞是一个细胞，细胞狭长而两端斜尖，略呈纺锤形，横切面呈长方形或近方形，细胞壁增厚并木化，最后细胞原生质体消失，仅存细胞壁。管胞的长度介于 0.1 毫米至数厘米之间，一般长 1～2 毫米。各管胞成纵向排列，彼此以斜端互相贴合。在贴合部分，具缘纹孔很多，水分和无机盐主要就是经过具缘纹孔由一管胞进入另一管胞，依次上运的。管胞除输水外，因其细胞壁增厚、木化，以斜端彼此贴合，结构颇为坚牢，因而兼有支持的效能。松、杉、柏等裸子植物的木质部主要由管胞组成，并无另外的机械组织，在这里，管胞就担负了输导与支持双重作用。这也表明了裸子植物较被子植物原始。

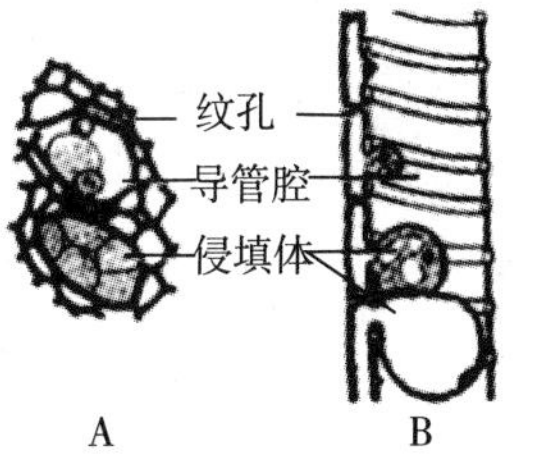

图 2－8　刺槐导管内的侵填体
A—横切面；B—纵切面

（二）筛管和筛胞

1. 筛管

筛管是被子植物输导有机养分的组织。筛管是由多数细胞连接而成的，长 0.1～2 毫米。组成筛管的细胞是生活细胞，细胞壁由纤维素组成，并不木化。筛管在相连两个细胞的横壁上形成许多小孔，叫作筛孔。具有筛孔的横壁，叫作筛板。相连两个细胞的细胞质通过筛孔而彼此相连，与胞间连丝相似而较粗，叫作联络索。某些植物的筛管在侧壁也有筛板，细胞质也可通过侧壁上的筛孔彼此相连。

图 2－9　管胞的类型

在筛管形成过程中，历来认为有细胞核消失现象，在筛管形成后，筛管细胞成为无核的生活细胞。但是近年来有人认为筛管细胞始终是有核的，而且是多核结构，只不过核小而分散，很不易观察。

在筛管旁边常伴有一个或多个小型细胞，叫作伴胞。伴胞也是生活细胞，具有浓厚的细胞质和较大的核。它们在发生上和位置上与筛管有特殊的关系。它们和筛管细胞由一个母细胞分裂而来，与筛管相伴存在而较筛管细胞为小。

在筛管分化（图 2－10）过程中，筛板形成时，常有一种叫胼胝质的物质（黏性碳水化合物），沿着筛孔周围，环绕联络索而积累起来。当筛管将近衰老时，由于胼胝的不断积累，在筛板上逐渐形成了一种垫状物，将整个筛板掩盖起来，这种垫状物叫作胼胝体。胼胝体形成后，联络索中断，筛管的输导机能也就丧失了。有些植物如椴树、葡萄等的筛管在冬季形成胼胝体，到翌年春季，胼胝体又溶化，筛管的作用又能恢复。一般植物的筛管输导机能只能维持一二年，但是竹类等单子叶植物的筛管有多年的效能。

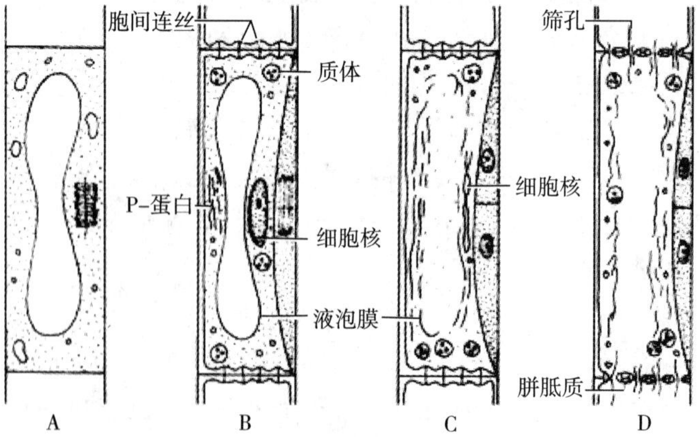

图 2－10　筛管分子的发育

A—筛管分子前身在分裂；B—筛管分子具有 P－蛋白质，伴胞前身（深色细胞）在分裂；C—筛管分子的核退化，液泡膜部分破裂，P－蛋白质分散，旁有两个伴胞；D—成熟筛管分子，在筛孔处有胼胝质和 P－蛋白

2. 筛胞

筛胞是裸子植物输送有机养分的细胞。它不像筛管由许多细胞连成纵行的长管，而是单个的细胞聚集成群，彼此以侧壁上的筛板保持细胞质的联系，行使输导机能。与筛管相比，显然是一种比较原始的类型。

五、机械组织

机械组织在植物体内主要起机械支持作用。种子植物，尤其是乔、灌木具有繁茂的枝叶，除了支持树叶巨大的重量以外，还要抵抗暴风雨雪等外力的侵袭，植物要挺立生长，没有强大的支持组织是不行的。因此，植株越高大，所需要的支持力量就越大，体内的机械组织也就越发达。木本植物体内的机械组织是非常发达的。

机械组织的主要特征是细胞的次生壁强烈加厚，根据细胞形状、加厚程度及加厚方式的不同，机械组织可分为厚角组织和厚壁组织，见图 2－11。

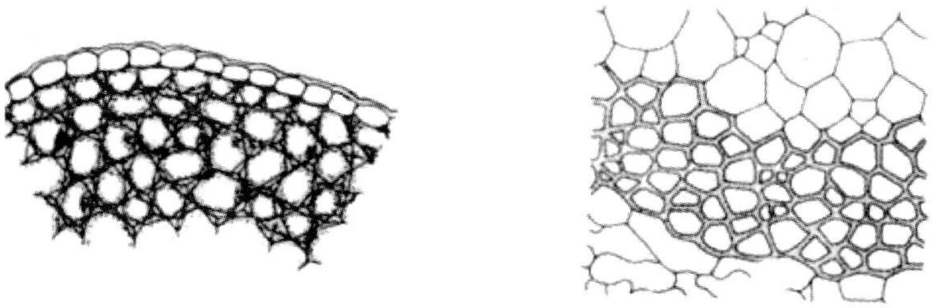

A　　B

图 2－11　厚角组织和厚壁组织

A—厚角组织；B—厚壁组织

（一）厚角组织

厚角组织是由长形的生活细胞组成的，常具叶绿体。细胞壁仅在一定部位增厚，由纤维素和果胶构成。细胞壁增厚有两种情况：一种是在细胞彼此接触的角隅部分增厚，增厚部分呈纵行的棱条状，这种情况比较普通，厚角组织之名即由此而来；另一种情况是细胞的切向壁增厚而径向壁仍是薄的，增厚部分呈板片状，这种情况比较少。

厚角组织是以生活细胞兼起支持作用的，细胞壁仅局部增厚，因而支持的力量就比较薄弱。但是它不妨碍所在部位的伸长生长，这也是厚角组织生理上的特性。所以在器官形成时，厚角组织是最初出现的支持组织。

（二）厚壁组织

厚壁组织是由死细胞组成的，细胞壁具有强烈的次生壁增厚，由纤维素和木质构成。细胞腔极狭小。根据形态的不同，厚壁组织可分为纤维和石细胞，见图 2－12。

1. 纤维

纤维细胞细长，两端尖细，略呈纺锤形，细胞壁极厚，细胞腔极小，纹孔很小，大都呈缝隙状。长成后的纤维，生活物质消失，成为死细胞。根据存在部位和细胞壁特化程度的不同，纤维又可分为韧皮纤维和木纤维。

韧皮纤维　韧皮纤维主要存在于植物的韧皮部中，也出现于皮层或中柱鞘。韧皮纤维

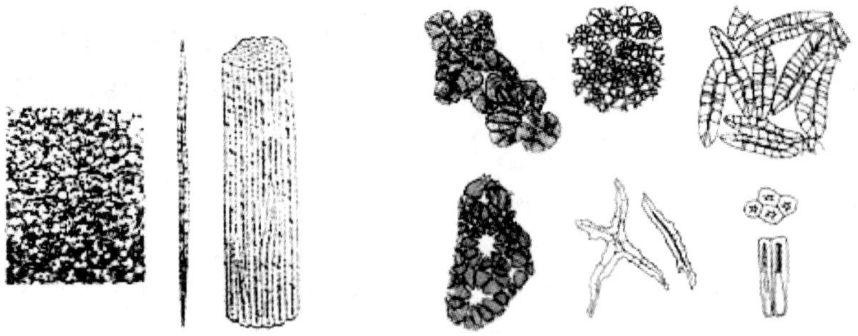

图 2－12　纤维和石细胞

较其他纤维细胞长，一般长 1～2 毫米，麻类作物的韧皮纤维则更长。如亚麻的长约 40 毫米，苎麻的长 200 毫米以上，最长可达 550 毫米左右。韧皮纤维细胞在横切面上呈圆形、长圆形或多角形，细胞腔很小，仅在中央留一小孔。细胞壁上的纹孔是单纹孔，呈缝隙状。韧皮纤维的次生壁主要由纤维素形成，不木化或木化程度较低。这种纤维韧性很强，是重要的纺织工业原料。

麻类作物的韧皮纤维非常发达，许多树木也有发达的韧皮纤维，如桑树、构树、滇朴等。这些树木的树条富有韧性而不易折断，正是由于含有大量的韧皮纤维。

木纤维　木纤维主要存在于双子叶植物的木质部中，是木质部的主要组成成分。木纤维也是长纺锤状细胞，但长度比韧皮纤维短，通常约 1 毫米。木纤维次生壁增厚的程度一般不及韧皮纤维。其增厚程度随植物的种类而异，同时和生长时期有关。如栎类、板栗，木纤维的壁很厚，杨、柳的木纤维的壁就较薄；另外，春季生长的木纤维壁较薄，秋季生长的则较厚。木纤维壁上的纹孔多是具缘纹孔，但由于细胞壁的增厚，常由长椭圆形逐渐变为缝隙状或纹孔腔完全消失而成为单纹孔的构造。木纤维的次生壁常木化，因而细胞硬度大，抗压力强，可增强树干的支持力和坚固性。但木纤维的韧性不及韧皮纤维，易折断。木纤维是重要的造纸原料。木纤维的含量和排列方式以及其次生壁加厚的程度直接影响木材的性质。如栎类的材质坚实，杨、柳的木材松软都与这些因素有关。

从系统发育和进化的观点来看，木纤维和导管同是由管胞演变来的。由管胞演化为木纤维，细胞长度变小，胞壁增厚，同时纹孔也发生变化。裸子植物的木质部中没有木纤维和导管的分化，管胞既输导水分又起支持作用，演化到双子叶植物，导管主要输导水分，而木纤维主要是起机械支持作用，两者就分工了。

2. *石细胞*

石细胞一般呈球形、椭圆形或多角形，也有的呈骨状或不规则的分枝状。石细胞的细胞壁极度增厚，并常木化、栓化或角化。细胞腔极小，原生质体消失。由于细胞壁不断增厚，细胞腔渐次变小，单纹孔常汇合成分枝的管状，形成分枝纹孔。石细胞可以由薄壁细胞通过细胞壁增厚并木化演变而成，这样能够增加组织的坚硬度和支持效能。

石细胞常分布于茎、叶、果实和种子中，特别是在果皮、种皮中为多，呈单个散生或数个群集而生。梨的果肉中，石细胞普遍存在，劣质的品种，尤为发达。吃梨时有时感到粗糙，就是由于石细胞存在的缘故。有些石细胞构成连续而坚硬的组织，多见于果皮或种皮中。核桃、桃、椰子等坚硬的内果皮就是由石细胞组成的。在茎中，石细胞多见于皮层、髓部或韧皮部中。

此外，在茶树、木樨（桂花）的叶片中，常有一些单个存在的巨型细胞，分枝成星状或不规则的形状，细胞壁增厚并木化，但增厚的程度不及一般的石细胞，因此还有相当大的细胞腔。这是石细胞的另一种形态，又称星状石细胞。

六、分泌组织

在某些植物的体内或表面，具有分泌精油、树脂、乳汁、蜜汁、黏液等分泌物的细胞或细胞群，叫作分泌组织，如腺毛、蜜腺、树脂道、分泌囊和乳汁管等。组成分泌组织的细胞，叫作分泌细胞。分泌细胞也是生活的薄壁细胞，由于它们的生理活动产生出各种分泌物质。分泌组织有两种类型：一种分泌物质排到植物体外（如图 2－13 所示），如腺毛和蜜腺；另一种分泌物质贮积在植物体内（如图 2－14 所示），或贮积在细胞中（如樟科植物中的含油细胞），或贮积在胞间隙中（如松树的树脂道和柑橘的分泌囊）。

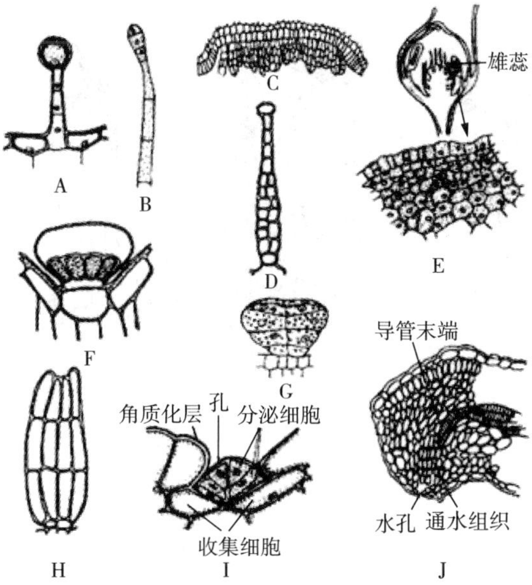

图 2－13　外分泌结构

A—天竺葵茎上的腺毛；B—烟草具多细胞头部的腺毛；C—棉叶主脉处的蜜腺；D—苘麻属花萼的蜜腺毛；E—草莓的花蜜腺；F—百里香叶表皮上的球状腺鳞；G—薄荷属的腺鳞；H—大酸模的黏液分泌毛；I—柽柳属叶上的盐腺；J—番茄叶缘的排水器

（一）腺毛

腺毛是植物体表皮毛的一种，由表皮细胞分化向外引申发展而成。它的分泌物排出体外，或为黏液，或为精油。腺毛由柄部和头部构成。如泡桐茎、叶和花序上的腺毛，柄部由一列细胞组成，头部则由 4 个分泌细胞组成，膨大呈球形。分泌物起初积在细胞壁和角质层之间，后来因分泌量增多，角质层破裂而外泌。女贞幼叶的腺毛，柄部由一个细胞构成，头部由 16 个分泌细胞组成，扩大呈圆盘状。

（二）蜜腺

虫媒植物的花，通常具有蜜腺。不同的植物蜜腺的形态构造亦各不相同。如苹果花的蜜腺，沿着萼筒的内周分布，细胞并无特殊的构造，都为普通的表皮细胞，外壁很薄，不具角质层。这些细胞含有浓厚的细胞质，有分泌花蜜的功能。但也有些蜜腺的分泌细胞具角质层，如柽柳盐腺的分泌细胞。

有的蜜腺生在叶片和叶柄上，如油桐叶柄顶端的红色圆形腺体，合欢属植物总叶柄上的腺体以及樟树叶片背面脉腋的腺体等。

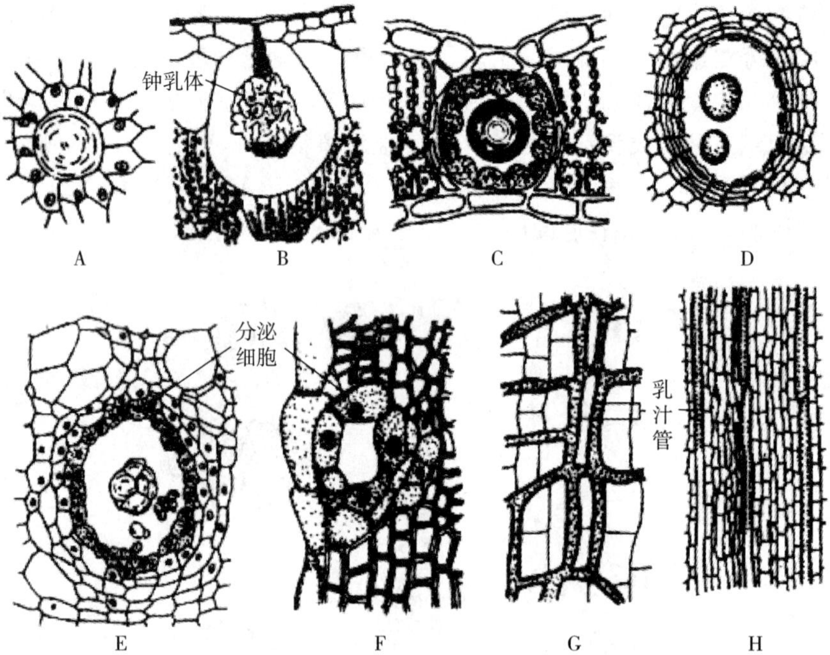

图 2－14　内分泌结构

A—鹅掌楸芽鳞中的分泌细胞；B—三叶橡胶中含钟乳体细胞；C—金丝桃叶中的裂生分泌腔；
D—柑橘属果皮中的分泌腔；E—漆树的漆汁道；F—松树的树脂道；
G—蒲公英的乳汁管；H—大蒜中的有节乳汁管

（三）分泌囊

分泌囊亦称油囊，在被子植物中普遍存在。尤其是在芸香科植物的果皮和叶片中最为常见，如在柑橘的果皮和叶里面，可以看到较透亮的小点，就是分泌囊。分泌囊最初是一群分泌细胞，细胞里面含有少量分泌物质，后来分泌物质增多，细胞质逐渐减少，最后细胞解体，形成溶生胞间隙，这时分泌物质就贮积在胞间隙中，这种贮积分泌物的胞间隙就叫分泌囊。柑橘和佛手的芳香气味就是分泌物的气味。

花的香味大都来自分泌囊所产生的精油，这对于招引昆虫传粉有很大意义。精油多用于糖果、香酒、化妆品等物的制造，也用于药剂的配料等。

（四）树脂道

树脂道通常见于松科、柏科、伞形科、五加科等植物，它是由许多分泌细胞以及由分泌细胞围成的管道状胞间隙组成的。树脂道在松科植物中广泛分布在叶肉、茎部木材组织、射线和根等处，其中存在于射线中的特称树脂射线。树脂道成纵向或横向分布于器官的组织中，并相连成为分泌系统。分泌细胞分泌的树脂存在树脂道中，当植物体遭受创伤时，树脂即流出体外，将伤口封闭。松树木材中因含有松脂，增强了耐腐性。松脂也是一种重要的工业原料，是由松树树脂细胞构成的分泌上皮分泌的树脂。

（五）乳汁管

有些植物体内有一种能分泌乳汁的管状组织，称为乳汁管，如橡胶树、乌桕、桑树、榕树、杜仲、番木瓜、罗布麻以及菊科、旋花科、萝摩科、罂粟科、桔梗科等植物中都有乳汁管。

乳汁管有两种类型，一种叫无节乳汁管，即每一乳汁管为一个细胞，因此，有人称其为乳汁细胞。这种细胞壁薄而多分枝，长度可达数米以上，如桑科、夹竹桃科、萝摩科、大戟属植物的乳汁管。另一种叫有节乳汁管，是由许多乳汁管细胞连接而成的。细胞分枝或不分枝，连接处的细胞横壁消失，如番木瓜以及菊科、罂粟科、桔梗科、旋花科植物的乳汁管。但是，不论哪种类型的乳汁管，其细胞都是多核的生活细胞。乳汁管在植物体内，大部分分布于韧皮部中。如橡胶树的乳汁管，从茎的横切面看，它位于次生韧皮部中，呈切向带状排列。此外，在有些植物中，乳汁管还可出现于表皮、皮层、木质部以及髓部等。

关于乳汁管的生理机能及组织分类问题，有人认为乳汁管有输导作用，应归于输导组织；有人则认为乳汁管具分泌机能，应归于分泌组织。因此，对于乳汁管的作用，须进一步研究。

乳汁是乳汁管细胞的细胞液，通常呈白色或淡黄色，成分极为复杂，除含50%～80%的水分外，还有碳水化合物、蛋白质、脂肪、单宁、植物碱、树胶、无机盐类等。其中，有些属于营养物质，有些属于代谢产物。

乳汁中多含有橡胶，橡胶是重要的工业原料。含橡胶的植物种类很多，约2 000种，其中最著名的有橡胶树、印度橡皮树、橡胶草、银胶菊和杜仲等，橡胶在工业上、国防上有着重要的意义。

第三节　植物体内的维管系统

植物体内的各种组织不是孤立存在的，而是相互关联，使得植物体成为一个有机的整体。在蕨类和种子植物的器官中，有一种以输导组织为主体，由输导、机械、薄壁等几种组织组成的复合组织，称为维管组织，当维管组织在器官中呈分离的束状结构存在时，就称为锥管束。如叶片中的叶脉，柑橘果皮内的橘络，丝瓜的瓜络，都是维管束。植物体内各器官中的维管组织（或维管束）互相联系组成强大的输导和支持系统，称为维管系统。

维管束一般包括三部分：韧皮部、木质部和形成层。韧皮部有筛管、伴胞、韧皮纤维和韧皮薄壁细胞；木质部有导管、管胞、木纤维和木薄壁细胞。形成层位于韧皮部与木质部之间，是一层具分裂能力的细胞。裸子植物和双子叶植物的维管束中具有形成层，能够形成次生维管组织，叫作无限维管束；单子叶植物的维管束中没有形成层，不能产生次生维管组织，叫作有限维管束。维管束在茎中的排列因植物不同而异。裸子植物和双子叶植物茎中的维管束通常沿茎周成环状排列；单子叶植物茎中的维管束多成散生状态或少数成环状排列，见图 2-15 所示。

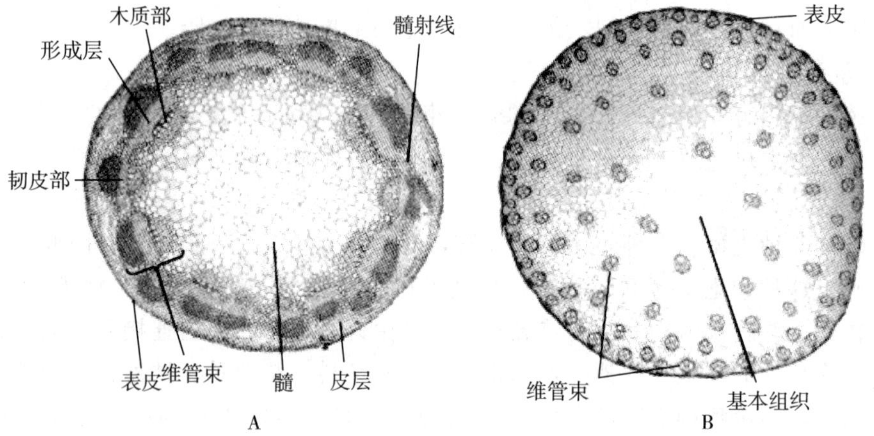

图 2-15　茎中维管束系统

A—双子叶植物茎（向日葵）的维管束在基本组织周围成筒状；
B—单子叶植物茎（玉米）的维管束分散在整个基本组织中

根据木质部和韧皮部的位置不同维管束可分为五种类型（见图 2-16）：韧皮部向着茎周，木质部向中心的叫外韧维管束，绝大多数植物都属此种类型；朝向茎周和朝向中心的每边各具韧皮部，木质部处于韧皮部之间的叫双韧维管束；韧皮部位于中央、木质部包围其外成同心圆的叫周木维管束，如某些单子叶植物的维管束，即属此类型；木质部在中央，韧皮部包围其外成同心圆的叫周韧维管束，主要见于蕨类植物，是一种较原始的类型；木质部和韧皮部呈辐射状相间排列的叫辐射维管束，是存在于初生根中的一种类型。维管束类型的变化，是长期进化的结果，因此维管束类型也反映了植物的特征和大类群的亲缘及演化关系。

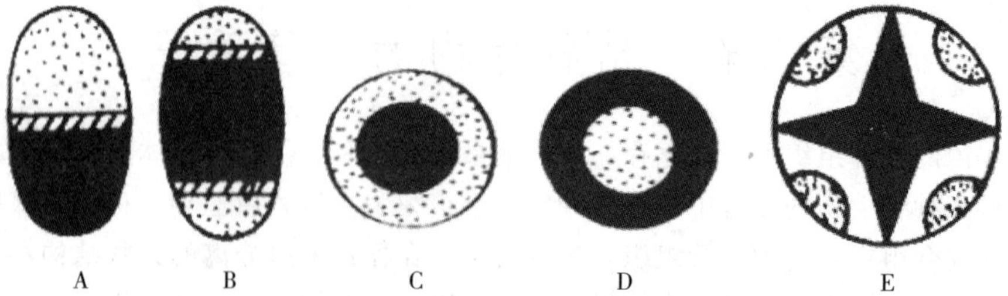

图 2-16　维管束的类型

A—外韧维管束；B—双韧维管束；C—周韧维管束；D—周木维管束；
E—辐射维管束（图中黑色部分表示木质部，小点部分表示韧皮部）

第三章　种子植物的营养器官

种子植物是植物界中最高等的类群，它不但具有各种复杂的组织，而且具有各种不同形态、构造和功能的组织组成的不同器官。典型的种子植物具有根、茎、叶、花、果实、种子六种器官，执行着不同的生理功能。其中根、茎、叶主要完成养料和水分的吸收、运输、转化、合成等营养功能，称为营养器官。而花、果实及种子完成开花结果至种子成熟的全部生殖过程，称为繁殖器官。这些器官有机地结合，共同完成植物的新陈代谢及生长发育过程。

种子植物的主要特征是具有专用以繁殖的种子。胚是植物的原始体，种子发芽后胚发育为幼苗，从幼苗开始，植物体就具有根、茎、叶三个营养器官。因此，种子植物的生长发育是从种子开始的。由种子发芽到第二代种子形成的整个个体发育过程，称为生活史。下面根据种子植物的个体发育过程，分述各器官的形态、构造的特征及生长发育的变化规律。

第一节　种子萌发与营养器官的发生

一、种子的构造与类型

（一）种子的组成部分

各种植物的种子，在形状、大小、色泽和硬度等形态方面，都有很大的差别，常常作为识别各类种子和鉴定种子质量的根据。植物的种子，一般由种皮、胚和胚乳三部分组成，其构造如图 3-1 所示。

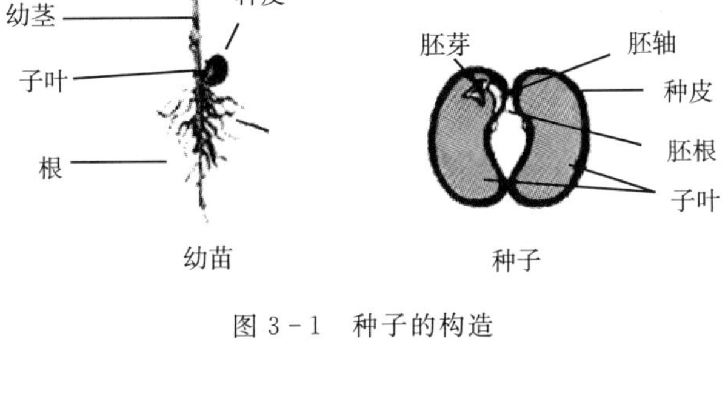

图 3-1　种子的构造

种皮 是种子外面的保护层，有些植物的种皮仅一层，但有些植物的种皮分外种皮和内种皮两层。内种皮薄而软，外种皮厚而硬，且常具光泽、花纹或其他附属物，例如橡胶树种皮的花纹和乌桕种皮附着的蜡层。有些种子的外种皮扩展成翅，如油松、马尾松、泡桐、梓树等；也有些种子的种皮附生长毛，如棉花种皮的纤维毛。此外，如蓖麻、橡胶树的种皮下端延展出海绵状的突起，称为阜。有些植物种皮外面还包有一层肉质的被套，将种子部分或全部包围，但它与一般种皮的来源不同，特称为假种皮，如荔枝、龙眼、卫矛等。

成熟种子的种皮上一般还有种脐、种孔、种脊等部分，例如刺槐的种子，侧面浅圆形凹槽即为种脐，它是种子从种柄脱落时留下来的痕迹。种脐的一端有一细孔称为种孔，是种子萌发时胚根穿出的孔道。种脐的另一端与种孔相对处，有一隆起的脊，略呈黑色，称为种脊。种脐和种孔是每种植物种子都具有的构造，而种脊、种阜等则不是每种植物种子都具有的。

种皮的解剖构造，在不同的植物中是不同的。通常外种皮由木化或角化的厚壁组织组成，具有保护作用。内种皮由薄壁细胞组成，细胞内贮存养料，但在种子发育过程中，养料往往被吸收，因此当种子成熟时，内种皮常常变为死细胞组成的薄层。

胚 是种子的最主要部分。健全的种子一定含有胚，胚是包在种子内的幼小植物体。种子萌发实际上就是胚生长和形成幼苗的过程。胚包括胚芽、胚轴、胚根和子叶四个部分（图 3－2）。胚轴上端连着胚芽，下端连着胚根，子叶着生在胚轴上。胚芽将来发育成地上主茎和叶，胚根发育为初生根。子叶的功能是贮藏养料或吸收养料供给幼苗生长，有些植物的子叶在种子萌发后展开变绿，能暂时进行光合作用。

根据子叶数目的不同，种子植物可分为三大类：具有两个子叶的植物称为双子叶植物；具一个子叶的植物称为单子叶植物；裸子植物的子叶数目不定，通常两个以上，又可称为多子叶植物。

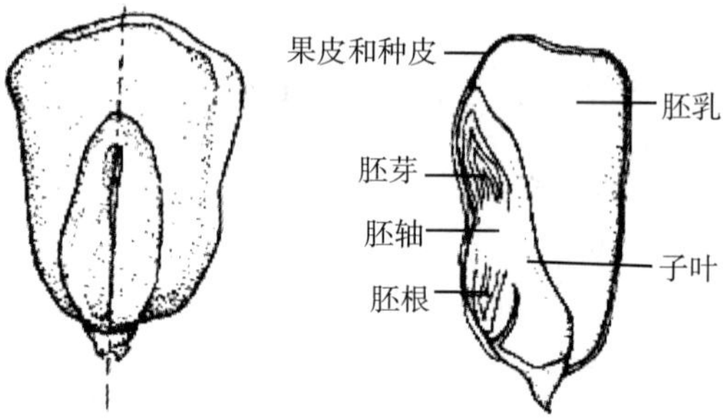

图 3－2　胚的结构（玉米）

胚乳 位于种皮和胚之间，是种子内贮藏营养物质的部分，在种子萌发时供胚生长用。有些植物的胚乳在种子形成过程中，早已被吸收，所以，种子成熟后，就无胚乳存在，这些种子的营养物质则贮藏在肥大的子叶内。也有些植物虽无胚乳，但在成熟种子中，还残留一层类似胚乳的营养组织，称为外胚乳，如梨、苹果等。

在种子中，胚乳和子叶占有种子的大部分位置，是由薄壁细胞组成，细胞内贮藏丰富的营养物质。各种植物种子贮藏的物质是不同的，如核桃科植物种子中子叶含大量的脂肪，麻栎和板栗种子的子叶及梧桐的胚乳中含有大量的淀粉，大豆种子的子叶中贮藏大量蛋白质。此外，种子还可贮藏糖类、半纤维素等各种物质。

（二）种子的类型

根据种子成熟后胚乳的有无，大致分为两类。

无胚乳种子 这类种子只有种皮和胚两部分。它的子叶肥厚发达，贮藏大量的营养物质，代替了胚乳的功能。许多双子叶植物，如刺槐、梨、板栗、油茶、核桃等，都是无胚乳种子。

有胚乳种子 这类种子由胚、胚乳和种皮三部分组成。它的胚乳占据种子大部分位置，胚较小，如橡胶树、松、稻、麦等。许多双子叶植物，大多数单子叶植物和全部裸子植物的种子，都是有胚乳种子。

大多数的单子叶植物，如常见的竹类、稻、麦（图 3－3）、玉米及其他禾本科植物的种子，都是有胚乳种子。它们的种皮与果皮愈合，种子不能分离出来，因此，所谓的种子实际上是含有种子的果实，称为颖果。其果皮由 4～5 层栓化细胞组成，种皮由一层薄壁细胞组成，并与果皮及胚乳愈合。胚乳由薄壁细胞组成，占整个颖果的大部分，细胞内充满大量的淀粉粒和糊粉粒。胚小，紧贴胚乳。胚根先端有胚根鞘，胚芽先端有胚芽鞘，在胚轴的一侧生有一肉质的子叶，称为盾片或内子叶，位于胚乳和胚之间，并与它们紧贴在一起，在内子叶相对的另一边的胚轴上有一极小的突起，是一个退化的子叶称为外子叶。由于只有一个子叶发育而形成单子叶类型，其子叶（盾片）的功能为吸收胚乳中的养分供胚萌发生长所需。

裸子植物有胚乳种子，如松属的种子（图 3－4），具两层种皮，外种皮由 4～5 层木化的石细胞组成，其外有一层栓化的厚壁细胞；内种皮膜质。在多种松中，种子脱落时还连着一片薄的珠鳞组织，称为翅。胚乳白色，包在胚的外面，中央的白色棒状体为胚。胚由胚根、胚轴、胚芽和子叶四部分组成。胚根尖端带有一细长的丝状物，是胚柄的残留物。在胚轴上轮生着 4～16 个子叶，形成多子叶的类型。

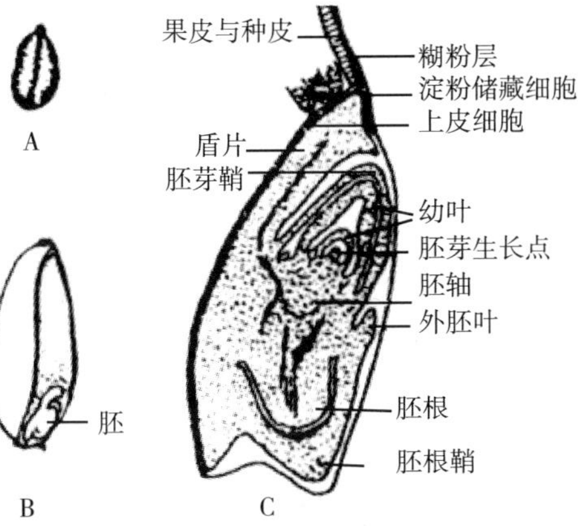

图 3－3 小麦的种子（颖果）

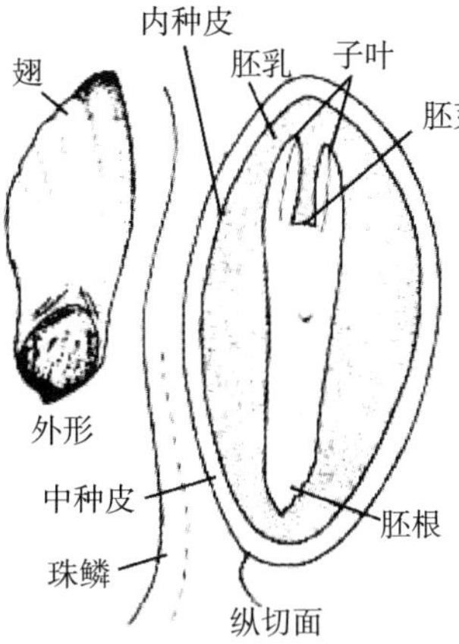

图 3－4 松属的种子

二、种子的萌发与幼苗的形成

（一）种子的萌发过程

大多数植物的种子成熟后，往往需要经过一个或长或短的休眠期。休眠期中种子内部各种生理活动都很微弱，处于休眠状态。但当种子获得适当的外界环境条件，就开始萌发生长，胚由休眠状态转为活动状态，发芽长成幼苗，这个过程叫作种子萌发（如图 3 - 5 所示）。萌发时胚根首先突破种皮迅速向下生长，在土壤中形成根系，使幼苗很快固定在土壤中，并从土壤中吸收水分和无机盐类。然后胚轴加强活动（伸长或不伸长），接着子叶出土或留土，胚芽发育成地上主茎和叶，这时整个胚便形成了一株幼小的植物——幼苗。

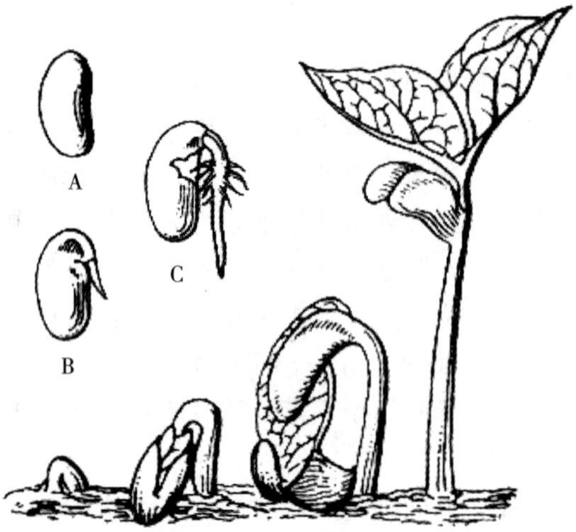

图 3 - 5　大豆子叶出土萌发的幼苗

A—大豆种子；B—种皮破裂，胚根伸出；C—胚根向下生长，并长出根毛；D—种子在土中萌发，胚轴突出土面；E—胚轴伸长，牵引子叶脱开种皮而出；F—子叶出土，胚芽长大；G—胚轴继续伸长，二片真叶张开，幼苗长成

种子萌发所需的条件：

（1）适当的水分。水分在种子萌发生长中的作用是使胚易于突破种皮，一方面种皮吸水变软，另一方面胚和胚乳细胞吸水膨胀，促成种皮破裂；水又是细胞内贮藏物质溶解和运输以及细胞进行生命活动所必需的介质；除此之外，水分有助于氧的吸收和二氧化碳的排除，加强细胞的呼吸。

（2）适宜的温度。种子萌发所需温度有一定的范围，有最高温度、最低温度和最适温度，各种植物要求的温度是不同的。一般在植物所需的温度范围内，温度越高，种子生理活动越旺盛，萌发生长越快。

（3）充足的氧气。种子萌发时，细胞内的各种生理活动加强，呼吸加强，需要大量的氧气。

以上三个条件在萌发过程中是必需的，缺一不可。因此，在播种时必需创造适于种子萌发的条件，以利于种子的萌发生长。

（二）幼苗的形成

幼苗出土后，在形态上具有一般成长植物所具有的三种主要营养器官——根、茎、叶。在子叶与胚芽长出的第一片真叶之间的部分，称上胚轴；子叶与初生根之间的部分，称下胚轴。胚轴的生长情况随植物种类而不同，因而形成不同的幼苗出土情况，可分为两种类型，即子叶出土的幼苗和子叶留土的幼苗。

子叶出土的幼苗 种子萌发时，胚轴迅速生长，从而把子叶、上胚轴和胚芽推出土面，这种形成幼苗的方式，称为子叶出土。大多数裸子植物和双子叶植物的幼苗都是这种类型。

子叶留土的幼苗 种子萌发时，胚轴不发育，或不伸长，只是上胚轴和胚芽迅速向上生长，形成幼苗的主茎，而子叶始终留在土壤中，这种形成幼苗的方式，称为子叶留土（见图 3－6 和图 3－7）。一部分双子叶植物如核桃、油茶等及大部分单子叶植物如毛竹、棕榈、蒲葵等的幼苗都属此类型。

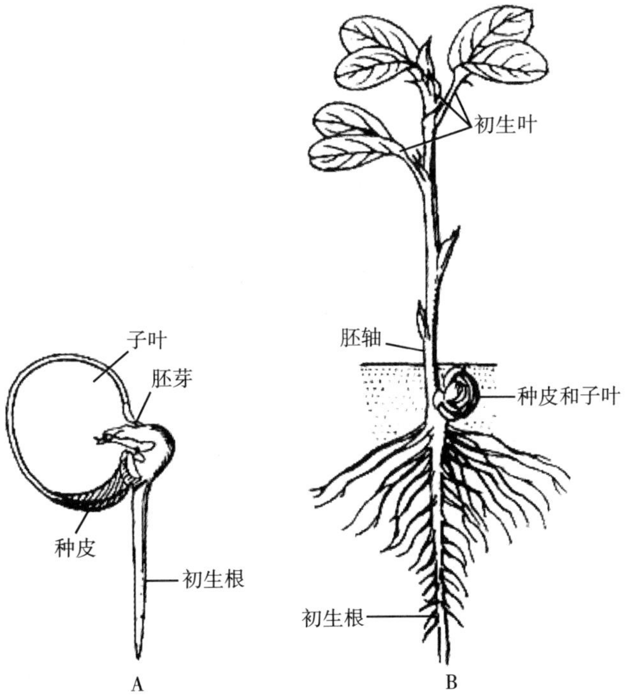

图 3－6 蚕豆子叶留土萌发的幼苗

A—种子萌发初期；B—成长的幼苗

子叶出土与子叶留土，是植物体对外界环境的不同适应性。这一特性为播种深浅的栽培措施提供了依据，一般子叶出土的植物，宜浅播覆土。

子叶出土的植物，在真叶长出前，子叶见光，产生叶绿体，成为幼苗初期的同化器官。有些植物的子叶可以保持一年之久，另一些甚至可以保留 3～4 年，大多数植物则在真叶长出后，子叶逐渐萎缩而脱落。子叶留土的植物，子叶的作用为吸收或贮藏营养物质。

子叶的形态因植物不同而异，有条形、长椭圆形、圆形、卵形、心形、扇形、二裂或多裂、深裂或浅裂等。

幼苗初期出现的真叶叫初生叶，以后长出的真叶叫次生叶。在形态上，初生叶与次生叶往往有很大的差别。例如侧柏的初生叶是刺形，次生叶是鳞形；核桃、枫杨的初生叶是掌状

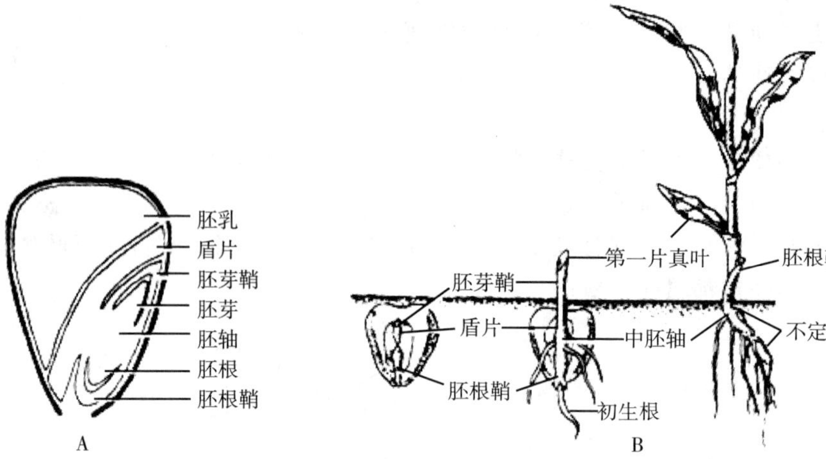

图 3-7　玉米种子的留土萌发

A—种子（籽实）纵切面；B—子叶留土幼苗形成

不分裂的单叶，而次生叶是羽状复叶。幼苗的识别主要根据子叶初生叶的形态特征，掌握各种植物的幼苗形态来识别苗期的植物，在森林更新调查和育苗工作中是非常必要的。

第二节　根

根是种子植物的重要营养器官，它的主要功能是吸收土壤中的水分以及溶于水中的无机盐类。根还能使植物体固定于土壤中，使整个植株维持重力的平衡。此外，有些植物的根可以形成不定芽而具繁殖作用；有些植物的根贮藏大量的养料，其中许多可作为人们生活中的食物，如甘薯、葛根及木薯等。

一、根的来源与种类

当种子萌芽时，胚根首先突破种皮向地生长，形成主根。主根由胚根发育而来，所以称为初生根。主根上可以产生侧根，侧根上再产生第二、第三级支根，都称为侧根，侧根由初生根产生，所以又称次生根。

不论主根和侧根，它们都有一定的发生位置，都来源于胚根，所以也称定根，而有些植物的根可以从茎、叶上产生，这种不是由根部发生、位置也不一定的根，统称为不定根，例如，单子叶植物的须根以及用枝条扦插繁殖所产生的根就是不定根。不定根具有和定根同样的构造和生理功能，同样能产生侧根，但也有少数植物的不定根具有特殊的功能，如我国南方的榕树由侧枝生长下垂的不定根具有吸收及支撑的功能，生长在海边的红树伸出地面的具有根呼吸的功能，玉米茎节基部所生的根具有支撑的功能，等等。

二、根系的类型

植物个体全部根的总体，称为根系。定根和不定根均可以发育成根系。种子植物的根系，根据它的起源和形态的不同，可以分为下列两种类型（图 3-8）：

直根系　由胚根发育产生的初生根及次生根组成，主根发达，较各级侧根粗壮而长，能明显地区分出主根和侧根。大部分双子叶植物和裸子植物的根系都属此种类型，如麻栎、马尾松等。

须根系　主根不发达或早期停止生长，由茎的基部形成许多粗细相似的不定根，呈丛生状态，这种根系称为须根系，如竹、棕榈、小麦、水稻等大部分单子叶植物的根系属此类型。

由扦插、压条等无性繁殖所长成的树木，它的根系由不定根组成，虽然没有真正的主根，但其中的一、二条不定根往往发育粗壮，外表上类似主根，具有直根系的形态，也可以把它看成是直根系。

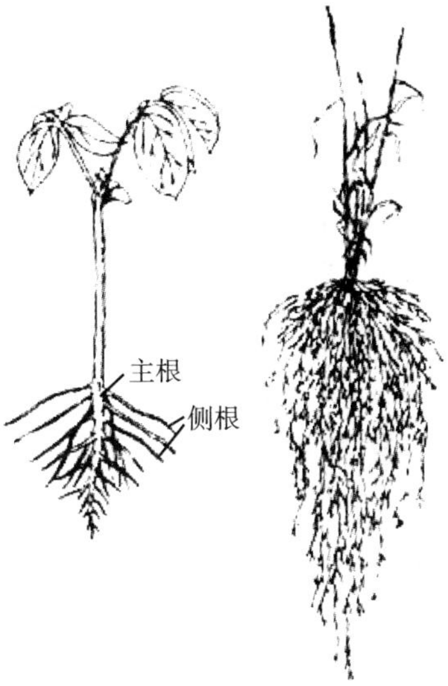

图 3－8　根的种类与根系的类型

三、根系在土壤中的分布及与环境的关系

根系在土壤中的分布与植物生长有很大关系。植物的地上部分必须依赖根系从土壤中吸收水分和营养，并借助根系固着于地上。根系在土壤中的生长与茎叶的发育必须维持一定的平衡。在自然条件下，根系的深度和宽度往往大于树冠面积的 5～15 倍。根在土壤中分布的深度和宽度，因植物的种类、生长发育状况、土壤环境以及人为影响等因素而不同。根据根系在土壤中分布的状况，又可分为两类：

深根性　这种根系的主根发达，深入土层，垂直向下生长，例如，马尾松一年生苗的主根长达 30 厘米，成长后可深达 5 米以上。薄壳山核桃一年生苗的根系比地上部分长 1.5 倍，这种具深根性根系的树种，称为深根性树种。

浅根性　主根不发达，侧根或不定根向四面扩张，长度远远超过主根，根系大部分分布在土壤表层。例如，刺槐及悬铃木的根系一般分布在 20～30 厘米的土壤表层中，这种具浅根性根系的树种，称为浅根性树种。

根系的深浅不但取决于植物的本性（遗传性），也取决于外界条件，特别是土壤条件，如土壤水分、土壤种类等。长期生长在河流两岸或低湿地区的树种，如柳树、枫杨等，由于在土壤表层中就能获得充足的水分，所以根系发育为浅根性的。而生长在干旱或沙漠地区的植物，由于要吸收土壤深层的水分，一般是深根性的。例如马尾松和栓皮栎，生长在干旱的荒山荒地，根系发育很深；又如沙漠中的骆驼刺，根可深达 15 米。在同一树种中，生长在地下水位较低、土壤肥沃、排水和通气良好的地区，其根系则分布于较深的土层。反之生长在地下水位较高，土壤肥力较差，排水通气不良的地区，根系多分布在较浅的土层。例如在黄河故道沙地生长的苹果树，因受地下水位的影响，根系深度仅达 60 厘米；而生长在黄土高原的苹果树，根系深达 4～6 米。马尾松虽然具有深根性的特性，但是生长在土层浅薄的荒山上，则主根不能下伸，由侧根向四周扩张，根系成水平伸展。浅根性的垂柳如生长在较干旱的沙地环境，则产生较深的根系。此外，人为的影响也可改变根系的发育，用种子繁殖的苗木，主根明显，根系深；而移植苗木则主根发育不良，侧根大量发生；扦插和压条繁殖的苗木，无明显主根，根系浅。

植物根系常因植物种类、土壤状况和栽培技术不同而有差异，它的生长方式和外部形态具有较大的适应性。但根系生长也有一定的规律性。根系生长往往超过树冠的生长，果树根系在土壤中分布的宽度，通常大于树冠范围的 2～5 倍。一般植物根系总面积常超过茎叶面积的 5～15 倍。植物地下部分与地上部分表现出明显的相关性。植物的根系生长还表现出趋水性和趋肥性，即植物根系分布通常集中在水肥最丰富的地方。因此，林业生产上，要取得林木、果树的速生丰产，首先要创造适于树木根系发育的良好环境，促使根系发育，从而为地上部分的生长打下良好的基础。

树种的根系特性也是选择造林树种的依据之一。选择防护林带的树种，一般应选深根性树种，才能具有较强的抗风力；营造水土保持林，一般宜用侧根发达，固土能力强的树种；营造混交林时，除考虑地上部分的相互关系外，还要选择深根性与浅根性树种，合理配置，以利于根系的发育及水分、养分的吸收利用。

四、根的伸长生长与初生构造

根的伸长生长方向是向地的，愈近茎基的部分愈老，离茎基愈远的部分愈幼嫩。伸长生长主要在根尖部分进行，所以要了解根的伸长生长及发育的解剖特征，首先必须了解根尖的构造。

（一）根尖的分区

根的先端 0.5～1 厘米的幼嫩部分称为根尖（图 3－9）。根尖的长度范围随植物种类不同而异，也有超过 1 厘米以上的。根尖是根的伸长生长、分枝和吸收活动最重要的部位，主根、侧根和不定根都具根尖。根尖从顶端自下而上可分为根冠、生长点、伸长区和成熟区四部分，各区的生理机能不同，细胞形态结构也不同，但各区之间并无明确的界线，而是逐渐过渡的。

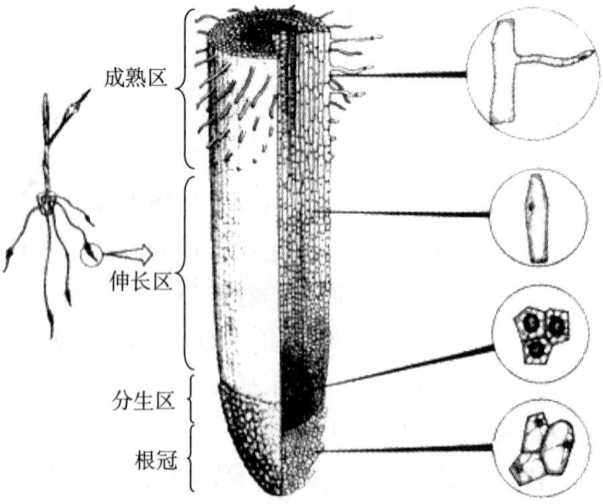

图 3－9　根尖的结构

1. 根冠

根冠位于根尖的最先端，形似小套，覆盖于生长点之外，保护着内方（根管上方）幼嫩的生长点，使之不致在深入土壤时受损害。

根冠由生活的薄壁细胞组成，其特征为壁薄、核大、无胞间隙，细胞中通常含有淀粉，它们常集中分布在细胞的下面，但在对重力不敏感的根中看不到这种现象，说明这些淀粉粒的分布与根的向地性有关。

根冠外层的细胞壁黏液化，使土粒表面润滑，便于根尖向土壤深处推进。当根尖伸入土壤中时，根冠细胞与土粒摩擦受损而脱落，由内方（根管上方）的分生组织产生新细胞补充，从而使根冠保持一定的形状和厚度，这是根在土壤中生长的一种适应。水生植物没有根冠。

根冠除了具有保护功能外，还能控制分生组织中向地性生长调节物质的分布与产生，如果除去根冠，根的生长不受影响，但失去向地性生长功能，其机制还需进一步研究。

2. 生长点

生长点位于根冠上方（内方），长约 1～2 毫米，全部由分生组织细胞构成，能不断进行分裂，增生新细胞。生长点细胞的主要特点是：细胞小，近方形，细胞壁薄，细胞核大，细胞质浓，细胞排列整齐，无胞间隙。由于生长点的细胞内充满细胞质，因而在外观上其颜色较暗而不透明。

生长点的最先端为原分生组织，其上方为初生分生组织。原分生组织的细胞保持着胚细胞的特性，具很强的分裂能力。初生分生组织是由原分生组织分裂产生的，其细胞具一定的分裂能力，同时细胞已出现一定程度的分化，最外层的初生分生组织称为原表皮，中央部分是原形成层，两者之间为基本分生组织。原分生组织细胞的排列和分裂活动具有分层特性，上述 3 部分初生分生组织起源于原分生组织的不同层次，常见的有两种类型（图 3－10）：在大麦等单子叶植物根尖中，其原始细胞的第一层产生原形成层，第二层产生基

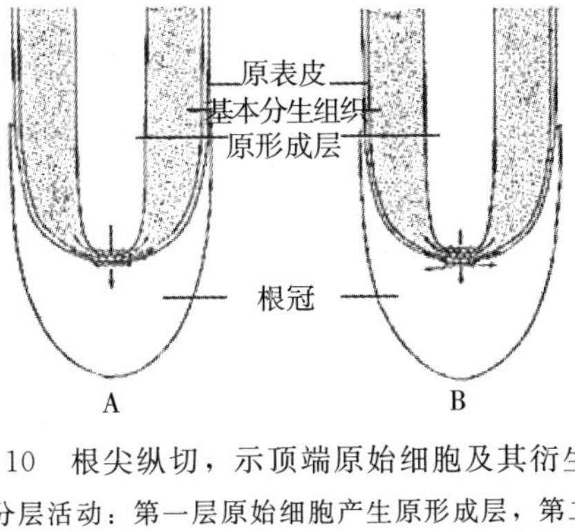

图 3－10　根尖纵切，示顶端原始细胞及其衍生区域

A—大麦、玉米根尖原始细胞的分层活动：第一层原始细胞产生原形成层，第二层产生基本分生组织和原表皮，第三层形成根冠；B—烟草根尖的原始细胞的分层活动：第一层产生原形成层，第二层产生基本分生组织，第三层产生原表皮和根冠

本分生组织和原表皮，第三层形成根冠原，进而形成根冠。另一类以烟草为代表的双子叶植物的根尖中，第一层原始细胞形成原形成层，将来分化成中柱，第二层产生基本分生组织，将来形成皮层，第三层以后形成根冠和表皮。但并不是所有植物根的原分生组织都有 3 层原始细胞，在有些植物中也有一些变化，如向日葵根尖的原分生组织只有两层，而云

杉的根尖原分生组织根本不分层或很难区分出不同的组织原。韩士坦（Hanstein 1868）认为根尖生长点的原始细胞可分为表皮原、皮层原和中柱原，由它们分裂、分化，分别形成成熟根的表皮、皮层和中柱。分层和衍生为成熟部分的关系，在各类植物间并不完全相同。以上用原始细胞组成的层次，来解释根尖结构的学说叫组织原学说。

根据近代植物研究发现在相当多植物的根尖原分生组织区的顶端有一群没有分裂能力或分裂速度减慢的细胞，称为不活动中心（图 3－11）。近年应用示踪同位素的方法研究，进一步证明了不活动中心的存在，因为这部分细胞很少核糖核酸及蛋白质的合成，在电子显微镜下观察，它们的细胞核、高尔基体、内质网都很少，RNA、DNA 与蛋白质的浓度都较低，说明细胞生理活动减弱，没有细胞分裂的活动。

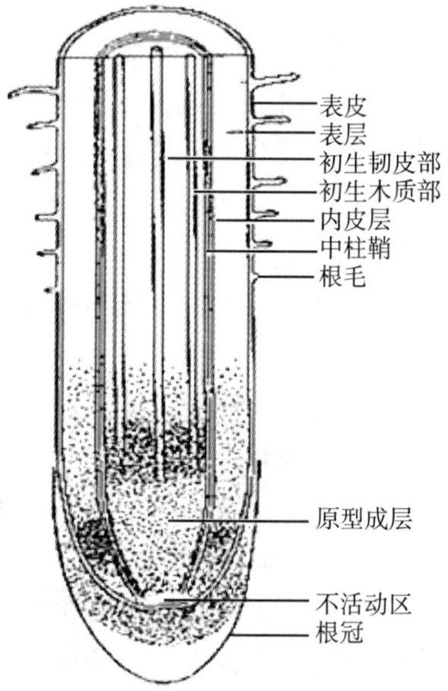

图 3－11　根尖纵切面图解，示不活动中心

不活动中心在有些情况下也能恢复分裂能力，例如当根冠脱落或受损时，不活动中心可以产生新细胞补充根冠组织，至于它在根尖中的作用，有人认为可能是激素合成的地方，但有待进一步的研究证实。

生长点细胞的分裂具有昼夜周期性，通常以中午及半夜分裂最多，促使细胞分裂的物质——激素，存在于根尖中，并且可以从根转移到茎和叶。

3．伸长区

伸长区位于生长点的上方，长为几毫米，是由生长点分裂产生的细胞，经过伸长生长和初步分化而来，是根伸长生长的主要部位。其细胞的主要特点是：细胞显著伸长成圆筒形，细胞质成一薄层贴于细胞壁，形成明显的液泡。伸长区在外观上较生长点更为洁白透明而易于区别。伸长区的细胞继续分化，属于初生分生组织发育到初生组织的过渡阶段。由于伸长区细胞迅速生长，使得根尖不断向土层深处伸展。

4．成熟区

成熟区位于伸长区的上方，由伸长区的细胞分化成熟而来。它的表面一般密生根毛，故又称根毛区。成熟区是根部吸收水肥的主要部分，全长几毫米到几厘米不等，因植物种类和所处外界条件而异。根毛的寿命很短，一般 10～20 天死亡，但幼根向前生长，不断形成新的根毛区以代替老的根毛区。通常只有陆生植物才有根毛，而具有菌根的植物和水生植物大都不具根毛。

成熟区除具根毛的特征以外，内部已分化出各种成熟组织。由初生分生组织经分裂、生长和分化的过程，称为初生生长。初生生长主要是植物的伸长生长。经初生生长所形成的成熟组织称为初生组织。由初生组织组成植物的初生构造。根的成熟区也就是根部经初生生长而形成的初生构造（图 3－12）。

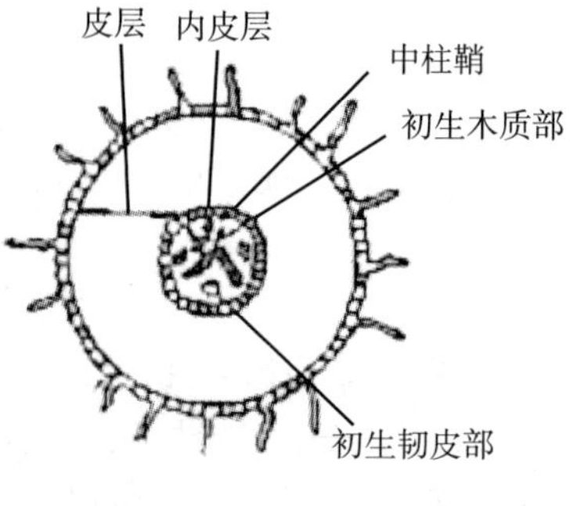

图 3－12　根的初生构造

（二）根的初生构造

在显微镜下观察根尖成熟区的横切面，可看到根的初生构造由外而内分化为表皮、皮层和中柱等三部分（图 3－13）。

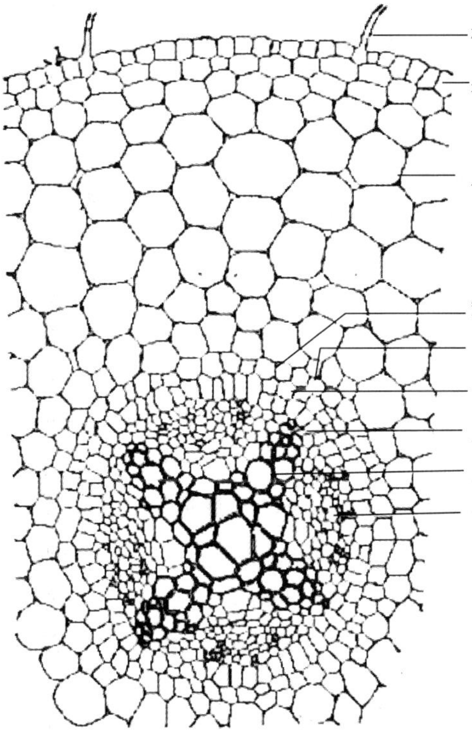

图 3－13　棉花根的初生构造

1. *表皮*

表皮是最外一层细胞，纵切面上呈长柱体，横切面上为近长方形，排列紧密，细胞壁很薄，水分和溶质可以自由通过。许多表皮细胞的外壁突起伸长，形成根毛。根毛的形成可以扩大根的吸收面积。不形成根毛的表皮细胞也具有吸收功能。根毛细胞的中央形成大的液泡，细胞质紧贴细胞壁，这些形态特征，与根的吸收功能是密切相关的。植物移栽时，常因损伤根毛而影响水分的吸收，使植物由于失水而引起暂时萎蔫，如果不产生新的根毛，甚至可引起植物枯萎死亡。

2. *皮层*

皮层位于表皮与中柱之间，占初生构造的最大体积。皮层由多层生活的薄壁细胞组成，在液泡化以前细胞体积增大，排列疏松，有明显的胞间隙（水生植物的皮层形成通气组织）。由根毛所吸收的水分和盐类通过皮层进入中柱。皮层的外层及最内层通常比较紧密，细胞形态构造和皮层中部细胞不同，故分别称为外皮层和内皮层。当表皮细胞死亡后，外皮层细胞的胞壁栓化，代替表皮起临时保护作用。内皮层细胞较小，通常是生活的，含有淀粉和单宁等物质。内皮层的构造比较特殊，在其细胞的径向壁和横向壁上有一条木质化和栓质化的带状加厚区域，称为凯氏带［为凯斯伯里（Caspary）首先发现］（图 3－14）。

凯氏带的形成一般从靠近韧皮部的内皮层细胞开始，在凯氏带区域，细胞无胞间连丝。

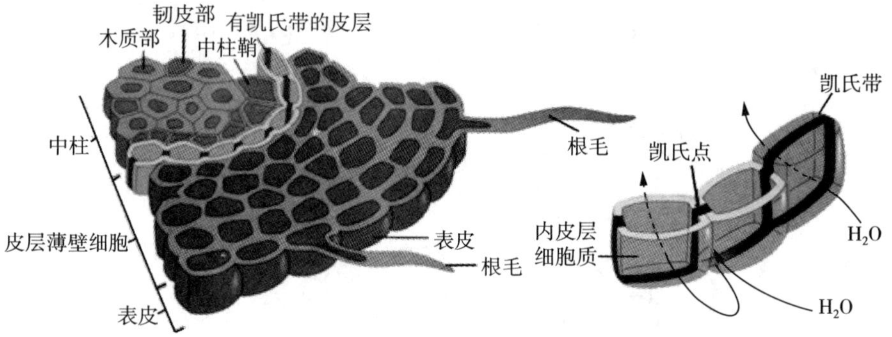

图 3－14　凯氏点和凯氏带

单子叶植物，如毛竹的内皮层细胞除外切向壁（外方的细胞壁）以外，其他各面均栓质增厚，所以其横切面呈马蹄形（图 3－15）。这种细胞物质很难通过，成为死细胞。在正对中柱木质部的细胞却仍然保留薄壁，不形成增厚，这种细胞称为通道细胞。水分和无机盐类可以从通道细胞进入木质部的导管中。通道细胞是具有细胞质的活细胞，内皮层的这种结构，可以控制由根毛吸收的物质的运输。有些植物的通道细胞在后期胞壁亦可加厚。

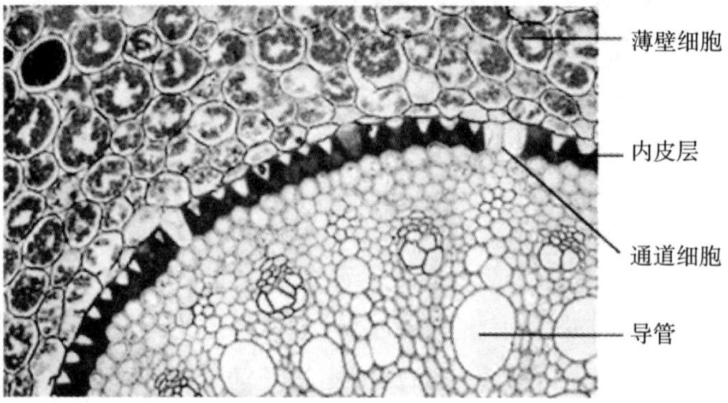

图 3－15　单子叶植物根皮层细胞的马蹄形加厚

3．中柱

内皮层以内的部分称为中柱，它包括以下几部分。

（1）**中柱鞘**　位于中柱的最外层，与外方的内皮层相接，大多数植物的中柱鞘由活的薄壁细胞组成，但在不具次生生长的单子叶植物老根中，中柱鞘细胞常增厚，如玉米。在被子植物中，中柱鞘通常由一层细胞组成，但裸子植物以及许多单子叶植物和少数双子叶植物的中柱鞘具有多层细胞。中柱鞘通常为连续的圆环，而有些植物（如禾本科）的中柱鞘被木质部或韧皮部所隔断。有时中柱鞘在与韧皮部相对处成单层，与木质部相接处成多层。

根的中柱鞘细胞能恢复分生能力，产生侧根、形成层（一部分）、木栓形成层、不定芽、乳汁管和树脂道等。

（2）**初生维管束**　位于根的中心部分，根的初生维管束为辐射维管束，包括初生木质部和初生韧皮部，两者相间呈辐射状排列，中间有薄壁组织相隔。具有次生生长的植物，这种薄壁组织可以转化为形成层。

初生木质部的细胞成熟分化过程是由外向内的，即从靠近中柱鞘的细胞最早开始分化为环纹和螺纹导管，这种最早分化形成的木质部称为原生木质部。接着继续向中心分化形成梯纹、网纹、孔纹导管，称为后生木质部。各束的后生木质部不断向内分化，最后连接起来而形成放射状的木质部。大多数单子叶植物及少数双子叶植物，中心部分不形成导管而仍为薄壁细胞或厚壁细胞组成的髓。有些单子叶植物的中柱中央形成髓腔，如毛竹。也有的中央只有一个后生木质部的导管。

根部初生木质部自外向内的分化成熟方式也是一种适应特性。因为最初形成的导管出现在初生木质部的外方，接近中柱鞘和内皮层，缩短了水分输导的距离，提高了输导的效率。

初生木质部束的数目，各种植物不同（图 3－16）。根据束的数目，具有二束、三束、四束、五束或六束以上的，分别称为二原型、三原型、四原型、五原型或多原型。一般来说，初生木质部束的数目是相对稳定的。裸子植物和大多数双子叶植物的初生木质部的束数较少，例如：单原型——菱，二原型——松属，三原型——柳属，四原型——刺槐。单子叶植物的束数较多，如棕榈科植物可多达 100 束以上。但不同品种或不同植株和根的不同类型（主根、侧根、不定根等），初生木质部的束数也会有变化，如马尾松有 2～4 束，杉木有 2～6 束。

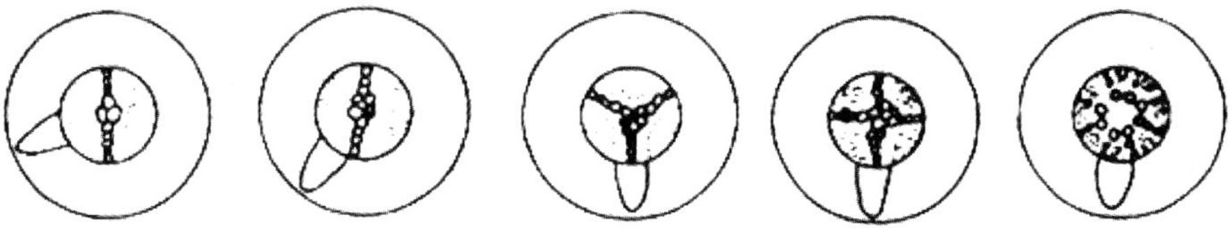

二原型　二原型　三原型　四原型　多原型

图 3－16　根初生木质部的各种类型及侧根发生的位置

初生韧皮部在初生木质部的放射角之间发生，因成熟的先后分为原生韧皮部及后生韧皮部。原生韧皮部首先在接近中柱鞘的部位发生，以后向内分化形成后生韧皮部。初生韧皮部中有筛管、伴胞、韧皮薄壁组织及韧皮纤维等组织。

初生韧皮部与初生木质部之间的一至多层薄壁细胞，在双子叶植物中这部分细胞以后进一步转化为形成层，产生次生构造。而单子叶植物这部分细胞则停留在基本组织阶段，没有形成层的分化，只有初生构造。

松杉目的根在初生维管束中已有树脂道的发育，冷杉、雪松、铁杉等属植物根的中心有一个大的树脂道，云杉、落叶松、黄杉等属在每一个原生木质部的角中均有一个树脂道，但紫杉科、杉科及柏科的初生维管束中则不具树脂道。

（三）侧根的形成

在根的伸长生长过程中，除了形成根毛扩大吸收面积外，主根、侧根、不定根的根尖还不断发生分枝，形成侧根，进一步扩大根系与土壤的接触面。种子植物的侧根多起源于根毛区中柱鞘的一定部位（图 3-17），通常由正对初生木质部辐射角的中柱鞘细胞产生；在二原型的根中，侧根起源于初生木质部辐射角的两侧；在多原型的根中，则起源于正对初生韧皮部的中柱鞘上。由于初生木质部和初生韧皮部在根的长轴方向上是连续的条状，所以侧根常呈有规律的纵行排列，侧根的行数与初生木质部的束数相同或为其倍数。

侧根发生时，中柱鞘细胞的细胞质变浓，液泡缩小，恢复分裂能力。最初进行平周分裂，使细胞层次增加，以后进行各个方向的分裂，形成一新的生长点。生长点的细胞继续分裂、生长和分化，形成根的原始体，逐渐伸入皮层，最后突破皮层和表皮伸土中，形成侧根。

侧根的解剖构造与主根相同，中柱各部分与主根互相通连，形成整体的输导系统。主根与侧根的生长存在着一定的相关性，当主根被切断或损伤时，常可促进侧根的发生。因此，对主根发达侧根稀少的树种，在育苗或移栽时采用切根的办法促进侧根的发生以提高苗木造林的成活率。

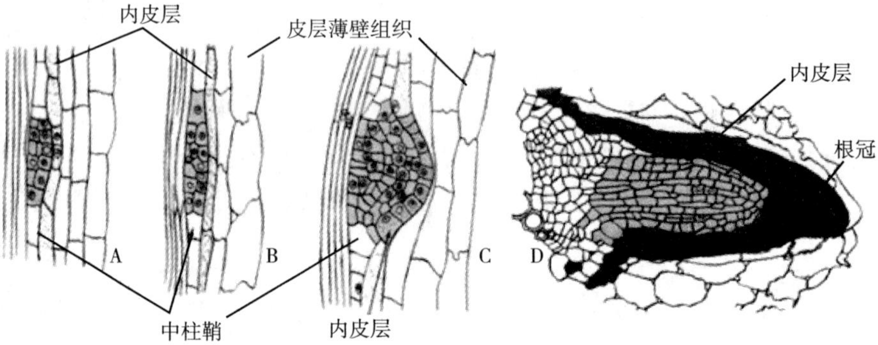

图 3-17　侧根发生的部位及过程

五、根的增粗生长与次生构造

大多数的单子叶植物，如小麦、玉米、水稻、竹等和少数草本双子叶植物，它们的根只形成初生构造，一直保持到植物死亡为止。而大多数的双子叶植物和裸子植物，如林木、果树等，它们的根不仅有伸长生长产生初生构造，而且还有增粗生长产生次生构造（图 3-18）。

增粗生长也就是次生生长，是由次生分生组织——形成层和木栓形成层的活动而产生的。根在增粗生长以前，在初生木质部与初生韧皮部之间的薄壁组织恢复分生能力转变为形成层，形成层开始是在每一韧皮部束的内方产生，因此，形成层是呈片断状的，随后，各段形成层向两侧扩展至木质部放射角，同时与木质部放射角相对的中柱鞘细胞也恢复分裂形成形成层，并与初生木质部和初生韧皮部之间薄壁组织中产生的形成层连接，于是片断状的形成层就连接成为一个波状的环（图 3-19）。

由于初生韧皮部内方的形成层产生最早，分裂也较快，因此，在初生韧皮部与初生木质部之间形成的次生组织最多，而在初生木质部放射角处的形成层开始活动较晚，所形成的次生组织较少。这样初生韧皮部被新形成的次生组织（次生韧皮部和次生木质部）推向外方，波状的形成层也就逐渐变成圆环状的。圆环状的形成层继续分裂活动，向内产生次

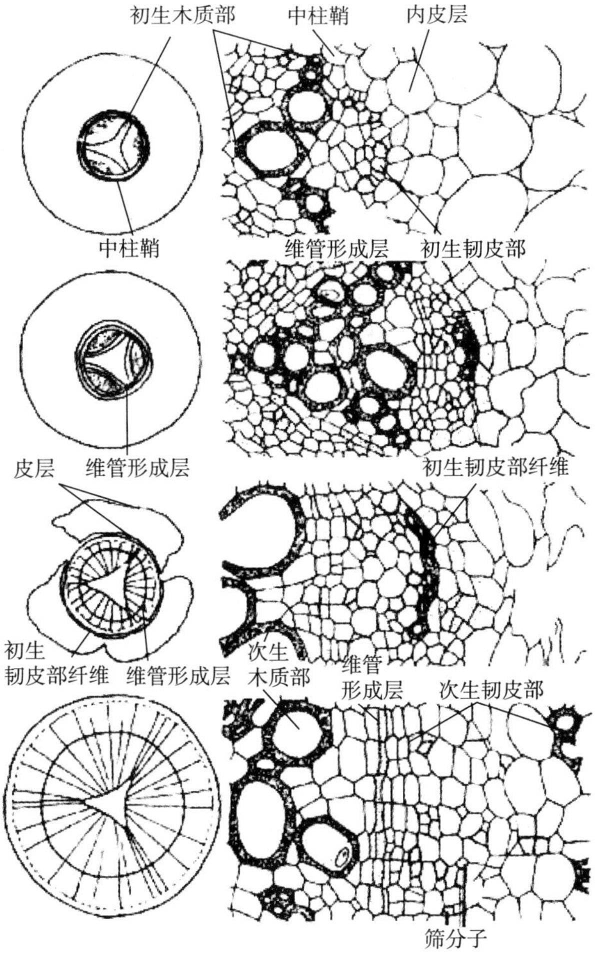

图 3－18　根的增粗生长过程（右边为放大图）

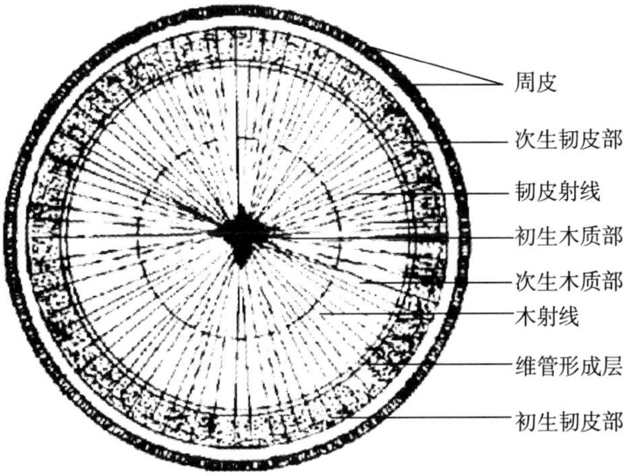

图 3－19　根的次生结构的模式图

生木质部，向外产生次生韧皮部，维管束也就由辐射维管束变成了圆筒状的。因此老根的中柱也就成了和茎一样的圆筒状的中柱。

由形成层产生的次生木质部有导管、管胞、木纤维和木薄壁组织，其中以木薄壁组织较多。一般韧皮部薄壁组织较发达，而韧皮纤维较少。

形成层除了产生次生木质部与次生韧皮部以外，还能产生一些径向排列的射线薄壁细胞，在横切面上呈辐射状排列，分布于次生木质部与次生韧皮部之中，称为维管射线，其中位于木质部的称木射线，位于韧皮部的称韧皮射线，而由髓直接通向皮层的称为髓射线。射线是韧皮部与木质部之间的横向运输通道。

实验证明，如果将根尖切下进行离体培养，结果根尖可继续伸长，但不能产生形成层，也不能产生次生结构。如果在切口上涂上生长物质，则伸长生长被抑制，但却产生了形成层并发育了侧根。在自然情况下，如果切去根尖，也促进了侧根的发育，这些实验说明了生长物质在植物体中来源于茎和叶而向根尖运输，同时也说明了植物体各部分之间生理功能存在相互关系。

由于形成层的活动，引起中柱的次生增粗，中柱以外的成熟组织，由于内部组织的增加而破坏。这时伴随而发生的现象是根的中柱鞘细胞恢复分裂功能，形成木栓形成层（图3-20)。木栓形成层的细胞主要向外方分裂，产生木栓层，也向内方分裂，产生少数薄壁细胞的栓内层，总称为周皮。

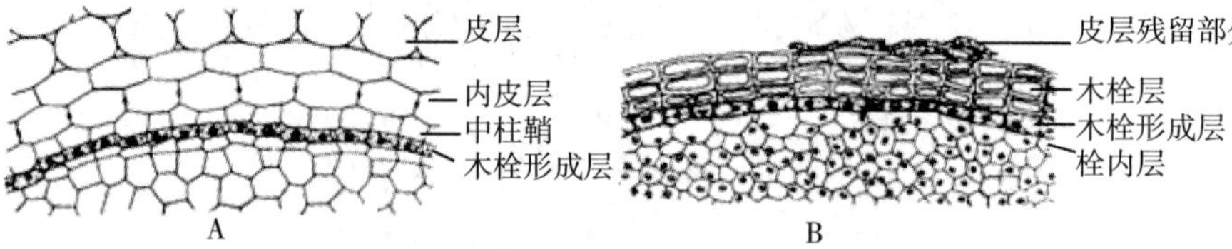

图3-20　根的木栓形成层产生的位置及周皮形成

A—木栓形成层从中柱鞘发生；B—周皮的形成

周皮包于根外，起保护作用。木栓层出现后，木栓外方的各种组织逐渐死亡脱落。当第一次的木栓形成层失去分裂能力以后，从中柱鞘或韧皮部再产生新的木栓形成层，再形成新的周皮以代替外面死亡脱落的部分，韧皮部的组织也可逐渐成为周皮的一部分而死亡脱落。

这种由形成层的活动而产生的次生维管组织，包括次生木质部和次生韧皮部，加上由木栓形成层活动而产生的周皮统称为次生构造。次生构造是进行次生生长——加粗生长的产物，只有具有次生分生组织——形成层的植物才具有次生生长和次生构造。

六、根瘤与菌根

（一）根瘤

豆科植物的根上有各种形状的小瘤，它是由生活在土壤中的根瘤菌侵入到根内而产生的（图3-21)。根瘤菌能穿过植物根毛细胞壁进入根毛，然后从根毛侵入皮层。在皮层薄壁细胞内进行分裂繁殖，皮层细胞也因根瘤菌侵入的刺激而进行分裂，于是细胞数目和体积增加，细胞中充满根瘤菌，形成根瘤。

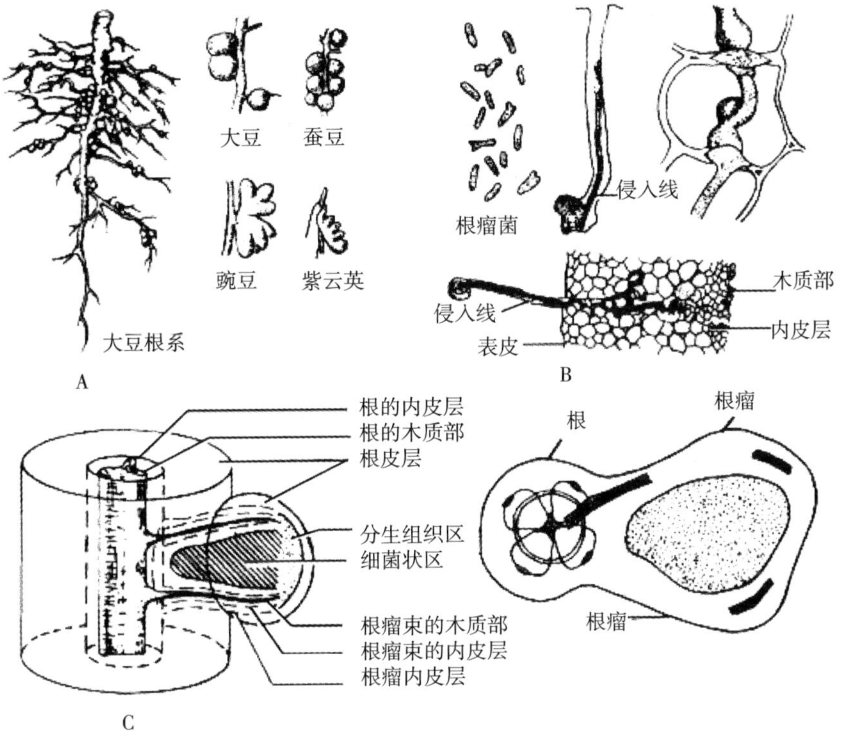

图 3-21　根瘤与根瘤菌

A—几种豆科植物根瘤外形；B—根瘤菌自宿主根毛侵入皮层的过程；

C—豆科植物根瘤结构，左为立体图，右为横剖面简图

根瘤菌和豆种植物的关系是一种非绿色植物与高等绿色植物有益的共生，根瘤菌可以从根的皮层细胞中取得生活上所需的水分和养料，同时根瘤菌固定空气中的游离氮素，供给豆科植物利用。

根瘤菌是一种固氮细菌，豆科植物与根瘤菌的共生不但使豆科植物本身得到氮的供应，而且还可以增加土壤的氮肥，这就是农林业生产上栽种豆科植物做绿肥的原因。除豆科植物以外，其他植物如木麻黄、桤木、胡颓子、杨梅、苏铁、罗汉松等的根上也有根瘤形成。

（二）菌根

高等植物的根除了与根瘤菌共生以外，还可以与土壤中的真菌（非绿色植物）共生。生长着真菌的根尖，称为菌根。

根据菌丝在根中存在的部位不同，菌根可分为三种类型。

1. 外生菌根

真菌在幼根表面发育，它的菌丝常包在根尖外面形成一外套，部分菌丝侵入表皮和皮层细胞的胞间隙内，菌丝代替了根毛的作用，扩大了根的吸收面积，提高了植物根吸收水分和养分的效率。具外生菌根的根尖通常略变粗或成二叉分枝，由于被菌丝包围，根尖不具根毛。许多木本植物如马尾松、油松、冷杉、云杉、栓皮栎、桉树、毛白杨等常有这种

外生菌根。

2. 内生菌根

真菌的菌丝侵入到皮层的细胞腔内和胞间隙中，根尖仍具根毛，因此，内生菌根主要在于促进根内的物质运输，加强吸收机能。内生根菌外形上呈增厚肥大的瘤状突起。具有这种菌根的植物，如银杏、侧柏、核桃、圆柏、桑、五角枫、岑叶槭（图 3－22）等。

3. 内外生菌根

有一些植物的根尖，真菌的菌丝不仅包围着根尖，而且也侵入皮层细胞的细胞腔内和胞间隙中，称为内外生菌根。此种类型存在也较普遍，如桦木属植物，既具外生菌根，又有内生菌根。

真菌与高等植物的共生，不但能加强根的吸收能力，而且能分泌多种水解酶类，促进根周围有机物质的分解。同时，真菌还可分泌维生素 B_1，刺激根系的发育。所以，有些树木，如马尾松（图 3－22）、南亚松、栎等如果缺乏菌根，就会生长不良。目前在林业生产中，播种育苗或荒山造林时，常用菌根菌接种，使苗木长出菌根，从而提高树苗的成活率，加速其生长发育。

菌根对一般树种的生长有良好影响。现在已知在根上能形成菌根的植物有两千多种，包括被子植物、裸子植物和蕨类植物，其中在多年生的木本植物中最多，尤以松柏类植物更显著。

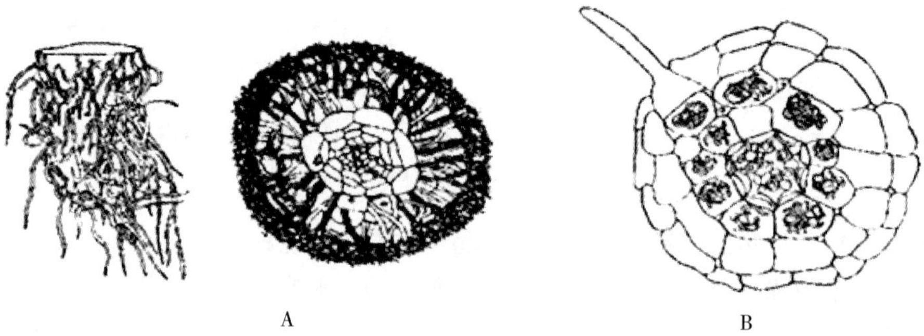

图 3－22　菌根

A—岑叶槭的内生菌根；B—马尾松外生菌根

第三节　茎

一、茎的功能与基本形态

茎是植物体上三大营养器官之一，是组成地上部分的枝干。它的主要功能是运输和支持。

茎能将根所吸收的水分和无机盐类以及根合成或贮藏的营养物质输送到地上各部分；同时又将叶所制造的有机物质运输到根、花、果、种子各部分去利用或贮藏，所以，茎的输导作用把植物体各部分的活动联成一整体；茎和根系共同承担了整个植株地上部分的重量，使叶在空间保持适当的位置，以便充分接受阳光而有利于进行光合作用和蒸腾作用，使花在枝条上更好地开放以利于传粉；茎还具有抵抗外界风、雨、雪等的作用。此外，茎还有贮藏作用。有些植物的茎能形成不定根而具繁殖作用，因此生产上常利用此特性，用扦插、埋条的方式来繁殖苗木。

通常植物地上部分具主茎和许多反复分枝的侧枝，而在当年生枝条上长有叶子。

枝条（图 3-23）上着生叶的部位叫节，相邻两节之间的无叶部分叫节间，叶片与枝条之间所形成的夹角称为叶腋。枝条顶端生有顶芽，叶腋处生有腋芽。叶片脱落后在枝条上留下的痕迹叫叶痕；叶痕中突起的小点，是茎与叶柄间维管束断离后留下的痕迹，叫维管束痕。在木本植物的枝条上还有皮孔，它是茎内组织与外界气体交换的通道。皮孔后来因枝条不断加粗而胀破，所以，通常在老茎上就看不到皮孔。枝条上，顶芽开放后芽鳞脱落留下的痕迹叫芽鳞痕，根据芽鳞痕的数目可以判断枝条的年龄。

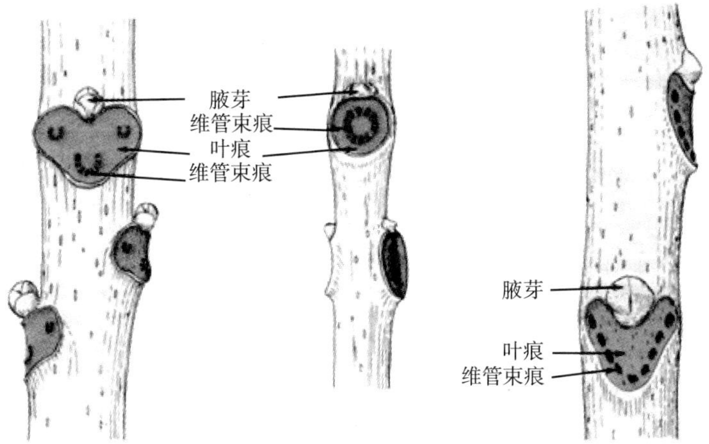

图 3-23　枝条

二、芽的类型与分枝关系

植物体上所有枝条和花都是由芽发育来的，所以，芽是枝条和花的原始体。通常由种子萌发所生长的树木，主茎是由胚芽发育来的，以后由主茎上的腋芽继续生长形成侧枝，侧枝上形成的腋芽又继续生长，反复分枝形成庞大的分枝系统。

常见的芽有以下类型（图 3-24）：在植物的营养生长阶段，芽通常发育成枝叶，这种芽称为叶芽。在植物的生殖发育阶段，有些芽分化形成花，这种芽称为花芽。有些植物的芽，既形成花又形成枝叶的称为混合芽。大多数植物的叶腋内，只生有一个腋芽，但有的植物叶腋内可生两个以上的芽，其中除一个为腋芽外，其他的称副芽，如桃、紫穗槐等。有些植物的腋芽为叶柄基部所覆盖，称为柄下芽，如悬铃木及刺槐。

大多数生长在温带的多年生木本植物，秋天形成的芽需要越冬，芽外的幼叶常常变成鳞片，称为芽鳞，包被在芽的外面，保护幼芽过冬，这种芽称为鳞芽。芽鳞上常具茸毛或蜡层，以减少蒸腾和加强防寒作用。有些植物的芽不具芽鳞，称为裸芽，这种裸芽上通常也具绒毛，如枫杨等。

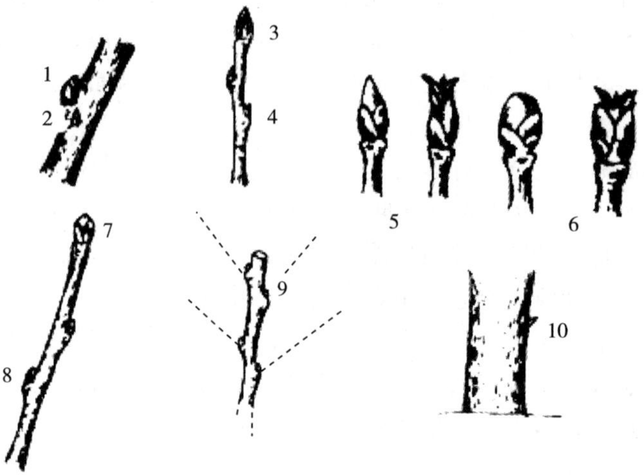

图 3-24 芽的类型

1—主芽；2—副芽；3—顶芽；4—侧芽；5—叶芽；6—花芽；7—顶花芽；8—腋花芽；9—定芽；10—不定芽

冬芽在翌年春天萌发，但通常只有顶芽及距顶芽较近的腋芽萌发，愈近下部的腋芽往往愈易成休眠状态，称为休眠芽或潜伏芽。休眠芽可以休眠多年，它的主轴能随茎的增粗而伸长。由于顶芽对腋芽的生长有抑制作用，所以当顶芽受损或生长受阻时，休眠芽就会萌发。有些树种的休眠芽萌发能力较强，如萌芽松的树干上常常生长多数的萌芽枝。树木砍伐后树桩上所产生的枝条，是由休眠芽及不定芽萌发而形成的。

顶芽与腋芽发育的差异形成了不同的分枝方式。分枝是植物基本特性之一，是植物生长的普遍现象（棕榈科植物通常是不分枝的）。茎的分枝有它的规律性，每种植物有自己一定的分枝方式。植物的分枝方式（图 3-25）有四种。

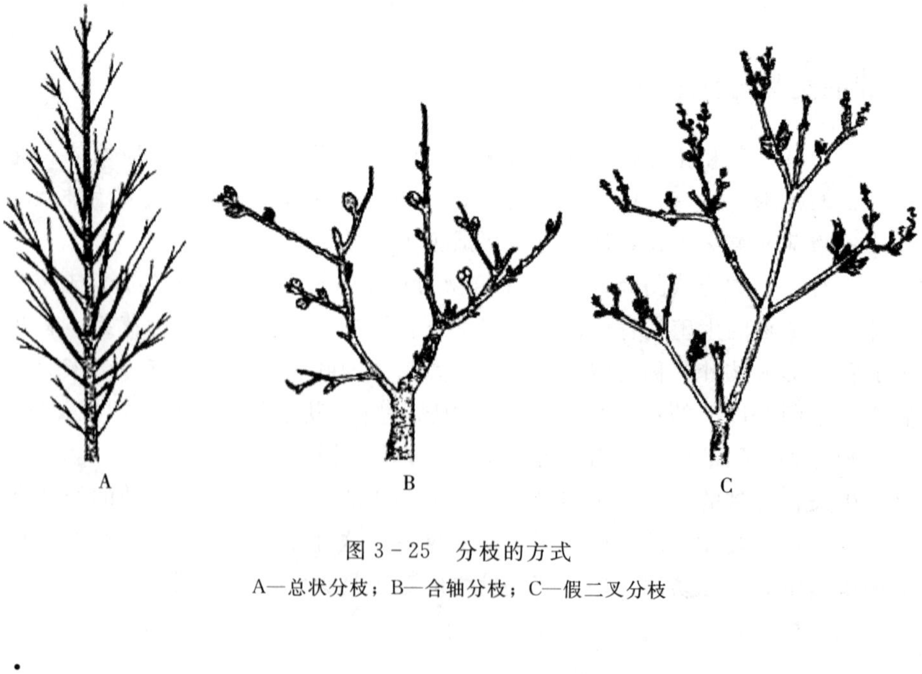

图 3-25 分枝的方式

A—总状分枝；B—合轴分枝；C—假二叉分枝

二叉分枝　由顶端生长点一分为二，形成两个相同的新枝，经过一定时期生长，每一新枝的生长点又一分为二，这样不断进行，整个分枝系统都是二叉的。这是一种原始的分枝类型，主要见于苔藓植物和蕨类植物。

总状分枝　从幼苗开始，主茎的顶芽活动始终占优势，因而形成发达而通直的主干，主茎上发生侧枝，侧枝再分枝，各级侧枝生长均不如主茎。这种分枝出材率最高。松柏类植物、杨、山毛榉等，均为这种分枝。

合轴分枝　合轴分枝的特点是主干或侧枝的顶芽经过一段时间生长以后，停止生长或分化成花芽，由靠近顶芽的腋芽代替顶芽，发育成新枝，继续主干的生长。经一段时间，新枝的顶芽又依次为下部的腋芽所代替而向上生长，因此，这种分枝其主干或侧枝均由每年形成的新侧枝相继接替而成。在较年幼的枝条上，可看到接替的曲折情况，而较老的枝茎上则不明显，如榆、柳、槭、核桃、苹果、梨等。大多数的被子植物都是合轴分枝的。

假二叉分枝　这种分枝方式是具有对生叶的植物，在顶芽停止生长或分化为花芽后，由顶芽下两个对生的腋芽同时生长，形成叉状的侧枝，如丁香、梓树、泡桐、槲寄生等。有些植物，在同一植株上有两种不同的分枝方式，如玉兰、木莲、棉花，既有总状分枝，又有合轴分枝。有些树木，在苗期为总状分枝，生长到一定时期变为合轴分枝。

总状分枝在裸子植物中占优势，合轴分枝则在被子植物中占优势。合轴分枝是一种进化的性状，因为顶芽有抑制腋芽生长的作用，顶芽死亡或停止生长，促进了腋芽的开放，形成繁茂的枝叶，扩大光合作用面积。合轴分枝还有多生花芽的特性，同属植物总状分枝的种，果少而成熟迟，合轴分枝的种则果多而成熟早；如果在一株植物上，同时具总状与合轴分枝，则总状分枝的枝条为不结实的营养枝，而合轴分枝的枝条则多为果枝。

了解芽与分枝的关系，可以有目的地利用和改变植物的分枝方式，例如用材树种应选择总状分枝的针叶树种，也可以用人为的方法抹去苗木的侧芽，减少分枝以促使顶芽生长，形成端直的木材。在果树及经济植物栽培中，进行剪枝，以调整分枝关系，可以合理控制果树树形、花芽形成等，以达稳产、高产的目的。在庭园工作中，可以选择不同形状树冠的树种进行配置，或者用人为的方法加以整形，以达到美化的目的。根据分枝规律进行的修剪已成为农、林、园艺植物栽培上不可少的措施。

三、茎尖的构造与发育

叶芽是缩短的枝条，它的外面由多枚生长程度不同的幼叶所包围，如通过叶芽作纵切面（图3-26），可见节间很短的中轴，各节上生有幼叶。

在芽的先端圆锥形部分称为生长锥，由原分生组织组成。生长锥的基部两侧的小突起，称为叶原基，以后发育为幼叶。在幼叶的腋间有腋芽的原始体突起，称为腋芽原基，以后发育为侧枝。愈近基部的幼叶愈大，腋芽原基也愈大。

不论是胚芽、顶芽、腋芽和不定芽都有类似的结构和生长发育过程，通过茎尖作纵切面，可

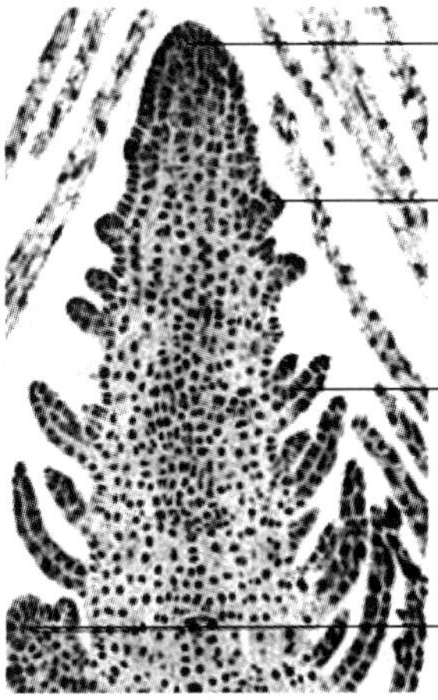

图3-26　叶芽纵切图

以观察茎尖的构造及了解茎的生长发育。

（一）关于茎尖结构的解释

茎的各部分组织都来源于茎尖的生长锥。生长锥是胚芽留下来的原分生组织，为了了解茎的生长和组织分化规律，前人对顶端分生组织已早有研究。纳格利（Nageli，1884）发现蕨类植物茎尖有一个四面体的顶端原始细胞，他认为所有的高等植物都可能有这种细胞存在。这个学说引起了对茎尖的广泛研究，后来研究的结果证实了在高等植物中并没有这种单个的原始细胞存在，于是被韩士坦（Hanstein，1868）所提出的组织原学说（图3－27）所代替。韩士坦认为被子植物的茎尖具有多层原始细胞，各层原始细胞各自分化为表皮原，皮层原和中柱原（以后发育为表皮、皮层和中柱）。事实上，对于茎尖构造的这种解释并未得到证实。

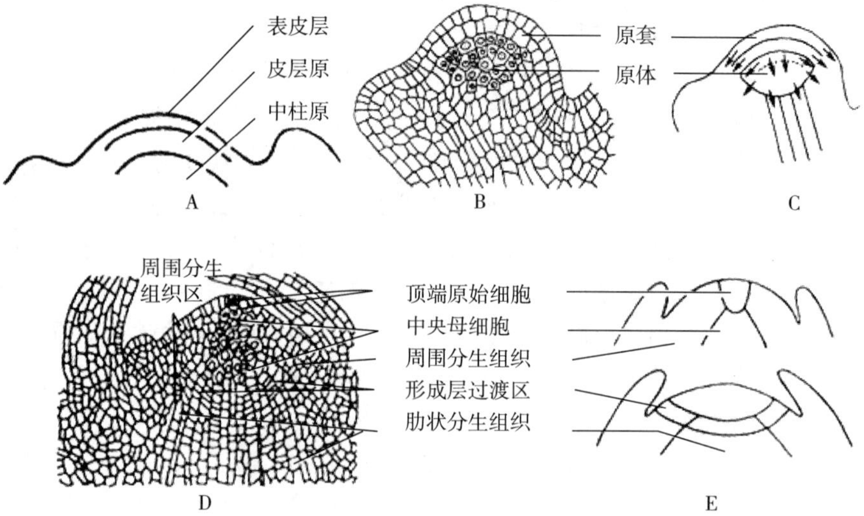

图3－27　茎尖组成的各种学说图解

A—组织原学说；B，C—原套原体学说；D，E—银杏顶端的细胞组织分区现象

施米特（Schmidt，1924）对被子植物的茎尖进行研究，发表了原套原体学说（图3－27）。认为茎尖生长锥由两部分组成，外部是原套，由1～4层细胞组成，这部分细胞只能进行垂周分裂，只增大面积而不增加层数。原套的内方称为原体，由多数细胞组成，细胞能进行垂周分裂和平周分裂，能增大体积。原套和原体的生长有节奏地进行，因此保持了表面生长与体积生长的平衡。原套以后分化为表皮，原体则分化为除表皮以外的其他组织，但有些植物的皮层也由原套分化而来。这一学说在后来的研究中得到证实。大多数双子叶植物的原套由两层排列整齐的细胞组成，单子叶植物的原套通常只有一层，但在大多数裸子植物中，原套和原体间并没有明显的分界。因此原套原体学说不适用于大多数裸子植物。

福斯特（Forster，1938）曾根据细胞的大小和不同的染色反应，对银杏的茎尖进行研究，他把茎尖分为若干区域（图3－27），先端是一群顶端原始细胞群，在它的下面有一群由顶端原始细胞分裂产生的中央母细胞。中央母细胞染色较淡，它向下方发育为髓分生组织，而在它的周围染色较深的细胞称周围区，由它发育产生叶原基。髓分生组织的分裂能使茎伸长生长，它的分裂成有规则的纵行排列，称肋状分生组织。

大多数裸子植物都具有上述这种构造，但南美杉属及麻黄属则具有原套的构造，它们是裸子植物中较进化的类型。

近代的解剖学者应用细胞学的方法（如根据细胞核及核仁的大小，液泡化的程度，线粒体的出现，核糖核酸的分布与含量以及细胞分裂的数目和分布等）进行研究，如鲍威特（Buvat；1955，1956）等人对茎尖生长研究有了新的发展，他们认为茎端也和根端一样，具有一个不活动的原分生组织，这部分细胞的核糖核酸含量较低，细胞分裂较少，而在周围分生组织和髓分生组织中均有活跃的细胞分裂。

随着细胞学与组织化学的发展，关于茎尖的构造与发育过程，将会有更进一步的研究。

（二）茎尖的分区

在叶芽的纵切面上，自顶部到基部，可以分为细胞分裂区、伸长区和成熟区几个部分。

1. 细胞分裂区

茎尖的顶端部分称为生长锥，它的最尖端为原分生组织，和根尖生长点相似，具有很强的分裂能力，茎内一切组织都是由它分裂衍生而成的。在被子植物中分原套、原体两部分。

原套四周的表面产生叶原基和腋芽原基。被子植物的叶原基和腋芽原基由原套的第二层细胞平周分裂产生，随着邻近的细胞进一步分裂形成突起。单子叶植物的叶原基则在原套的表面发生。腋芽原基通常在第二、第三个幼叶发生以后才形成，早期的叶原基可以刺激腋芽的发育。

在生长锥的下部，是由原分生组织分裂形成的初生分生组织，其细胞一方面具分裂能力，同时开始分化，逐渐发育为原表皮、基本分生组织和原形成层几部分，以后分别发育形成茎的初生构造——表皮、皮层、髓、维管束等各部分。

2. 伸长区

位于细胞分裂区的下面，这部分细胞迅速生长，并且液泡化，是使茎伸长生长的主要部分。同时，初生分生组织开始形成初生组织，如原表皮分化形成排列整齐的表皮，基本分生组织分化形成皮层和中央部分的髓，原形成层束分化形成维管束。原形成层束的细胞细胞质浓，核大，具有分生组织的特征，纵切面呈长梭形。大多数植物的原形成层呈分离的束状，但也有紧靠排列成环状的。后来，每一个原形成层束的外方分化为原生韧皮部，内方分化为原生木质部，双子叶植物与裸子植物在其中还分化产生形成层。

单子叶植物茎的伸长生长，除了茎尖的伸长区以外，在每一节间的基部都存在居间分生组织。这些细胞有正常分生组织的特征，具有细胞分裂和细胞伸长的能力，促使居间分生组织分裂活动的细胞分裂素来自茎尖的叶，如果切去茎尖，居间分生组织就会停止生长。

3. 成熟区

这部分细胞伸长生长停止，组织分化基本成熟，形成茎的初生结构。

四、茎的解剖构造

（一）双子叶植物茎的初生构造

通过茎尖成熟区作横切面（图 3－28），自外而内可分下列几部分。

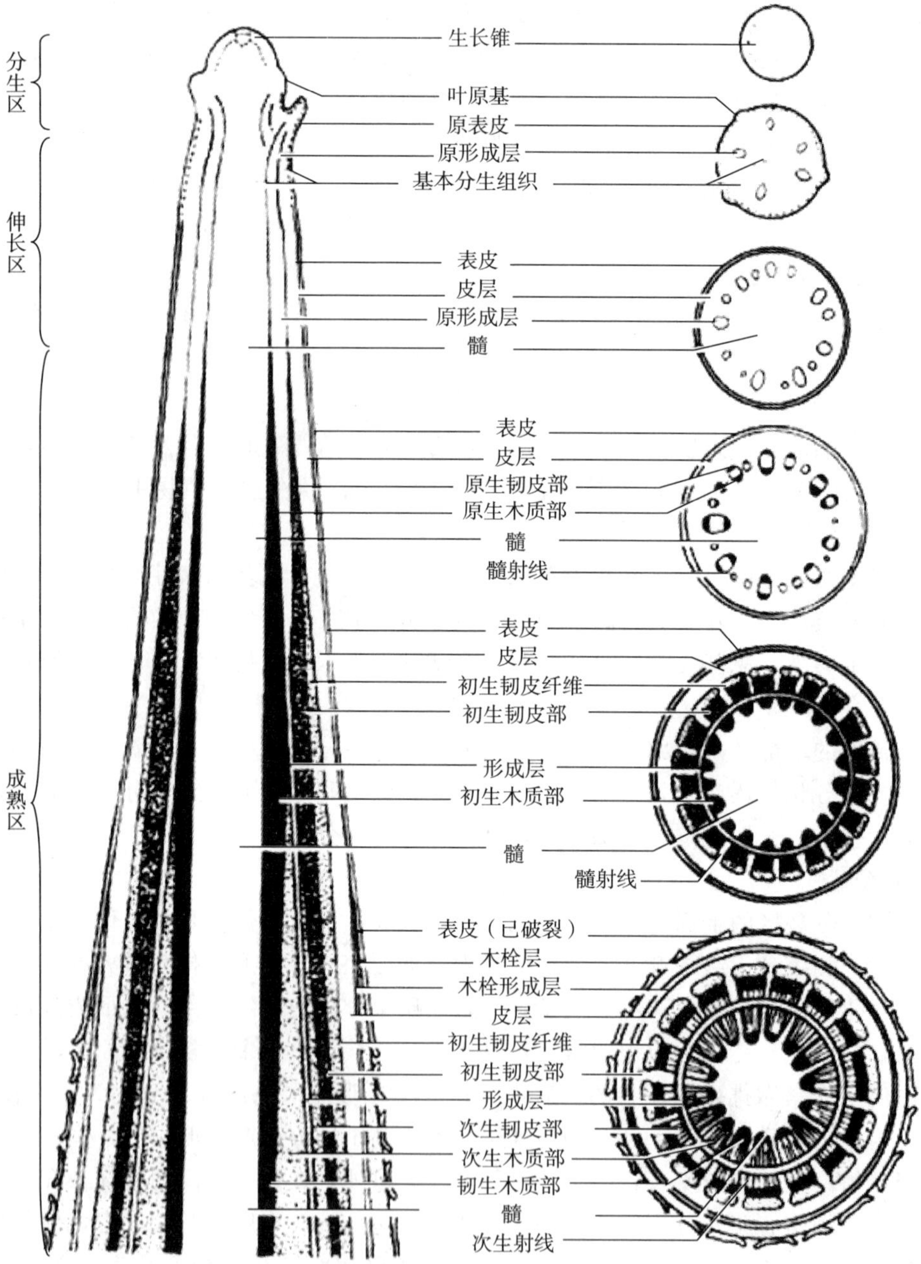

图 3－28　茎部分横切面，示初生构造

1. 表皮

位于幼茎最外的一层生活细胞，细胞形状规则，多近于长方形，细胞排列紧密，无胞间隙。细胞的外壁常角化，形成角质层，有的植物还附有蜡被或表皮毛。表皮是一层初生保护组织，具有少数气孔，为内外气体交换的通道。

2. 皮层

皮层位于表皮内方，由多层生活的薄壁细胞构成，细胞较大，排列疏松，有胞间隙，细胞内常含有叶绿体，故幼茎常呈绿色，能进行光合作用。通常靠近表皮的几层皮层细胞为厚角组织，增加幼茎的机械作用；有些种类的皮层还有石细胞。皮层的最内一层细胞称为内皮层，一般不明显，因此，皮层与中柱之间无明显的分界。有时内皮层细胞中含有淀粉粒，称为淀粉鞘。

3. 中柱

皮层以内称为中柱（图 3－29），中柱包括中柱鞘、维管束、髓和射线四部分。

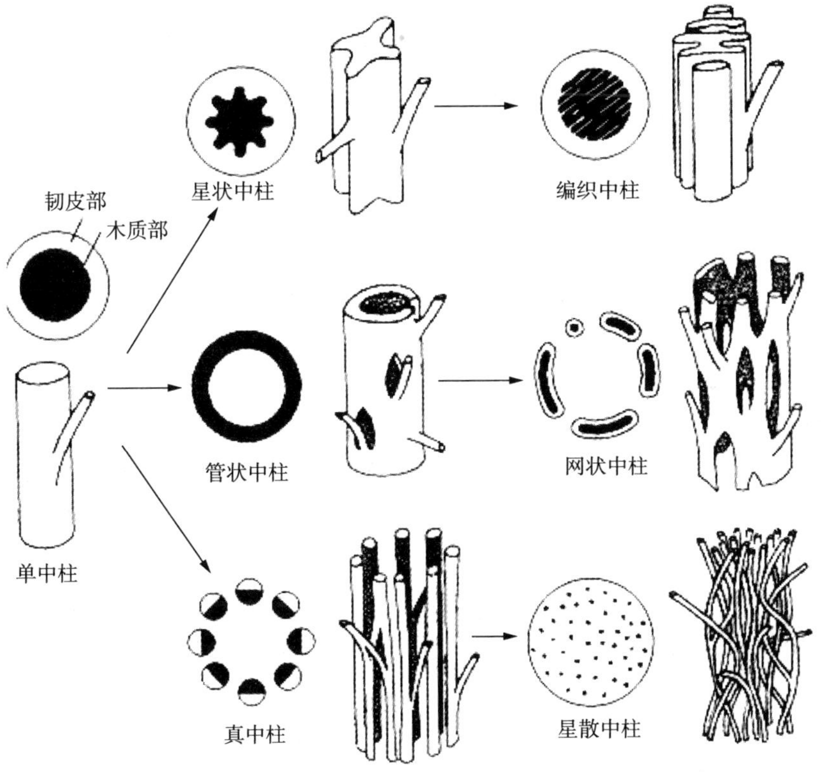

图 3－29　中柱类型

（1）中柱鞘：为中柱的最外层，由一至几层细胞组成。有些植物的中柱鞘是由薄壁细胞组成的。另一些植物除薄壁组织外，还有厚壁组织，主要是纤维，故称中柱鞘纤维。中柱鞘纤维在有的植物中聚集成束或者是连续的环。无论成束或成环都和维管束的韧皮部相连，并且在中柱鞘纤维发生初期往往有筛管掺杂其间，故与韧皮部很难分开。因此，有人则认为茎内不存在中柱鞘。中柱鞘的薄壁细胞与髓射线相连，在一定条件下，它可以产生不定根、不定芽和木栓形成层。

(2) 维管束：由原形成层束细胞分化而来，是中柱内的主要部分，由初生韧皮部、束中形成层和初生木质部三部分组成。维管束在中柱内成环状排列。

大多数的种子植物都是外韧维管束，即初生韧皮部位于维管束的外方（向茎周的一方），由筛管、伴胞、韧皮纤维和韧皮薄壁细胞组成，其主要功能是输导有机物质。初生韧皮部中，最早分化出来的部分叫原生韧皮部，位于外方，主要由韧皮薄壁细胞组成。而后分化出来的部分叫后生韧皮部，在靠近中心的一方，由筛管、伴胞、韧皮纤维和韧皮薄壁细胞组成。

初生木质部位于维管束的内方（向中心的一方），由导管、管胞、木薄壁细胞和木纤维组成，其功能主要是输导水分和无机盐类，并具有机械支持作用。其中最早分化出来的叫原生木质部，位于近中心的一方，由木薄壁细胞和几个环纹、螺纹导管及管胞组成，不形成木纤维。后分化出来的部分叫后生木质部，由导管、管胞、木薄壁细胞和木纤维组成，木纤维的数量随维管束的成熟而增加。束中形成层位于初生韧皮部和初生木质部之间，是由原形成层细胞保留下来的具分裂能力的细胞，能产生茎的次生构造。

(3) 髓：髓是茎的中心部分，多数植物的髓由薄壁细胞组成，通常贮藏各种内含物，如淀粉、晶体或单宁等。有些植物的髓发育成厚壁细胞（如栓皮栎）或石细胞（如樟树）。有些植物的髓在发育时破裂，致使节间中空（如连翘、胯把树）或呈薄片状（如胡桃、枫杨）。椴树属的髓部外围细胞小而壁厚，与内方的细胞差异很大，特称为髓鞘。

(4) 髓射线：维管束之间保留的薄壁组织称为髓射线。髓射线由活的薄壁细胞组成，在横切面上呈放射状排列，它与髓、中柱鞘、皮层相通连，是茎内横向运输的通道，并具有贮藏作用。在大多数的木本植物中，由于维管束排列相互靠近，因而髓射线很窄，仅为1～2行薄壁细胞，双子叶草本植物则有较宽的髓射线。木本植物的髓射线可随着茎的增粗而增长。

（二）叶迹与枝迹

茎中的维管束通常经过节部分枝进入叶内或腋芽内，使整个植物体连成一个维管系统，其中与叶维管束相连的维管组织称为叶迹，与分枝维管束相连的维管组织称为枝迹。当叶迹与枝迹产生时，茎中维管系统向外弯曲到叶子及分枝处的薄壁组织区域，称为叶隙及枝隙。

各种植物的叶迹数目不一，可有一至多枚。叶迹中的维管组织与茎的相同。各种植物的叶迹伸入中柱的方式不同，有些直接伸到节部与中柱汇合；有些进入茎后沿皮层而下，经过一节或数节与其他叶迹汇合以后，再与中柱相连。

枝迹的产生与腋芽有关，腋芽长大后，通常有两个维管束向分枝中伸出，这两个维管束进入分枝后汇合变成圆筒状，形成与主枝相似的中柱。枝迹只能由产生分枝的节上伸出，它的次生构造与主枝相同。

通过茎的节部的横切面，可以看到叶迹或枝迹弯向叶子及分枝的状况。在柳属节部的横切面上，可以看到在叶迹与茎维管束相对的部位，环状的维管束产生裂隙，即为叶隙，而在节的上部，叶柄已经形成，与茎分离，这个叶迹是由节部向外弯的。

（三）双子叶植物茎的次生构造

一般草本植物的茎，由于生活期短，不具形成层或形成层活动很少，因而只有初生构造或仅有不发达的次生构造。而木本植物茎是多年生的，在初生构造形成后，产生形成层和木栓形成层。形成层和木栓形成层每年生长活动，形成了发达的次生构造。由次生分生组织——形成层和木栓形成层产生次生组织这一过程称为次生生长，所形成的次生组织称为次生构造。

1. *形成层的产生与活动*

当茎的初生构造形成之后，束中形成层开始活动，此时与束中形成层相接连的髓射线细胞，也接着恢复分裂能力，由薄壁细胞转变为分生细胞，形成束间形成层。由束中形成层和束间形成层连成一环称为形成层。

形成层由两种细胞组成（图 3－30），一种叫纺锤状原始细胞，细胞呈长纺锤形，它分裂产生管胞、导管、筛管等细胞；另一种叫射线原始细胞，细胞呈长方体，它分裂产生维管射线。

纺锤状原始细胞的排列有两种方式，一种是层状的，称叠生形成层，在切向切面观察，细胞排列整齐。另一种为非层状的，称非叠生形成层，细胞交叉排列，两端不在一水平上。在系统发育上，非叠生形成层是较原始的，因为它发生在裸子植物及较低等的被子植物中。

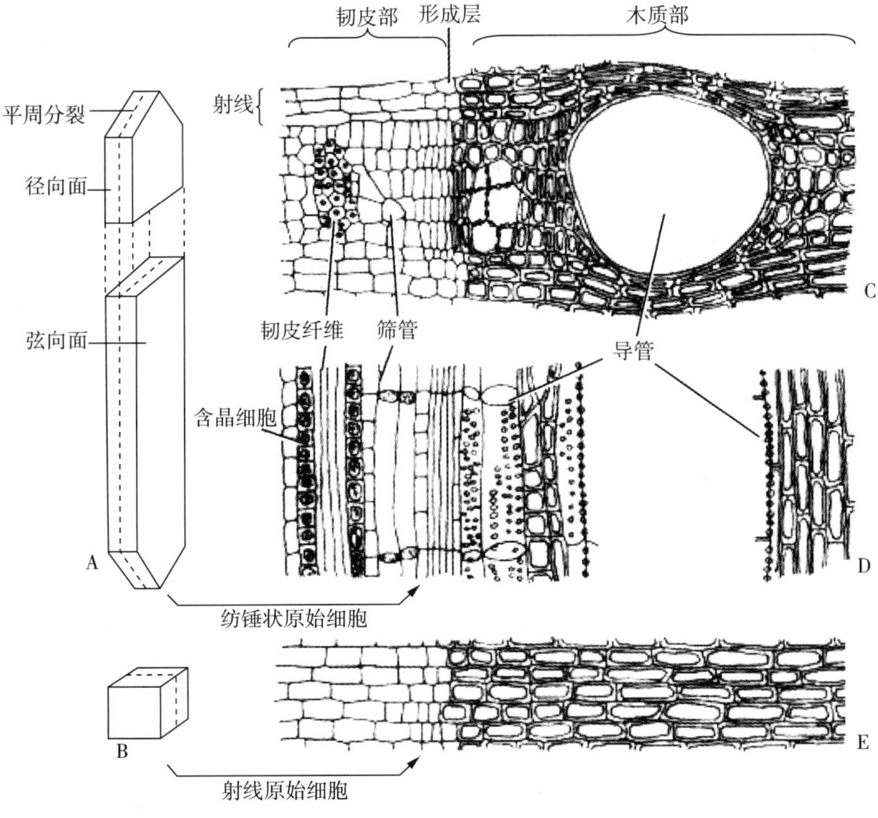

图 3－30　形成层及其衍生组织

A—纺锤状原始细胞图解；B—射线原始细胞图解；C—刺槐茎横切面的一部分；D—刺槐茎径向切面的一部分，仅示轴向系统；E—刺槐茎径向切面的一部分，仅示射线形成层细胞进行平周和垂周分裂，产生次生组织，使茎不断增粗（图 3-31）。形成层细胞通过平周分裂，向外产生次生韧皮部，向内产生次生木质部，一般形成层向内分裂形成的木质部细胞多，向外形成的韧皮部细胞少（约为 4∶1）。随着形成层细胞的不断分裂，次生木质部占了茎的大部分，而次生韧皮部则被推到茎的周边，并参与形成树皮而逐渐脱落。因此，树木茎中次生木质部的数量远较次生韧皮部为多。

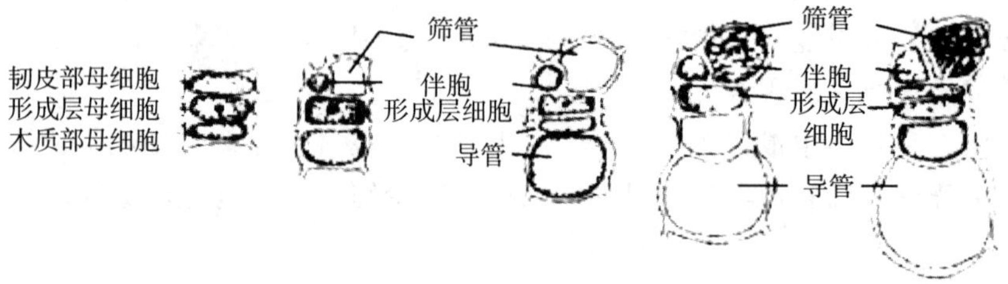

图 3-31　形成层细胞的分裂及分化

次生韧皮部与次生木质部的组成分子与初生构造基本相同，其中韧皮部以韧皮薄壁细胞及筛管为主要成分，韧皮纤维及石细胞是次生韧皮部的机械组织，如麻栎属及槭属具有这两种细胞，桑属及椴属则只有韧皮纤维，水青冈属则只有石细胞。木质部中以木纤维及导管为主要成分，在次生构造中，木薄壁组织较少。木纤维是木材中的主要机械组织，茎中木纤维的多少，影响木材的硬度。

此外，形成层中的射线原始细胞分裂向内向外产生一些薄壁细胞，放射状分布在次生木质部和次生韧皮部中，构成横向运输和贮藏的组织，称为次生射线。其在次生木质部的部分称为木射线，在次生韧皮部的部分称为韧皮射线。

形成层的活动可随植物的生长延续很长的时间，由于形成层的活动，每年增生次生木质部，使茎不断增粗并形成木材。形成层的活动受生长素的影响；这些生长素主要在幼叶中形成，如果除去顶芽，形成层的活动就受抑制，实验证明，用人工生长素处理茎尖，可以促进形成层的活动。同时，不同的生长素可以影响形成层的分化，如用赤霉酸（GA）可以促进形成层多分化为木质部，用吲哚乙酸（IAA）可以促进形成层多分化为韧皮部。

形成层的活动也受温度及日照的影响，例如，在春夏季日照较长，温度渐高的情况下，形成层细胞分裂的数目增加，分化的导管比较大。秋季日照较短，温度渐低，形成层的分裂减慢，形成的导管管腔较小。一般在温带地区，冬季形成层细胞则进入休眠，停止分裂活动。

2. 木栓形成层的产生与活动

木栓形成层，通常是由紧接表皮的皮层细胞恢复分生能力而形成的（如杨属、栗属、榆属），但是，也有从皮层深处的细胞产生的，及直接从表皮产生的（如夹竹桃属、柳属、苹果属）。

木栓形成层进行平周分裂形成周皮和皮孔（见第二章），成为增粗生长后的次生保护组织。木栓形成层的寿命因植物种类不同而异，一般生存几个月就死亡。当木栓形成层死亡后，皮层深处的薄壁组织又产生新的木栓形成层。由于木栓层细胞的胞壁栓化，木栓层外方的组织被新形成的本栓层所隔断，得不到水分、养分而死亡。这些死亡的组织，包括其外方的多层周皮，称为树皮。由于新的木栓形成层每次都自更深处直到韧皮部的细胞产生，因此，树皮所包括的组织愈来愈多，树皮也愈来愈厚，如果木栓形成层呈条状分布，所形成的树皮则呈鳞片状开裂，如果呈完整的一圈，则形成筒状开裂的树皮。随着茎干增粗外层树皮逐渐脱落。

在林业生产中，习惯将木材以外的部分称为树皮，这是因为树皮与韧皮部相连，常易于在形成层处剥离。实际上这种树皮包括两部分，一部分是最新形成的木栓形成层以外的真正的树皮，而另一部分则是形成层以外包括整个生活的韧皮部。

树皮有重要的工业价值，如栓皮栎所产的栓皮是工业上的绝缘材料，栎属、柳属的树皮可提取单宁，桑树和构树的树皮可以造纸，厚朴和杜仲的树皮可供药用等。

3. 木材的构造

木本植物由于形成层的活动，不断产生次生木质部，由于木质部主要由木化分子组成，因此形成坚实的木材。不同树种的木材在结构上是有差异的，因而各种木材的物理结构、力学性质及使用价值都不相同。了解木材的构造是识别木材、合理利用木材的理论基础。

木材的构造通常是通过茎的横切面、径向切面、切向切面三个切面来了解的。横切面与茎的纵轴垂直，径切面是通过茎中髓心部分的纵切面，切向切面则沿圆周切线纵切，不通过髓心。下面通过木本双子叶植物（统称阔叶树）的三个切面（图 3－32），说明木材构造的基本形态特征。

（1）横切面　在横切面（图 3－33）上可以看到下列构造。

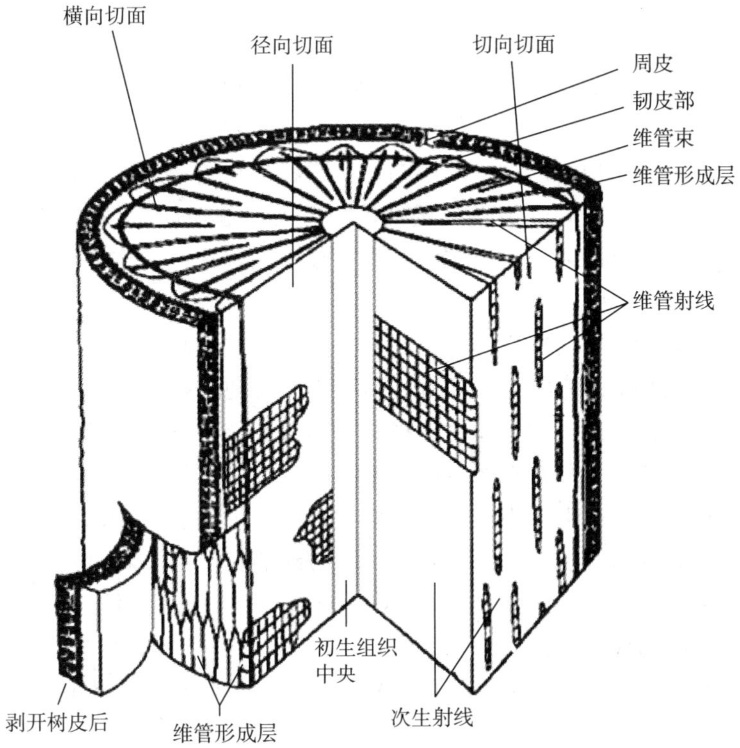

图 3－32　木材三切面

生长轮 在茎的横切面上可以看到木质部（木材）具有许多同心圆环，称为生长轮。生长轮是形成层周期性活动的结果。在温带生长的树种，通常每年只形成一个生长轮，故生长轮又称为年轮。生长轮由早材（春材）和晚材（秋材）两部分构成。春夏季形成层活动快，形成的导管细胞直径大，木纤维成分较少，管壁较薄，这部分称为早材。秋季形成层活动减慢，形成的导管直径较小，木纤维较多，管壁较厚，细胞排列紧密，称为晚材。一年之中由早材到晚材是逐渐过渡的，但经冬季休眠，在第一年晚材与第二年早材之间的变化则是明显的。因而形成了明显的同心圆环，即生长轮（年轮）。由于早材结构疏松，机械强度较差，所以，生长轮的宽窄、早材与晚材的比例，都直接影响木材的力学性质。

在茎的横切面上，导管呈大而圆的空腔。有些树种的木材，在一个生长轮内，早材的导管腔比晚材的导管腔大得多，导管比较整齐地沿生长轮呈环状排列，这种木材称为环孔材，如刺槐、桑、榆、楝、白蜡、刺楸、栎属等。有些树种早材与晚材导管腔相差不大，散布于早材与晚材中，不呈环状排列，称为散孔材，如楸树、杨树、柳树、槭、桦木、茶树等。也有介于环孔材和散孔材之间的称半环孔材（或称半散孔材），如核桃、柿、樟等。导管的分布与管腔的大小常常影响木材的机械强度。

在温带生长的树种，通常每年形成一个生长轮，故可以根据生长轮的数目测定树木的年龄。但有时也可因气候变化或病虫害的影响而形成假年轮。因此，在根据生长轮测定树龄时还必须做各方面的研究分析。在热带、亚热带，由于四季气候变化不大，木材无明显的生长轮，或由于干湿季影响生长形成多个生长轮。在同一树种中，生长轮的宽度可以反映植物的生长状况，例如，通常在向阳的一侧生长轮较宽，而背阴的一侧生长轮较窄，这种情况在速生树种中反映更明显。

心材与边材 在树干的横切面上可以看到明显的颜色差别，靠茎周颜色较浅的生长轮，称为边材；中心颜色较深的生长轮，称为心材。

边材是具有生理活动功能的次生木质部，而心材则是茎中央形成较早，较年老的木质部，心材的薄壁细胞死亡，导管中形成侵填体，失去运输功能。细胞壁及细胞腔为树脂、单宁及色素等物质所填充，因此色泽较深，木材较坚重，这些物质能增加木材的天然耐久性，故心材比边材防腐力强。

随着形成层不断形成新的次生木质部，增大了木材的边材部分，同时，内方的边材也逐渐变为心材，因此心材的直径逐渐加宽，边材则相对地保持一定的宽度。各种树种边材与心材的宽度及比例都不同，例如榉树、檫木、刺槐、桑树的边材都较狭，而马尾松、白蜡树的边材比较宽，有些树种没有明显的心材，称隐心材树种。

木射线 在树干横切面上，木射线呈放射状排列，可以看出它的长度和宽度。有些从髓部直达韧皮部，有些则从次生木质部开始。木射线的宽度因植物种类不同而异，阔叶树种通常具有三至多列射线，如槐属有4～5列。只有单列射线的很少，如杨属和柳属。由于木射线是薄壁组织构成的，因此比较脆弱，木材干燥时常沿木射线发生开裂，降低木材使用价值，如落叶松、白榆等。但有些射线较狭，干燥后收缩小的木材，则不易开裂，如桑树、樟树等。

髓心 在树干横切面中心的部位称为髓心，髓心常和第一年的初生木质部连在一起，在横切面上常呈不同形状，例如，白榆及白玉兰的髓心呈圆形，麻栎和枫香的髓呈星状，桤木呈三角形。髓心大小也各不相同，泡桐的髓心很大，而且中间是空的，苦楝的髓心大而松软。髓心的大小和形状在枝条上比较突出，但在木材中所占比例则很小了。

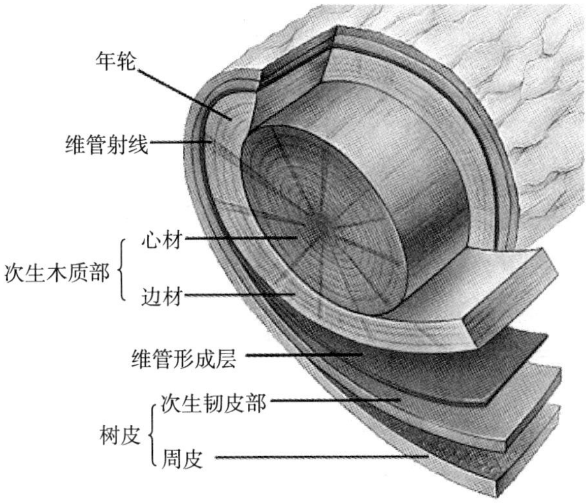

图 3－33　木材横切面

（2）径向切面　在径向切面上，生长轮纵行排列，构成了木材的花纹。

在显微镜下观察，可以看到次生木质部中各种组织的纵剖形态。例如木纤维是狭长的梭状细胞，通常成束存在，壁厚，腔小。木纤维细胞的数量及长短，胞壁的厚薄，决定了木材的机械强度，随种类不同而异。导管分散于木纤维中，有些导管腔较大，肉眼观察呈凹入的沟槽。导管分子的侧壁具有穿孔，借此与相邻导管分子相通，穿孔通常是单孔的，如刺槐和杨树，但在鹅掌楸及枫香的导管中可以看到梯状复穿孔。木薄壁组织是纵向排列的，在径向切面上呈长方形，散布在导管的周围或呈带状分布。

在径向切面上可以看到木射线与茎的主轴垂直，横向排列。木射线通常由多层射线细胞组成，细胞的层数构成了射线的高度，其高度依树种不同而异。木射线中射线细胞的排列有两种形式，如与茎中轴垂直的，称横卧射线细胞；与中轴平行的称直立射线细胞。有些木材中木射线细胞全是横卧的，称为同型射线，如杨属、悬铃木属。如果两种兼有，称为异型射线，异型射线通常上下两层为直立的，中间是横卧的，如枫香、柳属等。

在径向切面上同样可以根据色泽的深浅来区别心材与边材。

（3）切向切面　在切向切面上，生长轮纵向排列，呈宽带状，有些切面上可以形成 V 字形纹理。

在切向切面上同样可以看到呈梭状的木纤维以及呈长管状的导管，同时可以看到射线的横切面，射线束呈梭状纵向排列，如果是异型射线，可以看到梭状的射线束上下两端有直立射线细胞，在切向切面上可以了解射线的高度及宽度（单列射线和多列射线），同时也可鉴别同型射线与异型射线。

（四）裸子植物茎及木材构造的特点

裸子植物中绝大多数为高大的木本植物（通称针叶树），其茎的解剖构造与木本双子叶植物茎相似，有发达的次生构造，形成木材和树皮。只是组成木质部与韧皮部的成分不同，因此木材的构造也有差异。其木质部和韧皮部具有如下的特点：

裸子植物的木质部无导管（只有麻黄属、买麻藤属、百岁兰属有导管），木薄壁组织很少，一般无木纤维。

裸子植物的韧皮部主要由筛胞组成，无伴胞，韧皮薄壁组织较少，常含有淀粉、单宁、树脂等物。韧皮纤维有（如侧柏）或无（如白松），而铁杉属及冷杉属的韧皮部则有石细胞。

如图 3－34，在木材的横切面上，管胞为四边形或多边形，排列整齐。由于缺乏导管，所以在木材的横切面上没有大而圆的导管腔，故称为无孔材。但根据管胞腔的大小，仍有早材与晚材的区别，因此生长轮清晰可见。管胞是裸子植物木材的输导组织并兼有机械支持作用，因此针叶树木材的机械强度取决于管胞的大小及胞壁的厚度。管胞在径向切面上是排列紧密的梭状细胞，胞壁上有具缘纹孔，其中早材的管胞纹孔大而多，而晚材的管胞纹孔小而少。

针叶树木材的木射线，通常是单列的（很少有二列，如落羽松属），因此在横切面上射线很窄。针叶树无异型射线（仅有横卧而无直立射线细胞），但除射线薄壁细胞外，常有射线管胞存在，如松属、云杉属、落叶松属、铁杉属、黄杉属的射线。射线管胞是厚壁长形的死细胞，壁上有具缘纹孔，在射线中成横卧排列。松属射线管胞的次生壁常增厚成齿状。

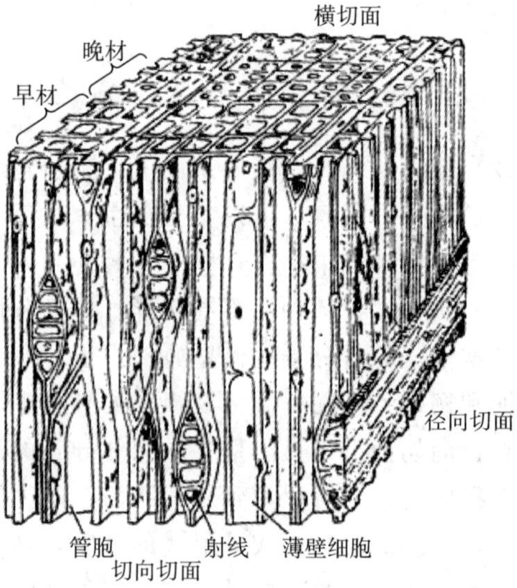

图 3－34　裸子植物的茎木质部切面

裸子植物的形成层也有纺锤状原始细胞与射线原始细胞两类，纺锤状原始细胞大都为单斜面的非叠生形成层。

大多数裸子植物具有树脂道，分布在各器官中，在木材的横切面上常成大而圆的管腔，散布在管胞之间。树脂道纵向排列，与茎轴平行成纵行管道，也有存在于射线中成横行排列的。树脂道是一种裂生分泌道，它的周围由一圈称为上皮细胞的分泌细胞所包围。上皮细胞向胞间隙形成的管道分泌树脂。云杉属树脂道的上皮细胞具木化的厚壁，而松属则是薄壁的。

（五）单子叶植物茎构造的特点

单子叶植物茎尖的构造与双子叶植物相同，但由它所发育的茎的构造则是不同的。单子叶植物茎构造的类型较多，以玉米为例说明其基本特征。

玉米在外形上和大多数禾本科植物一样，具有明显的节和节间，在显微镜下观察其横切面（图 3－35），自外而内分为下列各部分：

1. *表皮*

表皮是它的最外一层生活细胞，由长形细胞和短形细胞纵向相间排列而成。根据细胞

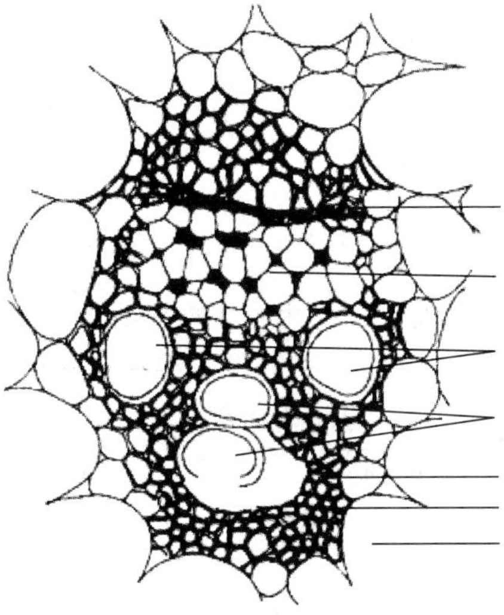

图 3－35　玉米茎维管束的横切面

是栓化或硅化，短细胞又分为栓质细胞和硅质细胞。在表皮细胞的纵行排列中，一个长形细胞常常接着一个硅质细胞和一个栓质细胞。表皮上还分布有少数气孔。

2. 机械组织

玉米茎的机械组织特别发达，从组织结构看，共有三种：第一种是在表皮内方的下皮，它是一层细胞壁较厚而横径较小的细胞；第二种是石细胞层，它是位于靠近髓腔的十余层细胞，细胞形大而短，壁厚且木化，相当坚硬；第三种是纤维，它环绕在维管束四周，称为维管束鞘。

3. 基本组织

表皮以内除维管束和各种机械组织外，均为基本组织。靠近外方的基本组织常含叶绿体，故表皮呈现绿色，分布在中、内部的基本组织则不含叶绿体。初期细胞壁一般较薄，随年龄增加而逐渐增厚并木化。

4. 维管束

维管束的数目很多，散生在基本组织中。在横切面上，靠外方的维管束较小，分布较密。这部分的维管束只有纤维细胞，称无限纤维束。愈近内方，维管束较大，分布也较稀，每个维管束四周环绕着由纤维构成的维管束鞘，每个维管束包括初生韧皮部与初生木质部，它们之间没有形成层，为有限维管束。

维管束的外方为初生韧皮部，内方为初生木质部。初生木质部大体呈 V 字形，V 字形的基部为原生木质部，由一个环纹导管及一个螺纹导管组成，在环纹导管的附近常有因导管破裂而形成的空腔；V 字形的两臂各为一个大型的孔纹导管，就是后生木质部，在导管的周围，充满了木薄壁组织或厚壁组织。初生木质部的外方为初生韧皮部，具有筛管和伴胞，由于维管束内没有形成层，所以，只有初生构造，不能增粗，因此，毛竹的粗细在笋期已经定型。

单子叶植物维管束多数散生于基本组织中，每个维管束内不具形成层，没有次生构造，这是单子叶植物茎构造的基本特征。但是，有些单子叶植物也能产生次生组织而增粗，例如棕榈、丝兰属、芦苇属等，它们的增粗方式是在外方的基本组织中产生一圈分生组织，经分化衍生成新的维管束，从而使茎增粗。

玉米茎的伸长生长，除了茎尖生长锥以外，在节间基部具有居间分生组织，使节间伸长。

五、根与茎过渡区的变化

植物的根和茎紧密相连，内部的维管组织也紧密连接成连续的输导系统。但是，根与茎的维管束在初生构造中存在着很大差别。根是辐射维管束，而在茎中是外韧并生维管束，既然两者维管束的构造和排列不同，因此，在交界处，必然有所变化，这个部位称为过渡区。过渡区通常在胚轴中发生。植物的种类不同，都有着不同的过渡类型。但一般来说，在过渡区的中柱往往增粗，同时，维管组织发生分割、旋转及靠合三个步骤进行变换，使根和茎中的维管束互相连接。下面以槭属为例说明过渡区的变化。

槭属的根中具有两个初生木质部束与两个韧皮部束，在茎中有四个外韧维管束，通过根毛区至胚轴之间作连续的横切面观察，其中的变化可以分为下列几个步骤：

第一，根中的初生木质部（包括原生木质部及后生木质部）与初生韧皮部（包括原生韧皮部与后生韧皮部）交互排列（根毛区的构造）；

第二，后生木质部分割为两股，并各向左右两方弯曲，与此同时，韧皮部向两侧伸长；

第三，每个韧皮部分割为两部分，并向左右移动，后生木质部向着分割后的韧皮部方向旋转；

第四，后生木质部与韧皮部结合，成为外韧维管束，原生木质部继续旋转；

第五，原生木质部转向中柱中央，与茎中维管束完全一致。

从这些变化可以看出，槭属的过渡区变化，是按照分割、旋转、靠合三个步骤进行变换的。

第四节　叶

叶生长在茎的节部，它的主要功能是进行光合作用、蒸腾作用和气体交换。

高等植物的光合作用，主要在叶片细胞中进行。光合作用产物的多少，关系到植物体生长发育的好坏，也关系到栽培植物的产量和质量。

蒸腾作用是指植物体内的水分向外界不断蒸发的过程。植物根部吸收的大量水分，主要通过叶的表面和气孔以气体状态扩散。由于叶的蒸腾作用，可以促使植物对水分和无机盐的吸收及运输。同时，蒸腾作用的进行，水分由液体变成气体，可以消耗很多热量，从而降低叶内温度，免受强烈阳光的灼伤。

叶也是气体交换的器官，光合作用所需的 CO_2 和所释放的 O_2，或者呼吸作用所需要的 O_2 和所释放的 CO_2，主要是通过叶片上的气孔进行交换的。有些植物的叶片，还可吸收二氧化硫、一氧化碳、氟化氰和氯气等有毒气体，并积累在叶片组织内。据计算，一吨树叶能吸收 10～30 千克二氧化硫和氯，4 千克以下的氟。植物对大气的净化具有一定的作用。植物吸收污染物的能力随树种不同而不同，有些吸收能力强的树种，如女贞、夹竹桃、桉树、刺槐、杨树等树种用于工矿区的绿化造林，对改善环境均具显著效果。此外，有些植物的叶片，在一定条件下能够形成不定根和不定芽，繁殖新植株。

一、叶的形态

叶可分为叶片、叶柄、托叶三部分（图 3－36）。叶片通常是绿色扁平的，有各种形状和大小；叶柄连接叶片着生于茎上；托叶生于叶柄两侧，形状、大小也随植物种类而不同。叶片、叶柄、托叶三部分都具有的称为完全叶，如豆科、蔷薇科植物的叶。但是，有些植物缺乏托叶（如樟树、泡桐、白蜡树等），或托叶、叶柄均缺（如蓝桉等），称为不完全叶。

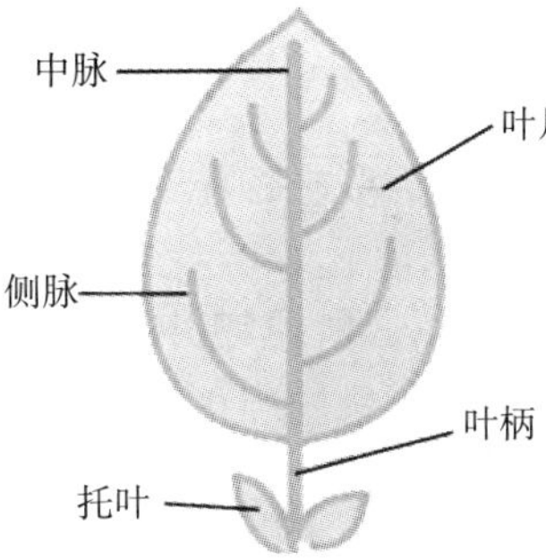

图 3－36　叶的组成部分及生长发育图解

叶的主要功能由叶片承担。托叶在叶发育早期起保护幼叶的作用，通常早落。叶柄内具 1～3 组维管束，为茎叶之间水分和营养物质运输的通道，并能支持叶片伸展、调节叶片的位置和方向，以利于接受阳光。例如女贞，当枝条向上生长时，叶片与枝条垂直生长，如果枝条成水平展开时，叶柄则扭转使叶片成水平方向生长。

叶片中通常有一至数条大而明显的主脉（维管束），主脉的分枝称为侧脉。主脉和叶柄中的维管束相连接，最后与茎中维管系统连接起来。双子叶植物的叶脉分枝连成网状结构，最后一次分枝的细脉的脉稍游离在叶肉组织中，成开放式的脉序称为网状脉。单子叶植物的叶脉平行排列，但最后一次分枝的细脉脉稍呈封闭的脉序称为平行脉。

叶的形态是多种多样的，而每种植物具有一定形状的叶。叶的形态是识别植物种的重要分类特征之一。

有的植物，在同一植株上有不同形状的叶，这种现象称为异形叶性。例如，水毛茛生在水中的叶细裂如丝，而生长在空气中的叶是扁平的。慈姑有三种不同形状的叶，沉生在水中的叶呈带状，浮生水面的叶先端呈椭圆形，生长在空中的叶呈箭形。上述异形叶性是由于环境因素的影响而产生的，称为生态异形叶性。有的植物如刺柏（桧），幼年植株上的叶为针形，发育年龄老的枝上的叶为鳞片状；蓝桉嫩枝上的叶为卵形无柄，老枝的叶为细长的披针形或镰形，这种由于发育年龄不同而产生的异形叶性称为系统发育异形叶性。异形叶性进一步说明外界条件在植物个体发育和系统发育中对植物叶器官形态的影响。同时，也反映了叶对外界条件适应所引起的变异性和可塑性是较大的。

二、叶的发生与生长

叶的发生开始得很早，当芽形成时，在茎尖生长锥周围的一定部位上，由表层细胞（原套）和表层下的一层或几层细胞（原体细胞）分裂形成叶原基。叶原基形成后，起初从顶端生长，迅速伸长，到一定阶段，顶端生长停止，转为基部的居间生长。叶原基的先端部分，形成叶片与叶柄，基部形成叶基和托叶。具托叶的种类，托叶分化很早，生长迅速，叶片的分化次之，叶柄的分化最晚。在芽开放以前，叶的各部分已经形成，以各种方式卷叠在芽内，随着芽的开放，幼叶逐渐生长成为成熟的叶。

一般来说，叶的生长期是有限的，在短期内生长达一定大小，生长即停止。有些植物，在叶的基部保持居间分生组织，可以有较长时期的生长。一般植物叶的顶端生长很早就已停止，后期生长常是叶基中的居间生长。

三、叶的解剖构造

（一）双子叶植物叶的构造

双子叶植物的叶由表皮、叶肉、叶脉三部分组成。

1. 表皮

表皮是覆盖在叶片外表的组织，分上表皮和下表皮，由一层生活细胞组成，不含叶绿体，细胞排列紧密，无胞间隙。双子叶植物叶的表皮从正面观察细胞呈不规则的波状，与相邻的表皮细胞彼此紧密镶嵌。在横切面上则呈长方形，细胞外壁角化，并形成角质层，以防止水分过度蒸腾。一般上表皮角质层较厚，而下表皮较薄。角质层的厚薄随植物种类而不同，也随植物生长的环境不同而有差异。

叶的表皮具有大量气孔，这是与叶的功能有密切关系的一种形态。气孔数目随植物种类、生态环境而有差异，每平方厘米上有数千个到数万个不等。单位面积的气孔数目，木本植物比草本植物多；干燥向阳生长的植物比阴湿环境的植物多；陆生植物叶片位置愈高，气孔数目愈多。因此，气孔的数目与环境的湿度有明显的关系。一般叶片的上下表皮均有气孔，但以下表皮为多；也有的植物上表皮无气孔；而浮生水面的叶的气孔则分布在上表皮。叶表皮上还可以形成蜡被、各种表皮毛以减少蒸腾，加强保护作用。

2. 叶肉

叶肉是叶片进行光合作用的主要部分，由同化薄壁组织组成，一般分化为栅栏组织和海绵组织（图 3－37）。靠近上表皮，细胞呈圆柱形，排列如栅栏状，细胞内含大量叶绿体的即为栅栏组织。叶绿体在栅栏组织中，能随着光照条件而移动。在弱光下，叶绿体将扁平的一面对着阳光，并沿着和阳光呈垂直方向的细胞壁分布，以接受最大的光量；在强光下，叶绿体以窄面对着阳光，同时向细胞的侧壁移动，排列方向与日光平行，以免强光对它的破坏。在栅栏组织的下面是海绵组织，细胞形状不规则，内含叶绿体较少，细胞排列疏松，细胞之间有较大的胞间隙与孔构成叶内的通气系统，有利于气体交换。栅栏组织与海绵组织的分化，与叶的功能及生态条件是紧密联系的。具有栅栏组织与海绵组织的叶，称为异面叶。异面叶通常保持水平位置，叶面接受阳光较多，这种结构可以扩大光合作用的面积，大多数植物的叶属于这种类型。有些植物的叶在茎上呈垂直状着生，叶两面接受阳光的机会几乎相等，这种叶没有栅栏组织与海绵组织分化，称为等面叶，如夹竹桃、蓝桉、垂柳等。也有些植物的叶是仅有海绵组织的，如水生植物。

3. 叶脉

叶脉分布在叶肉中，是叶中的维管束，纵横交错成网状排列。通常主脉较粗大，在叶背上特别隆起。主脉是由厚壁组织的维管束鞘和维管束组成。维管束包括木质部、韧皮部和形成层三部分。木质部在上方，由导管、管胞、薄壁细胞和厚壁细胞组成；韧皮部在下

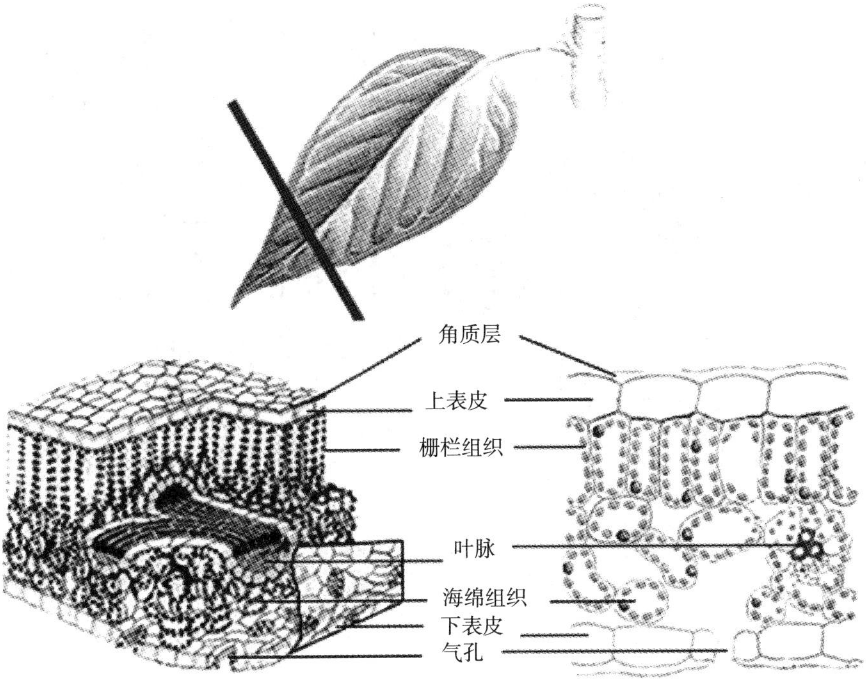

图 3－37　叶片横切面

方，由筛管、伴胞、薄壁细胞组成；形成层在木质部、韧皮部之间，其活动期短，很快就停止活动失去作用。

侧脉的构造比较简单，它的外围没有机械组织，仅有一圈薄壁的维管束鞘包围着。维管束内无形成层，木质部通常只有螺纹导管，韧皮部的筛管也无伴胞，整个维管束的细胞比主脉小，数目也较少。

叶脉分枝愈细，构造也愈来愈简单，在脉梢部分往往只剩下一个螺纹加厚的管胞，游离在薄壁组织中，韧皮部则只有薄壁细胞与叶肉细胞结合在一起。有研究表明，与小脉筛管结合的薄壁细胞是一种特化的，具有吸收及输出物质作用的传递细胞，这种细胞具有浓厚的细胞质，有正常发育的细胞器，这些细胞的壁凸入细胞腔内，增大了表面的吸收面积，它能从蒸腾流和光合产物中吸收物质，它的功能是输出叶肉中光合作用的产物至植株的其他部分。

（二）裸子植物叶的构造

裸子植物叶的构造比被子植物变化少，除少数落叶的属（如落叶松属、金钱松属、银杏属等）外，大多数裸子植物的叶是常绿的。裸子植物的叶除银杏、买麻藤外，通常比较狭细，呈条状或鳞片状，故习惯上称裸子植物为针叶树。针叶树的叶面积较小，并具其他一些旱生结构的特征。下面以松属针叶为例，说明裸子植物叶的一般构造。

松属的叶均为针状，2～5 针成束生长于不发育的短枝上，整个叶束是圆柱形的，所以单个针叶常因每束针数不同而呈半圆形、三棱形等形状。

通过松属针叶作横切面（图 3－38），可以看到从外到内有以下几部分：

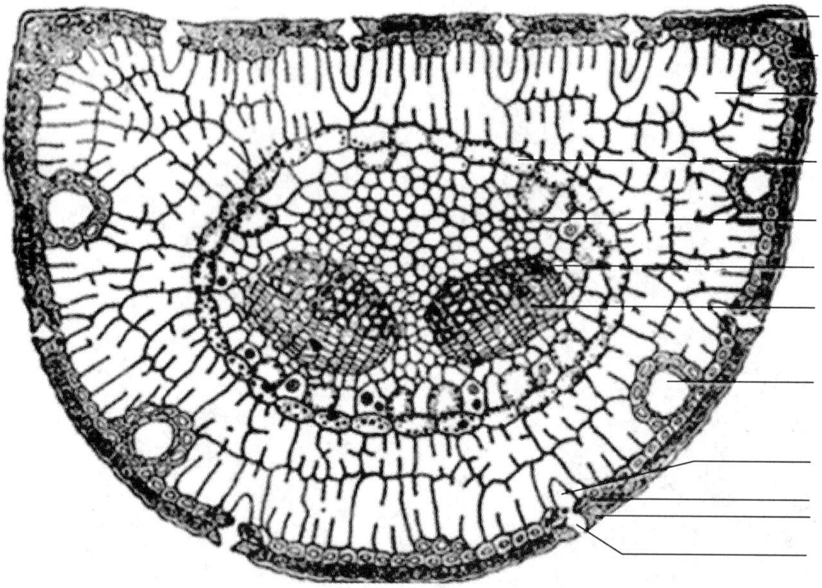

图 3－38　马尾松叶的横切面

1. 表皮系统

表皮系统包括表皮、下皮层及气孔器等组织。在横切面上，表皮由一层连续的砖形细胞组成，包围在叶的周围，无上下表皮的区别，细胞壁显著增厚，细胞腔很小，但也有少数是由薄壁细胞组成的。表皮细胞外面覆盖着发达的角质层，在叶的转角处表皮细胞的角质层较厚。

在表皮内方有一至多层通常是厚壁纤维状的细胞，称为下皮层。有些种类表皮与下皮层形态相同，如华山松及白皮松；有些则不相同，如黑松及油松。下皮层细胞的层数依种类不同而异，在转角处的层数较多。

气孔从表皮层下陷到下皮层内，称为内陷气孔，由一对保卫细胞及一对副卫细胞组成（图 3－39）。保卫细胞呈椭圆形，先端有喙，侧壁与下皮层相连，而副卫细胞在保卫细胞的外面，侧壁与表皮细胞相连。内陷气孔形成下陷的空腔，空腔阻止了外界流动的干燥空气和气孔的直接接触，是一种减少叶内水分蒸腾的旱生适应。

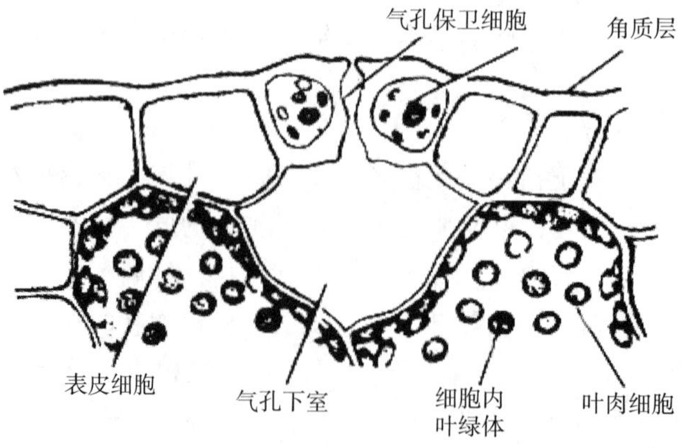

图 3－39　马尾松的气孔

2. 叶肉

松属的叶肉细胞由细胞壁内褶、含叶绿体的薄壁细胞组成，位于下皮层以内。叶肉细胞壁内褶增加了叶绿体在细胞中排列的面积，扩大了光合面积。叶肉组织内分布着树脂道。

树脂道的位置，根据种的不同而异，可以作为分种的参考依据。马尾松、赤松的树脂道与下皮层相接，称外生树脂道；湿地松的树脂道与内皮层相接，称为内树脂道；红松、黑松的树脂道在叶肉组织中间，既不与下皮层相接，又不与内皮层相接，称为中生树脂道；还有少数种类，如热带松的树脂道既与下皮层相接，又和内皮层相接，称为横生树脂道。

3. 维管束

针叶的维管束与叶肉之间有明显分化的内皮层。内皮层紧接叶肉呈环状围绕着维管束，因此维管区域与叶肉组织之间有明显的分界。内皮层由圆形或椭圆形的厚壁细胞组成，排列比较整齐，无胞间隙，成熟后细胞壁木化，径向壁上有明显的凯氏点。

维管束分布在内皮层以内，维管束的数目随种类而异，如云南松、油松针叶中央有两个维管束，而华山松、红松等的针叶中则只有一个维管束。维管束的木质部在近轴一面，由径向排列的管胞和薄壁细胞相间隔组成。韧皮部位于远轴面，由筛胞和韧皮薄壁细胞径向排列组成。

在维管束与内皮层之间，有几层紧密排列的转输组织，包围着维管束。转输组织由转输薄壁细胞和转输管胞组成。转输管胞是死细胞，壁较薄，并有具缘纹孔。转输薄壁细胞是具有原生质体的生活细胞，成熟以后为单宁所充塞。有些种类的转输组织中还分布着树脂道。

上述松属针叶解剖构造上的特征，如具有下皮层、内陷气孔、内皮层及转输组织等，在其他松柏类植物中也具有，只是在数量上存在差别而已。大多数松柏类植物没有褶叠的叶肉细胞，另一些种类具有栅栏组织与海绵组织，如冷杉属、杉木属、紫杉属、银杏及苏铁等。

（三）单子叶植物叶的构造

单子叶植物叶的形态和结构比较复杂，类型较多。有些不具叶柄，呈狭长条状或带状，有些叶柄呈鞘状。它们的生长和发育也不相同，在此仅以竹叶为例说明单子叶植物叶的一般特征。

竹类的叶主要包括叶鞘和叶片两部分，叶鞘包围在小枝节间处，叶片较狭长，具平行脉。在叶鞘与叶片连接处的内侧有膜质小片，称为叶舌；叶鞘边缘有毛状物，称为叶耳。在单子叶植物的横切面（图 3－40）上可以看到表皮、叶肉和维管束三部分。

1. 表皮

分为上表皮和下表皮，由表皮细胞、泡状细胞和气孔有规律地排列而成。表皮细胞分为一种长细胞和两种短细胞。长细胞的长径沿叶的纵轴方向排列，横切面近于方形，细胞壁角化。长细胞构成表皮的大部分。短细胞位于两个长细胞之间，一种短细胞的细胞壁充满二氧化硅，称为硅细胞；另一种短细胞的细胞壁栓化，称为栓细胞。竹类和其他禾本科植物叶的硅细胞常向外突出成刺状，使表皮坚硬而粗糙。

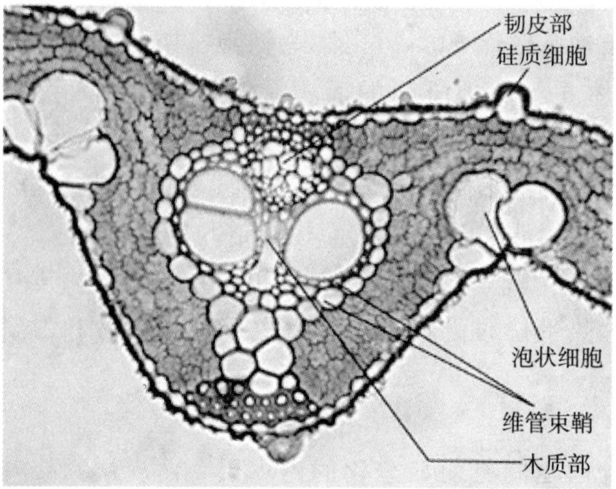

图 3-40　单子叶植物叶的横切面

相邻两叶脉之间的上表皮是几个特殊的大型薄壁细胞，称为泡状细胞（运动细胞），细胞长轴与叶脉平行。在横切面上，泡状细胞排列成扇形，中间的细胞最大，两旁的较小，细胞内具大液泡，可以控制水分的吸收或散失。天气干燥时，泡状细胞失水收缩，使叶片向上卷缩成筒状，以减少蒸腾；当天气湿润，蒸腾减少时，它们又吸水膨胀，使叶片展开。

表皮上的气孔，其保卫细胞为哑铃形，细胞的两端球形、壁薄，中间伸直部分壁厚。当保卫细胞吸水时，两端的球形部分膨大，互相撑开，于是气孔开放；细胞失水时，两端收缩，气孔关闭。保卫细胞外侧各有一个梭形的副卫细胞。

2. 叶肉

叶肉细胞形状不一，呈长形、多边形、圆球形或不规则形状，细胞壁向细胞腔内形成褶叠，叶绿体沿褶叠的壁排列。靠上表皮的叶肉细胞排列较整齐。

3. 叶脉

主脉和侧脉平行排列于叶肉组织中，在这些平行的叶脉之间有横的细脉互相连接。叶脉由维管束及其外围的维管束鞘组成。维管束鞘常为两层，外层为薄壁细胞，内层为厚壁细胞。维管束中包括木质部与韧皮部。木质部在靠上表皮的一边，韧皮部在靠下表皮的一边，它们的结构与茎中相似。在维管束与上下表皮之间，常有成束或成片存在的厚壁纤维，以增强叶片的支持作用。

四、叶的构造与生态条件的关系

从上面的情况可以看出，叶的形态构造不仅与它的生理机能相适应，而且与它所处的外界条件（即生态条件）也是相适应的。叶在构造上的变异性和可塑性是很大的，长期生活在干旱缺水条件下的植物，有较强的抗旱能力，叶片产生许多适应旱生条件的结构，通常表现出两种适应形式。一种对旱生的适应形式是叶面积缩小，叶片小而厚；角质层很发达，表皮上常有蜡被及各种表皮毛，产生下皮层，气孔下陷；机械组织发达；栅栏组织多层，分布在叶的两面；海绵组织和胞间隙不发达，叶肉细胞壁内褶；叶脉分布密。

如夹竹桃等属于此类。另一种对旱生的适应形式是叶片肥厚，有发达的贮水薄壁组织，细胞液浓度高，保水能力强。例如龙舌兰、马齿苋、生长在盐碱地上的猪毛菜以及很多肉质植物。

有些植物长期生活在潮湿多水的情况下，它们的抗旱能力很低，不能忍受缺水的条件。这类植物的叶片常常大而薄；角质层不发达或没有，一般无蜡被和毛状物；海绵组织发达，或没有栅栏组织和海绵组织的区别；叶脉和机械组织不发达，胞间隙大；等等。这些特征都是与湿生条件相适应的。

光照强弱对叶的结构影响也很大，有些植物如松、桦、山杨、刺槐、桃、苹果等，在充足的阳光下才能生长好，不能忍受荫蔽的环境。它们的叶在外形和构造上都倾向于旱生形态。有些植物如咖啡、砂仁和一些林下植物，长期生活在荫蔽的环境下，不能忍受强光照射，它们的叶在构造上则倾向于湿生形态。

叶对生态条件的反应最明显，可塑性最大。即使同一种植物，生长在不同的环境条件下，也会出现不同程度的变化。甚至同一株树上的叶片，由于着生部位和受光的不同，在形态构造上也有变化。一般生在树冠顶部或枝条上部的叶片接近旱生形态，而生在树冠下部或枝条部的叶片则接近湿生形态。

五、叶的寿命与落叶

植物叶的寿命是一定的，因不同树木而异。有的树木如杨、柳、榆、槐、椿、楝、合欢等，它们的叶春季长出，到秋冬就全部脱落，叶的寿命只有一个生长季，这样的树木称落叶树。而有的植物叶的寿命为一年以上至多年，如松、柏、女贞、荔枝、龙眼、杧果等。松属的叶生活 2～5 年，紫杉 6～10 年，冷杉 3～10 年。植株上虽每年有一部分老叶脱落，但仍有大量的叶子存在，同时，每年又增生新叶，就整个植物来看是常绿的，称为常绿树。

树木的落叶现象是受内外条件影响的，通常叶片经过一定时期活动后，细胞内矿物质积累太多，引起细胞生理机能的衰老而死亡；另外，秋天气温变冷，随着土温降低，植物根系吸水能力大大减弱，植物得不到足够的水分，叶片在进行光合作用的同时必须消耗大量的水分，而落叶可以减少水分的消耗。因此，落叶是多年生植物为维持体内水分平衡，保证植物正常生命活动，抵抗外界不良环境条件而产生的一种适应。

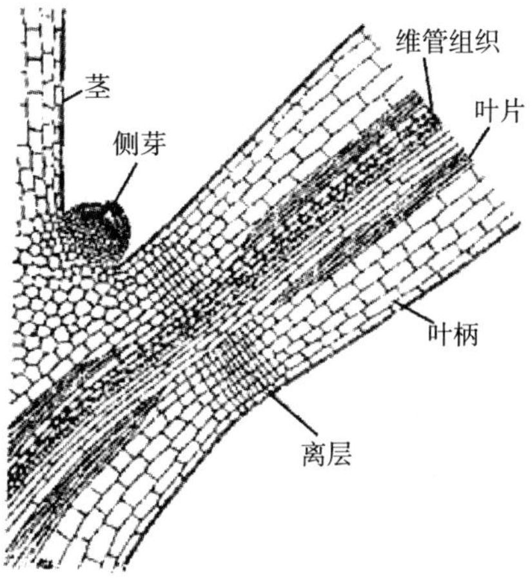

图 3-41 离层

落叶从解剖构造上来说，是由于在叶柄基部，形成了离层（图 3-41）。树木在落叶之前，叶肉细胞内的合成功能降低，有机物和激素从叶片中转移到根、茎等其他部分。叶柄基部有一部分细胞，经过分裂，形成了几层薄壁细胞，称为离层。离层的薄壁细胞之间，胞间层发生化学变化，其果胶酸钙转化成可溶性果胶和果胶酸，而使这几层细胞彼此分离。由于叶片的重力和风雨等外力作用，叶从离层处脱落。离层下的几层细胞栓化，在叶柄的断面处形成保护层。

第五节 植物营养器官的变态

一、变态的概念

植物的营养器官——根、茎、叶，都有其一定的与生理功能相适应的形态特征。但是，由于环境条件的改变，植物器官为了适应环境而改变器官原有的功能和形态，这种变异称为变态。例如，长期生长于干旱环境中的仙人掌，为了减少蒸腾，叶变为刺状，而茎则变为代替叶行光合作用的绿色肉质茎，叶和茎的功能及形态都产生了变态。这种变态特征，经长期的自然选择已成为该种植物的形态特征。

二、营养器官变态的主要类型

（一）根的变态

正常的根生于土壤中，具有吸收及支持的功能，在外形上，根无节与节间的区别，没有叶和腋芽，可根据这些形态特征识别变态的根。常见的根变态有以下类型。

1. 贮藏根

常见于二年生或多年生的草本植物，这些根中贮藏大量养料以供抽茎开花时所需，如木薯、胡萝卜、大丽菊等。

2. 支柱根

当植物的根系不能支持地上部分时，常会产生具有支持作用的不定根，称为支柱根，如玉米近茎基部的节常有不定根伸入土中以加固植株。生长在南方的榕树，常在侧枝上产生下垂的不定根，这种根具有吸收及支柱作用。

3. 板根

很多热带树木的树干基部发生不匀称的生长，形成板壁状的根，称为板根。板根能够增加树木的稳固性，以支持巨大的树冠，例如我国生长的人面子，有宽 2～3 米的板根。

4. 气根

生长在热带的兰科植物能自茎部产生不定根，悬垂在空中，称为气根（上述榕树的不定根到达地面以前，具有吸收功能）。气根在构造上缺乏根毛和表皮，而由死细胞构成的根被所代替，根被具有吸水作用。

5. 寄生根

有些寄生植物如桑寄生属、槲寄生属及菟丝子属等，它们的根发育为吸器，伸入寄主体中吸取水分和养料，这种吸器称为寄生根（图 3－42）。

（二）茎的变态

正常的茎生于地面上，外形上具有节与节间，可与变态的根区别，见图 3－43、图 3－

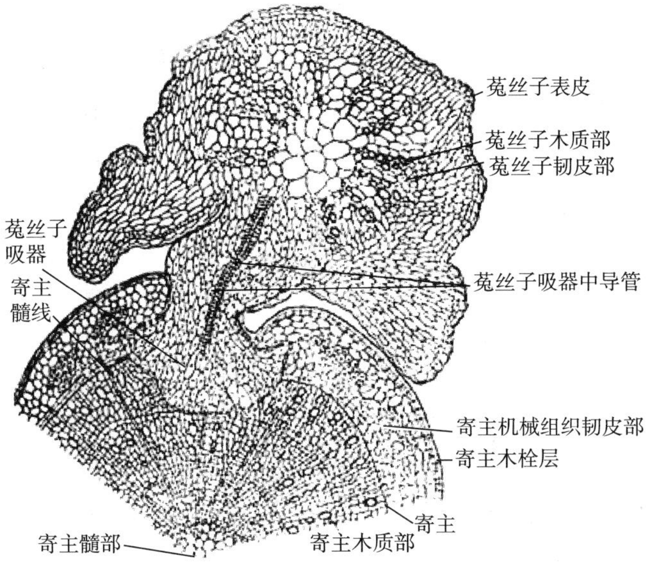

图 3－42 菟丝子的寄生根

44 所示。

1. 根状茎

生长于地下，与根相似的地下茎称为根状茎。例如竹类、芦苇、鸢尾等植物的地下茎。根状茎具有明显的节和节间，节部有退化的叶，在退化的叶的叶腋内有腋芽，可发育为地上枝，顶端有顶芽，可以继续生长。根状茎上可以产生不定根，成为具繁殖作用的茎的变态。竹类就是用根状茎——竹鞭来繁殖的。

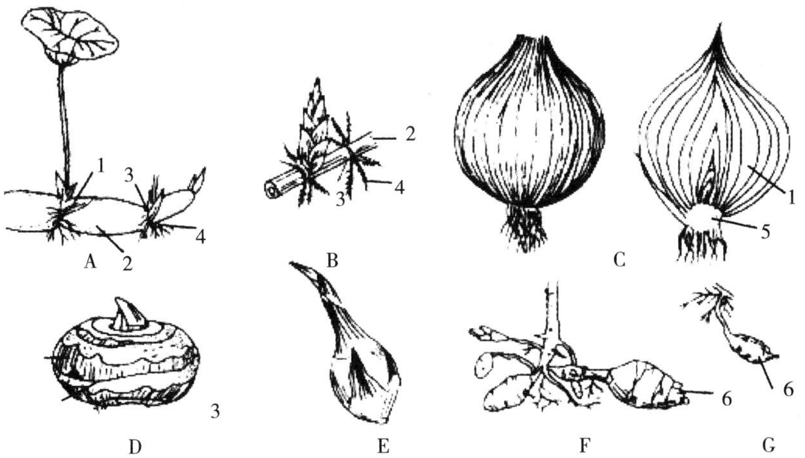

茎的变态（地下茎）

A，B—根状茎（A—莲，B—竹）；C—鳞茎（洋葱）；D，E—球茎；（D—荸荠，E—慈姑）；

F，G—块茎（F—菊芋，G—甘露子）；

1—鳞叶；2—节间；3—节；4—不定根；5—鳞茎盘；6—块根

图 3－43 茎的变态（地下茎）

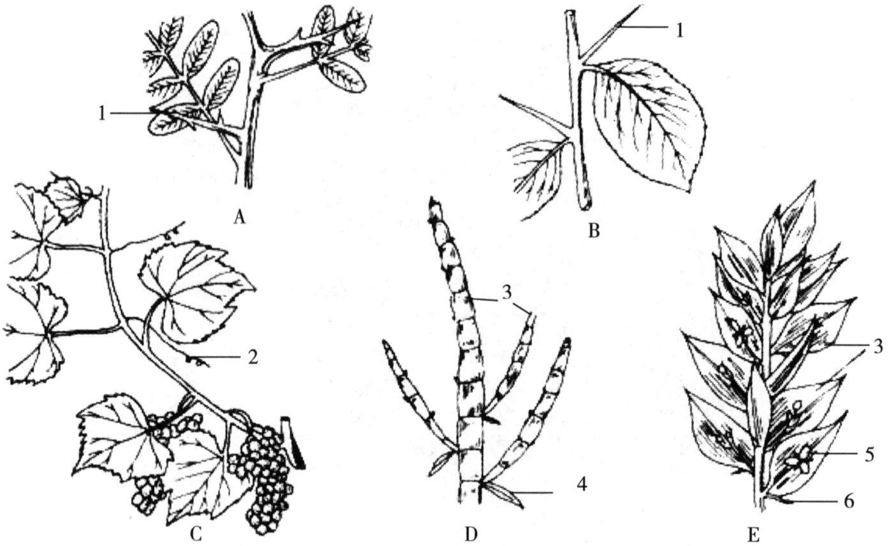

茎的变态（地上茎）
A，B—茎刺（A—皂荚，B—山楂）；C—茎卷须（葡萄）；D，E—叶状茎（D—竹节蓼，E—假叶树）
1—茎刺；2—茎卷须；3—叶状茎；4—叶；5—花；6—鳞叶

图 3 - 44　茎的变态

2. 贮藏茎

生长在地下，具有贮藏养料功能的茎，称贮藏茎。如马铃薯节不明显、呈块状的称为块茎；洋葱、百合等具有鳞状叶的称为鳞茎；慈姑、荸荠等具有明显的节与节间的称为球茎——这些都是具贮藏作用的地下茎。地下茎还具有繁殖功能。

3. 叶状茎

叶退化，茎变态成叶片状，代行叶的生理功能，称为叶状茎，如假叶树、竹节蓼等。叶状茎是长期适应干旱环境所产生的变异。

4. 茎卷须

攀缘植物的部分枝条变成卷须，以适应攀缘功能，如葡萄的卷须。

5. 茎刺

由茎变成具有保护功能的刺，称茎刺，如皂荚、山楂等。

（三）叶的变态

常见的叶的变态如下（图 3 - 45）：

1. 芽鳞

芽鳞为叶的变态，有时外被有毛，用以防御严寒侵袭及减少蒸腾，树木的冬芽大都具有芽鳞。

2. 叶刺

叶的一部或全部变为刺，如小蘗。叶刺与茎刺的区别在于：茎刺由叶腋发生，叶刺在枝条的下方发生，如发生于枝条基部两侧，则为托叶刺，如刺槐。

3. 叶卷须

纤细柔软的植物常产生卷须用以攀缘，叶卷须与茎卷须的区别在于叶卷须与枝条的腋间具有芽，而茎卷须的腋内无芽。叶卷须常由复叶的叶轴、叶柄或托叶转变而成。

4. 叶状柄

我国南方的台湾相思树在幼苗时叶子为羽状复叶，以后长出的叶子叶柄变扁，小叶片逐渐退化，只剩下叶片状的叶柄代替叶的功能，称为叶状柄。叶状柄和叶状茎一样，是干旱环境的适应性状。

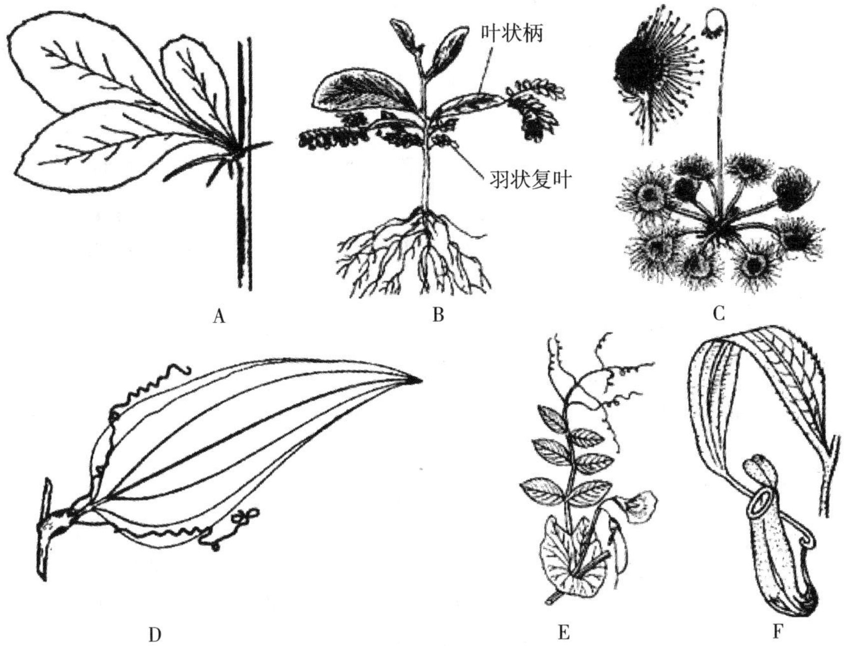

图 3-45 叶的变态

A—小檗的叶刺；B—合欢的叶；C—茅膏菜的捕虫叶；

D—菝葜的托叶卷须；E—豌豆的叶卷须；F—猪笼草的捕虫囊

三、同功器官与同源器官

上述各种不同的器官变态，虽然有的步骤不同，但功能形态相同，这样的变态器官称同功器官。例如，茎刺与叶刺，茎卷须与叶卷须，它们变态后的功能相同，因而产生相似的形态构造。凡是结构相同，功能不同，形态构造不同的称为同源器官。如叶卷须与叶刺，同为叶的变态，但变态后功能不同，因而形态构造也不同。

同功器官和同源器官的事实说明，植物器官的形态构造取决于机能，而机能又取决于长期对环境的适应。陆生植物的根、茎、叶器官的出现是植物对陆生环境的适应。某种植物的某一器官或某一结构，都是长期适应环境的结果，由于遗传性关系，有一定的稳定性。植物总是依据它的遗传性，从周围环境中选择它生长发育所需的条件，来建造自己，发展自己。但植物并不是绝对不变的，由于外界条件的变化，引起新的适应而产生器官机能上和形态构造上的可塑性，说明植物与环境、功能与形态的辩证统一关系。我们可以运用此种辩证关系，研究植物的遗传以及用控制条件的方法来控制植物的发展，使植物朝着人们所需要的方向发展。

第六节 种子植物的营养繁殖

一、营养繁殖在林业生产中的意义

营养繁殖是利用植物营养器官的再生能力繁殖新植株，通常也称无性繁殖。在自然界中有不少植物的根、茎、叶都具有再生能力，以根、茎、叶繁殖新植株的现象是常见的。例如，有些植物的根可以产生不定芽，形成地上部分，在母株四周产生大量植株，桑树、杨树都有这种情况；番薯的块根产生不定芽和不定根，形成新植株，都是以根来繁殖的。用茎来繁殖的更为普遍，如竹类的根状茎，马铃薯的块茎，葱、蒜、水仙的鳞茎以及一些植物的枝条，在节部与土壤接触后可以形成不定根，生根抽芽，形成新植株。有些植物如落地生根、秋海棠的叶，能分别产生不定根和不定芽，形成新植株。营养繁殖是植物长期适应自然环境所产生的一种生物学特性。

营养繁殖产生的新植株，具有亲本的遗传特性，可以用此方法保持优良品种的特性，并可提早开花结实。因此，营养繁殖在生产上具有特殊的意义，在林木、果树、园艺植物的栽培中，是一种重要的繁殖方法。

二、常用的营养繁殖方法及其解剖学基础

营养繁殖的方法很多，用根来繁殖的有根插和根蘖，用茎来繁殖的有扦插、压条、嫁接等，不管哪一种方法，成活的基础是植物的再生力。植物再生力的产生，主要归因于植物体受伤后，植物体内激素的作用引起了某些生活细胞进行分裂。

（一）根插和根蘖

根插和根蘖是利用某些植物的根能产生不定芽和不定根的特性进行的营养繁殖。通常用于枝插不易成活或种源太少，或具有其他生物特性的树种。例如，楸树常常花而不实，种源缺乏；泡桐实生苗生长慢，用根插繁殖生长迅速，干形通直，所以，常用根插、根蘖繁殖。

根插后不久，根端的后端（近茎的一端）产生不定芽。不定芽发生的部位，因种类不同而异，它可以在切口的愈伤组织中产生，也可以在形成层或韧皮部产生。

不定芽的形成过程：首先，由上述部分的薄壁组织分裂产生一团原始细胞，形成茎的顶端分生组织，在形态上和根的生长点不同，通常是钝圆的。顶端分生组织继续分裂，产生突起形成叶的原始体，以后穿过外面的组织伸出土面，逐渐发育为带叶的枝条。当顶端分生组织产生第一片叶时，不定芽的内部就分化出输导组织，以后和根段中原有的输导组织连接起来。

在根端形成不定芽的同时，不定根也开始发生。不定根可以从插根先端中的维管射线、形成层或愈伤组织等部位发生；在幼小的插根中，不定根还可以从中柱鞘上发生。各种植物不定根发生的部位不同。在同一种植物中，还可以同时在两个部位产生不定根。

（二）枝插

枝插就是利用植物的枝条能产生不定根的特性进行繁殖的一种方法，除扦插外，常用

的压条、埋条法都是利用这种特性进行的。

枝插的目的通常也是为了扩大种源，例如柳属由于种子不易采集，又难于贮藏，实生苗生长慢，所以都用枝插繁殖。

枝插是林业生产中常用的营养繁殖法，因为它可以大量从母树上截取枝条，丰富了种源。枝插繁殖是从母树上截取1～2年生带芽的枝条，以下端插入土中，以后枝条上原有的芽萌发为茎，枝条的下端产生不定根。枝插是否成活，除管理等外因条件外，还与树种特性、枝条年龄等有关。一般情况下，嫩枝扦插比老枝扦插容易生根。这是因为嫩枝的薄壁组织多，细胞生活力强。

插条的不定根形成过程与根插相似，可以在愈伤组织、皮层、髓射线、维管射线、形成层等部位发生。

插条在未形成不定根以前，首先在切口附近的组织中产生大量愈伤组织，特别在皮层薄壁组织中较多，在横切面上，愈伤组织呈鸟巢状。由于愈伤组织的产生，使茎的皮层不规则地向外突起。有些植物在产生愈伤组织后，由愈伤组织细胞分化产生不定根，例如悬铃木。但有些植物不定根不在愈伤组织产生，例如水杉的插条虽然在切口产生愈伤组织，但不定根却在切口以上0.5厘米左右枝条内部的维管射线或形成层等部分产生。柳属的不定根可在叶柄两侧或叶腋、皮孔等部位的枝条内部的形成层、维管射线等部位产生。

（三）嫁接

嫁接是利用植物体创伤愈合的特性而进行的一种营养繁殖法。嫁接通常用于果树及树木良种的繁育。例如果树栽培时，为了保持某种果树的品质特性，常取其枝条或芽做接穗，嫁接于同种植物的实生苗上或他种植物的苗木上，愈合为一植株。或以结果枝做接穗接于实生苗上，以提早结果年龄。在林业生产中，嫁接也是某些树种的重要繁殖法，例如毛白杨扦插成活率较低，可用加拿大杨做砧木进行嫁接繁殖。

嫁接愈合的过程和创伤愈合一样，在接穗和砧木的切口产生愈伤组织，填充在接穗与砧木之间的隙缝中，使砧木与接穗的组织连起来，成为一新株。愈伤组织由切口附近的活细胞产生，例如，形成层、木质部的射线细胞和韧皮部的薄壁细胞等都可以产生愈伤组织。

从解剖学的要求看来，嫁接时要扩大接穗与砧木的形成层接触面，同时，切口要密切贴合，使愈伤组织很快填充接穗与砧木的空隙。愈伤组织产生以后，它的外面分化为木栓，保护着切口的创伤面，内部的愈伤组织首先分化为吸水的细胞束，再逐渐分化为输导组织，使接穗与砧木的输导系统连接起来。

嫁接的成功与失败，一方面取决于嫁接技术，另一方面取决于接穗与砧木的细胞内物质的亲和性，这种亲和性取决于植物的亲缘关系。选用砧木时通常选用同属植物，但也有少数在不同属的情况下可嫁接愈合的。

植物由于再生作用所产生的不定芽、不定根以及愈伤组织，除了可以在植物体内的分生组织产生以外，还可以在很多薄壁组织中产生。这是由于薄壁组织通常都是活的细胞，能恢复分生能力进行细胞分裂，同时生活力也较强。植物体的幼嫩部分再生能力也比较强，因此也常用于营养繁殖。

第四章 种子植物的有性生殖

种子植物的种子萌发后长出幼苗，再经过不断的营养生长，到了一定阶段就转入生殖生长，也就是进入发育。发育的显著的特点是形成生殖器官，如裸子植物产生大、小孢子叶球，被子植物产生花，经开花、传粉和受精再产生种子。由营养生长到生殖生长是由量变到质变的过程，植物从形态结构到生理活动都表现出了一系列的变化，两者表现了既相互区别又相互依存的辩证关系。

种子植物分为裸子植物和被子植物两个大类群。它们是在进化上先后出现的两类植物，不仅在植物体营养器官的形态结构上表现了不同的进化适应，而且在生殖器官的形态结构和生殖过程方面也表现了不同的进化适应。

第一节 裸子植物的有性生殖

裸子植物中有很多是组成森林的重要树种，常见的如松属、杉属、云杉属、冷杉属、落叶松属等。现以松属为例，说明裸子植物的生殖过程及其特点。高大、常绿、具总状分枝的成年松树，每年春季在当年生枝条上会形成生殖器官——大、小孢子叶球（图 4－1）。大孢子叶球又称雌球花，小孢子叶球又称为雄球花。大、小孢子叶球上分别形成大、小孢子囊，大、小孢子囊内分别产生大孢子和小孢子。产生孢子的植物体叫孢子体，松树的植物体从个体发育的角度来说是它的孢子体。

一、大、小孢子叶球的构造与发育

小孢子叶球 春季，松树新萌发枝条的基部形成许多长椭圆形、黄褐色的小孢子叶球。每一小孢子叶球由许多膜质的小孢子叶组成。小孢子叶成螺旋状排列在一个长轴上。小孢子叶的下面形成两个并列的长椭圆形的小孢子囊（花粉囊）。小孢子囊具数层细胞构成的囊壁，幼时囊中充满核大而细胞质浓的造孢细胞，造孢细胞进一步分裂发育形成圆球形的小孢子母细胞（花粉母细胞）。小孢子母细胞经减数分裂形成四个细胞叫四分体。四分体再分离成为四个小孢子（花粉粒），小孢子是单倍体细胞。

松树的小孢子（花粉粒）具两层壁——外壁和内壁。外壁上有网状花纹，且在一侧相对的位置上形成两个膨大的气囊，叫作翅。气囊有使花粉易于被风传播的作用。初形成的花粉粒具一核。

大孢子叶球 与小孢子叶球形成的同时，在新枝顶端形成数个大孢子叶球，呈椭圆形球果状，幼时浅红色，以后变绿（图 4－1）。大孢子叶球由木质鳞片状的大孢子叶（珠鳞）

和不发育的膜质苞片成对螺旋状排列在一长轴上组成。

每一珠鳞的上表面靠近基部形成并列的两个大孢子囊，或称胚珠。胚珠由珠被和珠心两部分组成。珠被包在珠心组织的外面，在珠心顶端处的珠被留下一小孔，叫作珠孔。珠心由一团幼嫩的细胞组成。在珠心深处形成大孢子母细胞。大孢子母细胞进行减数分裂，形成四个大孢子（油松有时形成三个），在珠心组织内排成直行，其中仅远离珠孔的一个成为可育的大孢子。大孢子为单倍体的细胞。

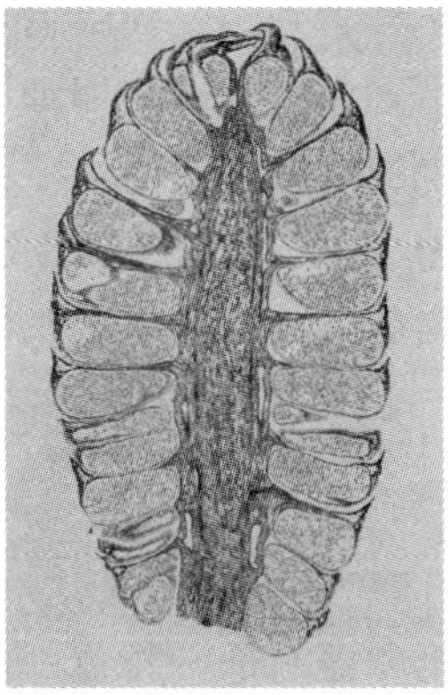

小孢子叶球

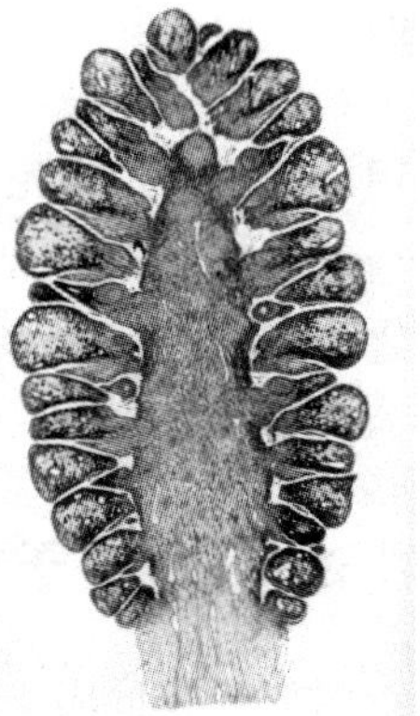

大孢子叶球

图 4－1　松树大、小孢子叶球

二、雌、雄配子体的构造和发育

孢子萌发，形成配子体。配子体是能够产生配子——精子和卵的构造。因此，孢子也可算是配子体的第一个细胞。

雄配子体　小孢子（花粉粒）是雄配子体的第一个细胞，发育形成雄配子体，它们在花粉囊内已经开始萌发，单核的小孢子分裂为两个细胞，其中较小的一个叫第一原叶细胞，较大的一个又分裂成两个细胞，其中一个叫第二原叶细胞，另一个再分裂一次形成一个粉管细胞和一个生殖细胞。此时花粉已达成熟，这种具有四个细胞，即第一原叶细胞、第二原叶细胞、粉管细胞和生殖细胞的成熟花粉粒也就是雄配子体。随着发育，第一、二原叶细胞逐渐消失，仅留下粉管细胞和生殖细胞继续发育。

雌配子体　胚珠中的大孢子是雌配子体的第一个细胞，雌配子体始终在珠心组织内发育。大孢子经多次分裂形成许多游离核。经过冬季，到第二年春天，游离核逐渐形成细胞壁，使雌配子体成为多细胞的结构。裸子植物的雌配子体也可称为胚乳，在雌配子体的近珠孔端形成3～5个颈卵器。颈卵器是裸子植物的雌性生殖器官。每一个颈卵器具数个颈细胞和一个大型的中央细胞，中央细胞在受精前分裂成卵细胞和腹沟细胞，但后者迅速退化消失。

裸子植物的颈卵器和较其更原始的植物（苔藓、蕨类）的颈卵器比较，表现出进一步缩小退化的特点，变得更加简化了。

三、传粉与受精

花粉成熟，由花粉囊散出传到胚珠的过程称为传粉。松属植物以及其他裸子植物都是依靠风来传粉的，这种传粉的方式叫作风媒传粉。

当花粉成熟时，花粉囊开裂，花粉逸出，被风散布。有翅的花粉粒很轻，可随风飘至远方。与此同时，大孢子叶球的珠鳞彼此分开，胚珠分泌出一种黏液，由珠孔溢出。花粉落到珠孔，被分泌的黏液吸引进入珠心组织顶端，此时，珠鳞闭合，雌球花下垂。花粉粒在分泌物的刺激下萌发生长出花粉管。花粉管穿过珠心组织到达颈卵器。在花粉管生长过程中，生殖细胞一分为二，大的一个叫体细胞，小的一个叫柄细胞。体细胞分裂形成两个精子。

此时，颈卵器的颈细胞和腹沟细胞已经消失。花粉管到达颈卵器内，先端破裂，放出两个精子，其中一个精子消失，另一个精子与卵细胞融合。精子与卵细胞融合的过程称为受精。通过受精作用，雌、雄性生殖细胞融合，产生的新细胞叫作合子。合子是由两个单倍体的性细胞——精子和卵细胞融合而成的，因此从合子开始又恢复成为二倍体的细胞。在精子到达卵细胞之前，花粉管内的粉管细胞及柄细胞除对花粉管生长起作用外，以后作为营养物质被吸收而消失。

四、胚与胚乳的发育和种子的形成

受精后，合子经两次分裂形成 4 个自由核，移至卵器基部，排成一层，再经一次分裂产生 8 个核，并形成细胞壁，分上、下两层排列。下层细胞连续分裂二次，形成 16 个细胞，排列成四层，其中第三层细胞伸长形成初生胚柄，将最先端的四个细胞推至颈卵器下的雌配子体——胚乳组织中，此时最先端的四个细胞继续分裂，上部的细胞伸长形成次生胚柄。每行最先端的细胞继续多次分裂，形成相互分离的四个原胚及长而弯曲的胚柄，原胚继续增大形成胚。这种由一个受精卵发育形成几个胚的现象称为多胚现象，这是裸子植物常有的现象。由于胚乳内有数个颈卵器，故受精后一个胚珠内可以产生多个胚，但最后只有一个胚发育，其余的逐渐被吸收而消失。

成熟的胚分化为胚根、胚轴、胚芽和子叶几部分。裸子植物的子叶常为多数。与胚发育的同时，雌配子体继续发育，形成胚乳。珠心组织则逐渐被吸收，胚柄萎缩，残留于种子内，与胚根相连。珠被发育成种皮。这样，整个胚珠形成一粒种子。传粉之后，大孢子叶球也随之增大形成球果。珠鳞木化，形成种鳞。胚珠形成的种子裸露在种鳞上。裸子植物即因此而得名。

松属植物从产生大、小孢子叶球到种子形成，约需二年时间，发育进程如下（表 4－1）：

表 4－1　松属植物种子的形成过程

时间		大孢子叶球	小孢子叶球
第一年	春季	大孢子叶球出现，胚珠形成；产生大孢子母细胞	小孢子叶球出现，产生小孢子母细胞
	夏季	减数分裂形成大孢子	减数分裂形成花粉粒；花粉粒成熟从花粉囊中散出；传粉
	秋季	形成雌配子体	花粉粒萌发，形成花粉管
	冬季	休眠	休眠

（续表）

时　　间		大孢子叶球	小孢子叶球
第二年	春　季	雌配子体进一步发育	花粉管生长并形成精子
	夏　季	颈卵器形成，受精	花粉管生长，受精
	秋　季	胚形成和分化	
	冬　季	胚成熟，整个胚珠形成种子，球果开裂，种子脱落	

第二节　被子植物的有性生殖

被子植物的重要特征之一是具有花的构造。它的胚珠被包在花的子房内，经过传粉、受精，胚珠发育为种子，子房发育成为果实，种子被包在果实内。被子植物即因此而得名。由于被子植物能形成特有的繁殖器官——花，所以又称为有花植物。

从形态发生和解剖构造的特点来看，花是变态的枝条，是节间极度缩短而叶变态成为花的各部分以适应生殖功能的枝条。被子植物复杂的生殖过程，就是从花的形成和开放开始的。

一、花的形态构造及发育

（一）花芽分化

花是由花芽发育来的。当植物由营养生长转入生殖生长时，有些芽的分化随之发生质的变化。芽内的顶端分生组织（即生长点）停止叶原基分化，生长点横向扩大，向上突起并逐渐变平。以后按一定规律先后形成若干轮小突起，这些小突起就是花的各部分的原基，它们是一些幼嫩的细胞群。花原基可以分为花萼原基、花瓣原基、雄蕊原基、雌蕊原基几部分，这些原基发育成花的各部分，这一过程称为花芽分化。花芽形成后，生长锥的分生组织全部分化，生长锥也就不存在了。

花芽在形态上随植物而异，一般花芽比叶芽肥大。有些植物的花芽只分化形成一朵花，如油茶、玉兰、桃等；有些植物一个花芽可分化为许多花而形成花序，如杨属、柳属、板栗、相思树等。

根据形态变化的不同，花芽分化可以分为以下各时期。

（1）前分化期：此期生长点稍尖，从外形上尚分辨不出花芽或叶芽，随后生长点细胞分裂较快，逐渐由尖到圆。

（2）萼片形成期：圆形生长点下侧细胞分裂较快，形成一些小的突起，叫花萼原基，接着每一萼片原基向内弯曲伸长，形成萼片。

（3）花瓣形成期：萼片形成的后期，生长点顶端由圆变平，出现了花瓣原基，花瓣原基以不同速度向相对方向延伸增大，形成花瓣。

（4）雌雄蕊形成期：在花瓣全部形成的同时，生长点四周扩展并稍凹陷，在凹形的生长点上形成许多小突起，中央较大的 3～5 个突起为雌蕊原基。周围的小突起为雄蕊原基，雌雄蕊原基是同时出现的，多层的雄蕊原基围绕着中央的雌蕊原基。

(5) 子房、花药形成期：在雌、雄蕊形成后期，雌蕊下部膨大形成子房，中间有小孔形成子房室，室内开始形成胚珠，这时雄蕊原基开始分化出花药。

花芽分化过程中各种原基的分化秩序，一般是按花萼、花冠、雄蕊、雌蕊的顺序，但也因植物不同而有各种变化，例如石榴是雄蕊最后分化，龙眼是花冠最后分化。图 4－2 为棉花芽分化各时期示意图。

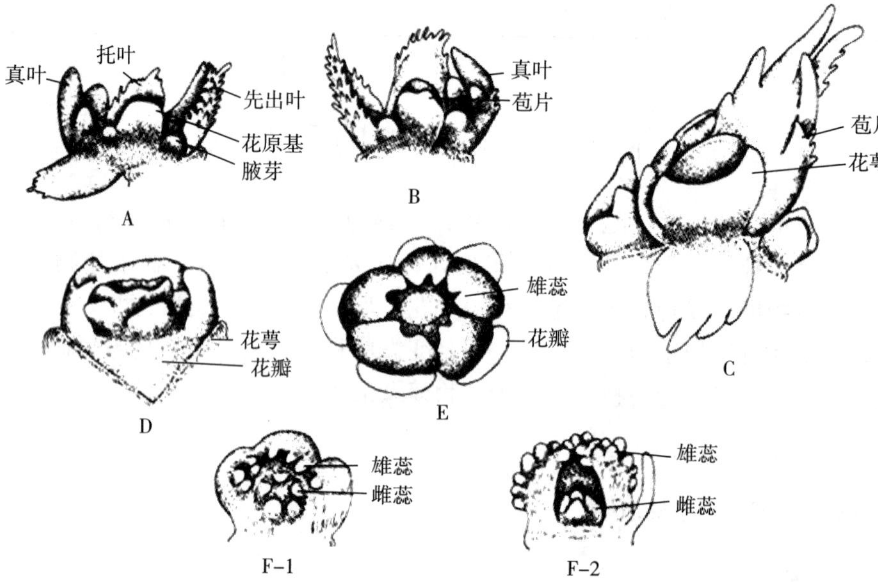

图 4－2　棉花芽分化各时期示意图

A—花原基伸长期；B—苞片分化期；C—花萼分化期；D—花瓣分化期；

E—雄蕊分化期；F—雌蕊分化期（1—顶视，2—侧视）

花芽分化的时间：一般落叶树种（如桃、梨、油桐等）是在开花前一年进行的，分化持续时间也因树种而异。一般在分化出各种花部原基或进一步发育后，花芽即转入休眠，这时可能处于花粉母细胞或造孢细胞阶段，到第二年春季，未成熟的花部原基继续发育直至开花。春夏开花的常绿树木大多在冬季或早春进行花芽分化，如柑橘、油橄榄等；而秋冬开花的则在当年夏季分化，无休眠期，如油茶和茶等。

花芽分化与外界条件有密切关系，充足的养分、适宜的光照和温度以及其他一些条件是促进花芽分化，提高成花率、成果率的关键。在栽培植物过程中所采取的一些措施，如施肥、修剪、灌溉、生长素及赤霉素的应用等，均可达到促进或控制花芽分化的目的。

（二）花的组成部分

花由花梗、花托、花萼、花冠、雄蕊、雌蕊六个部分组成（图 4－3）。花梗是连接茎与花的部分，起支持和输导作用。其长短随植物种类不同而异，有些植物花梗很短或近于无梗，如油茶、茶、板栗等。花梗顶端的膨大部分称为花托，花托的形状有各种变化。花萼、花冠、雄蕊、雌蕊顺次排列在花托上。在一朵花中，花萼、花冠、雄蕊、雌蕊四部分都具备的称为完全花，缺少某些部分的称为不完全花。

花萼和花冠形态多样，特别是花冠在颜色、形状、大小、离合等方面变化很大，是花

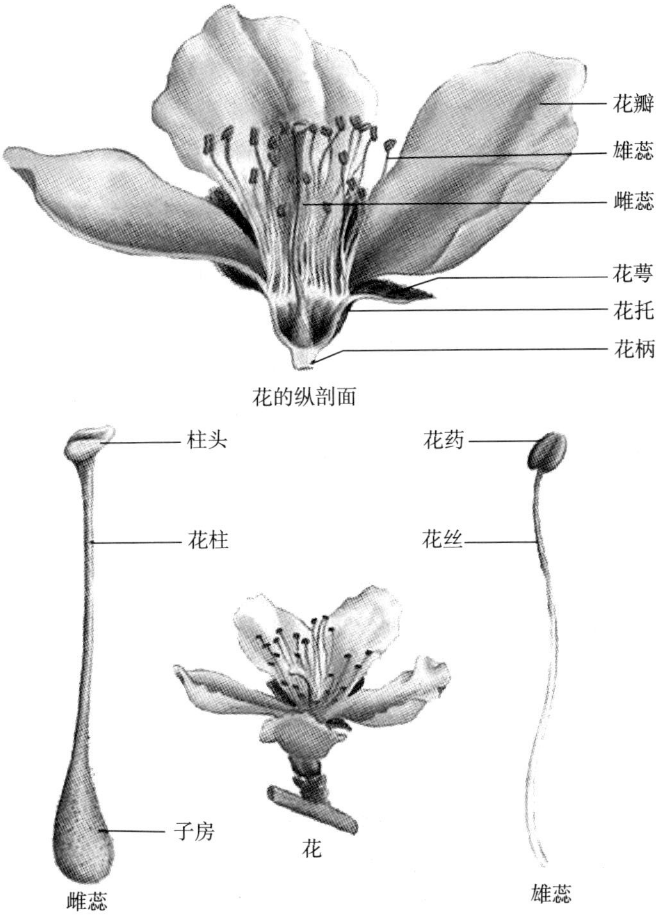

图 4－3　花各部分的模式图

中最显著的部分。

雄蕊和雌蕊是完成生殖功能的主要部分。一朵花中的雄蕊可有一至多枚。每一雄蕊由花丝和花药两部分组成。通常花丝纤细，起支持作用。花药为一囊状结构，着生于花丝顶部，是形成花粉粒的地方。雌蕊位于花的中央，一朵花中可以有一至多数雌蕊。每一雌蕊由柱头、花柱、子房三部分组成。雌蕊的顶端称为柱头，基部膨大部分称为子房，连接子房和柱头的部分称为花柱。从起源上看，雌蕊是由一至数个变态的叶卷合而成的，组成雌蕊的变态叶叫作心皮。心皮边缘联合处的缝线叫作腹缝线，心皮的背部相当于叶的中脉部分，叫作背缝线。心皮卷合而成的腔叫作子房室，而包围子房室的心皮部分叫作子房壁。子房室内生长一至多枚胚珠。胚珠一般着生在子房壁的腹缝线上，胚珠着生的部位称为胎座。由于构成子房的心皮数与心皮离合的方式不同，胎座的形式也有不同。

二、雄蕊的发育与构造

（一）花药的发育、构造与花粉粒的形成

花芽中雄蕊原基形成后，经过生长分化，顶端发育为花药，基部伸长形成花丝。花丝

的构造很简单，最外是一层表皮，表皮以内是基本组织，中央有一维管束，上连花药的药隔，下连花托。

花药是雄蕊的重要组成部分，是产生雄性生殖细胞的地方。大多数植物的花药含有四个花粉囊（小孢子囊），中间以药隔相连，在花粉囊中产生花粉粒。

如图 4－4 所示，发育初期的花药是一团同形的幼嫩的薄壁细胞，外面有一层表皮。随着表皮层的不断扩大，在表皮层四隅处出现细胞核大、细胞质浓的孢原细胞。孢原细胞分裂形成内外两部分组织，外层为细胞壁组织，内层为造孢组织。壁细胞组织继续进行分裂，形成花粉囊的壁。它位于花药表皮之下，分化为三层，即纤维层、中层和绒毡层。

纤维层紧贴表皮之下，开始时是一层生活的薄壁组织，随着发育，细胞壁上出现垂周方向的木化加厚条纹，细胞内原生质体逐渐被吸收消失而成为死细胞。中层位于纤维层内方，由 1～3 层生活的薄壁细胞组成。绒毡层是花粉囊壁的最内一层，细胞较大且排列规则；细胞质浓，且多核，含丰富的淀粉、油脂和类胡萝卜素等，在花粉粒形成过程中起很重要的营养作用。

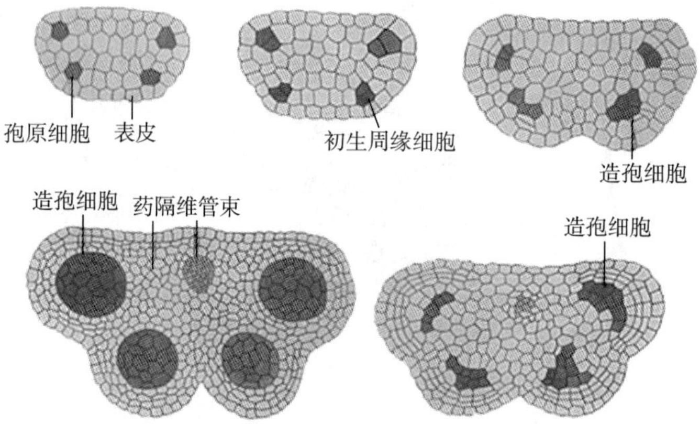

图 4－4　核桃花药的发育

花粉囊内的造孢组织，起初是少数多边形细胞，继续分裂增殖形成花粉母细胞（小孢子母细胞）。花粉母细胞是一些细胞核大、细胞质浓的细胞，在双子叶植物中多呈多边形，紧接在一起，在单子叶植物中则多呈圆形。花粉母细胞经减数分裂，形成四分体。双子叶植物的四分体一般为四面体，因此用显微镜镜检时，只能看到三个细胞，还有一个细胞在其背面。而单子叶植物的四分体一般排在一个平面上，镜检时，可以同时看到四个细胞。以后，四分体的细胞逐渐彼此分离，成为四个单核的花粉粒（小孢子）。但有些植物的由同一花粉母细胞形成的四个花粉粒始终结合在一起，保持四分体的状态，如杜鹃、香蒲的花粉。兰科、萝藦科的花粉粒，多数胶连成块，叫作花粉块。

花粉母细胞经减数分裂产生花粉粒，是有性生殖中必经的一个过程，具有重要的生物学意义。经减数分裂所产生的花粉粒，其核内染色体数为母细胞的一半。因此花粉粒只有一组染色体，是单倍体细胞。

减数分裂是一个活跃的生理过程，细胞内发生核物质的改组。减数分裂过程的时间很短，对外界环境条件的反应很敏感，如低温、干旱、光照不良等都能影响减数分裂的正常进行。如果减数分裂过程受到破坏，就会影响到花粉粒的形成，进而影响正常的结实。因此，这一时期是生产上重要的管理阶段。

减数分裂时可以找到相应的外形上的标志，例如，梨在春季花芽开始萌动而未松开时，剥去芽鳞，花蕾大小不超过火柴头，即为花粉母细胞进行减数分裂的时期。经过减数分裂的花药，表皮开始呈现该植物特有的颜色，如梨为紫红色；桃为黄色后渐变为红色；苹果为黄色。而未经减数分裂的花药则无色。只有掌握了识别减数分裂前后时期的外部形态特征，才便于进行以后的工作。

花药成熟时，花粉囊内包含着大量花粉粒。此时，中层和绒毡层作为花粉发育中的营养物质被吸收而逐渐消失，最后只留下表皮和纤维层。由于干燥失水，纤维层收缩使花粉囊开裂，花粉散出。

（二）花粉粒的发育与雄配子体的形成

最初形成的单核花粉粒，壁薄、细胞质浓厚，核位于中央。随着花粉粒的发育，出现液泡。液泡逐渐增大，占据细胞中央，细胞核逐渐移近细胞壁。此时，花粉粒的壁已增厚成两层，内壁很薄，主要成分是果胶质；外壁增厚并形成各种突起或花纹，含大量花粉素($C_{96}H_{44}O_{24}$)、角质、类胡萝卜素，因而花粉粒常常呈现黄色。外壁上留有不增厚的小孔，称为萌发孔，是花粉管萌发生长的孔道。萌发孔的数目，一般 1～3 个，最多可达几百个。将来花粉萌发时，花粉管即由此长出。

单核花粉粒进一步发育，其核以有丝分裂方式分裂为二。这两个核在形状、大小和功能上有所不同。其中较大的一个通常呈椭圆形或纺锤形，将来分裂形成精子，称为生殖核。由于在它们的周围各有一团细胞质围绕着，因此也分别称为营养细胞和生殖细胞。这个时期的花粉粒称为二核花粉粒。从单核花粉粒到二核花粉粒，也就是被子植物由小孢子萌发成为雄配子体的过程。此后，雄配子体继续发育，在传粉前后，生殖核还要再分裂一次，形成两个精子。大多数植物的精子是在传粉之后，在花粉管里形成的。传粉时，花粉粒尚处于二核时期，称为二核花粉；但有些植物的精子是在传粉之前，在花粉粒内形成的，传粉时，花粉粒已处于三核时期，称为三核花粉。有人研究过 147 个科植物的花粉，发现传粉时，有 73% 是二核花粉，如木兰科、毛茛科、蔷薇科、豆科、大戟科等；而三核花粉则较少，多见于禾本科、菊科等；还有一些植物在传粉时同时具有二核及三核两种状态的花粉，如百合。花粉粒的大小一般为 10～50 微米，桃约 25 微米，柑橘约 30 微米，油茶为约 40 微米，而南瓜的花粉粒则可达 200 微米。花粉粒的形状、外壁上的突起花纹、萌发孔、沟的数目、形状和分布等，各种植物都不相同，见图 4－5 所示。

由于每种植物的花粉粒在形状、大小和构造上都有自己的特征，因此，根据花粉粒的形态，可以鉴定植物。尤其是在化石植物的鉴定上，花粉分析相当重要，近代已经成为一种专门的学科。花粉形态已成为古植物学、地质学、植物分类学研究中的重要依据。

花粉粒的内含物主要贮藏于营养物质的细胞质中，包括营养物质、各种生理活性物质和盐类。花粉贮藏的营养物质以淀粉和脂脉为主。此外，细胞质内含有果糖、葡萄糖、蔗糖、蛋白质以及人体必需的多种氨基酸。这些物质对花粉生活力的保持及花粉管的萌发生长起着重要的作用。

花粉的寿命因植物种类和环境条件而异。一般三核花粉的寿命均短，如水稻的花粉散

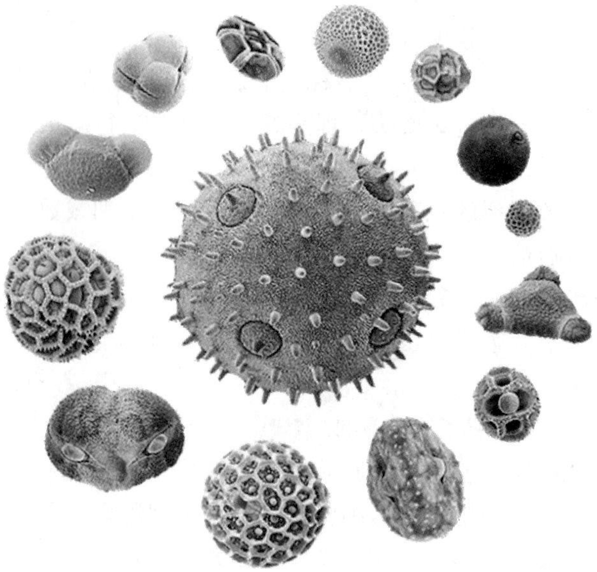

图 4-5　不同植物的花粉粒

出后只能生活几分钟。树木花粉的寿命一般较长，在干燥、凉爽的条件下，柑橘 40～50 天，椴树 45 天，苹果 10～70 天，樱桃 30～100 天，麻栎一年。由于花粉粒具有这种特殊的适应能力，所以能够传布到很远的地方而不丧失生活力以完成传粉作用。一般低温、干燥、低氧、高二氧化碳，能降低花粉的代谢活动，延长花粉的寿命。创造适当的条件，保持花粉的生活力，对人工授粉、有性杂交工作具有重要意义。

从孢原细胞形成，到雄配子产生，经历过程简示如下：

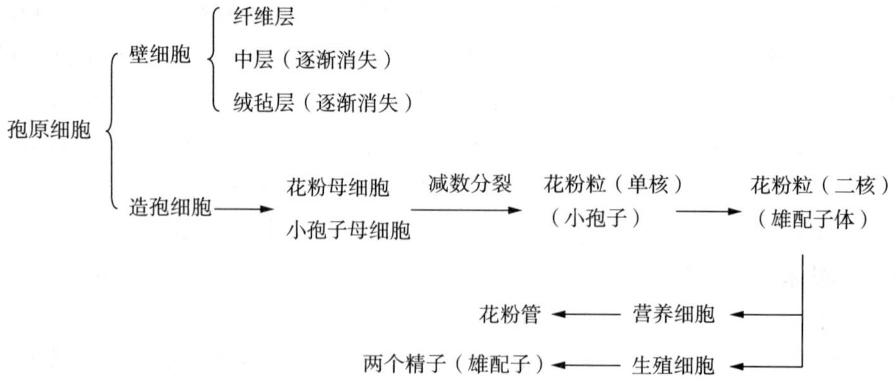

三、雌蕊的发育与构造

花芽形成雌蕊原基后，经过生长分化，上部发育为花柱及柱头，基部闭合而成子房。柱头外面包被有表皮，内为基本组织。表皮细胞常为乳头状突起或具各种形状的毛。表皮细胞含丰富的细胞质，能分泌由多种酶、糖及其他物质组成的柱头液，有促进花粉萌发的作用。柱头有各种形态，如风媒植物的柱头多呈长羽毛状，虫媒植物则多为带黏液的圆盘状。柱头的这些形态构造与接受和选择花粉的功能是相适应的。

花柱的最外层为表皮，内为基本组织。有的植物花柱是实心的，如核桃等；有的是空心的，花柱中央有一条孔道，从柱头通向子房，是将来花粉管生长的通道，如油茶。

子房是雌蕊极其重要的部分，构造比较复杂。子房外面有一层子房壁，内包藏着胚珠。子房壁的内外两面都有一层表皮，在表皮上具气孔或表皮毛，两层表皮之间为基本组织。在背缝线处有一较大的维管束，在腹缝线处有两个较小的维管束。通常在腹缝线上着生一至多枚胚珠（大孢子囊）。胚珠是形成雌性生殖细胞的地方。子房内的子房室数和胚珠数，因植物种类不同而异。如核桃是二心皮、一室、一胚珠；桃是一心皮、一室、两胚珠；油茶是 2～5 心皮，2～5 室，每室 2 至多枚胚珠；泡桐是二心皮、二室，每室胚珠多达 500 多个。胚珠着生的部位叫胎座。

（一）胚珠的发育与构造

胚珠是由心皮腹缝线上的突起经分裂生长而形成的（图 4－6）。胚珠发生时，最初是胎座上一个突起，是一团幼嫩的细胞，称为珠心。以后在珠心基部又产生一环小突起，小突起渐次成长，逐渐将珠心包围起来，形成珠被。珠被在珠心的顶端留一小孔，叫作珠孔。有的植物只有一层珠被，如核桃；而有的植物则具内外两层珠被，如油茶。珠心基部与珠被联合的部位称为合点。胚珠基部以一短柄着生于胎座上，这个短柄叫珠柄。胚珠通常呈卵形。根据珠孔、合点和珠柄的相互位置的变化，可以把胚珠分为直生、倒生、横生、弯生等不同类型。

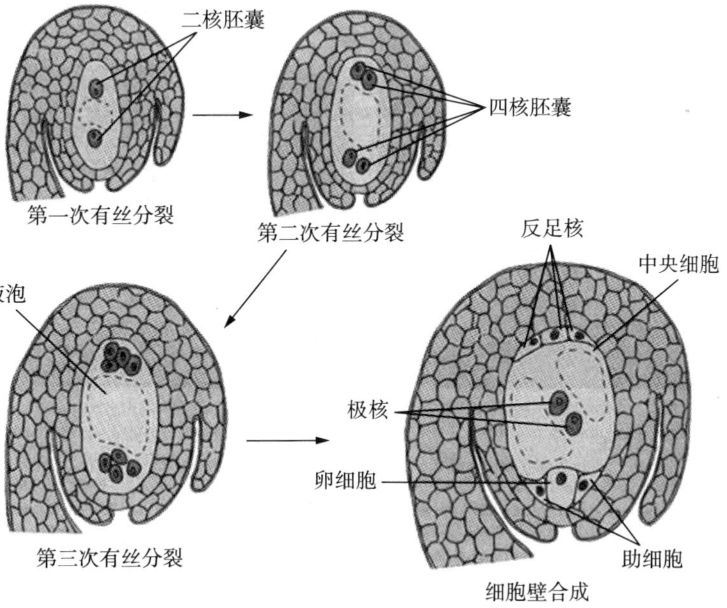

图 4－6 核桃胚珠及胚囊发育构造简图

（二）胚囊的发育与构造

在胚珠发育的同时，珠心组织中形成一个较大的细胞叫胚囊母细胞，经减数分裂形成四分体，即四个大孢子。四个细胞沿珠心排成一行，其中靠近珠孔端的三个消失，仅留离珠孔端最远的一个继续发育形成胚囊，这种形成大孢子的方式是被子植物中较为常见的类型。

胚囊母细胞减数分裂时，也可形成二分体，其中一个消失，一个继续发育成胚囊，如油茶。无论是二分体还是四分体，每个细胞的染色体均为单倍的。

由大孢子最初开始发育的胚囊是一个大型的单核细胞，随后胚囊的核连续三次分裂，第一次分裂为二核，移至胚囊的两端，形成二核胚囊；二核胚囊连续进行二次分裂，形成四核胚囊及八核胚囊。以后八核胚囊两端各有一核移至胚囊中部，称为极核。极核有的立即融合成一个具二倍染色体的次生核；有的则在受精时才融合。位于胚囊两端的核进一步分化，每个核各自包围一层浓厚的细胞质。近珠孔端的三个细胞分化为中央的卵细胞和两侧的两个助细胞，由它们组成被子植物的雌性生殖器官——卵器；在合点端的三个裸细胞称为反足细胞，如核桃。有些植物不形成细胞而是形成三个反足核，如油茶。八核胚囊发育至此即为成熟胚囊，也就是被子植物的雌配子体。有的植物的珠心组织特别发达，直到胚囊成熟时，仍有大量珠心细胞包围胚囊，如核桃（图 4－7）；有些植物珠心细胞很少，胚囊成熟时，珠心细胞全部消失，这种类型的胚珠，其珠被的最内一层细胞常常较大，贮藏大量的养料，称为珠被绒毡层，如油茶。

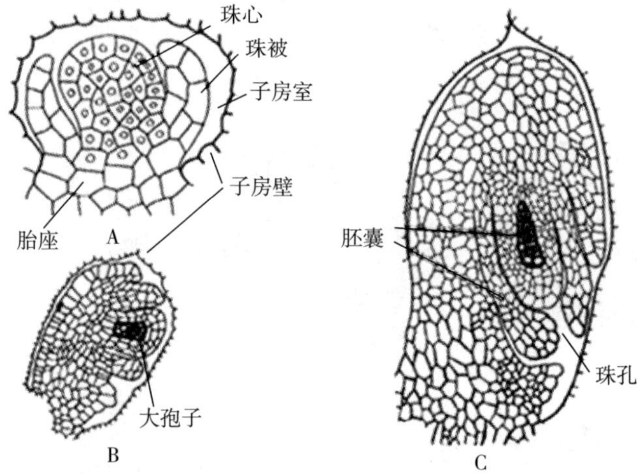

图 4－7　核桃成熟胚囊的构造

胚囊发育过程简示如下：

胚囊母细胞（大孢子母细胞） —减数分裂→ 四分体（三个细胞消失，一个继续发育） → 单核胚囊（大孢子） → 二核胚囊 → 四核胚囊 → 八核胚囊 → 成熟胚囊（雌配子体）

成熟胚囊（雌配子体）：
- 卵细胞（雌配子）1个
- 助细胞 2个
- 反足细胞 3个
- 极核 2个

在胚囊的整个发育过程中，各阶段都有不同的类型出现。如胚囊母细胞经减数分裂可形成四分孢子（如核桃及大多数被子植物），也可形成二分孢子（如油茶等）。在成熟胚囊中，除卵细胞以外，助细胞、反足细胞和极核的有无、数目以及排列位置等，都有不同的变化，出现其他一些类型。

四、开花与传粉

（一）开花

一般说，当花药成熟，花粉囊将要裂开时，花萼、花冠展开，进入开花传粉阶段。开花时，雄蕊及雌蕊露出，以利于传粉。其外部形态标志是：雄蕊花丝挺立，花药呈现该植物特有的颜色；雌蕊柱头分泌柱头液，如柱头是分裂的，则裂片张开，如柱头上有腺毛的，则腺毛突起以利于接受花粉。

某一种植物开始开花的年龄、开花的季节、开花期的长短以及一朵花开放的具体时间和开放持续时间，都随植物的种类不同而异，甚至同种树木的不同品种也会有差别。林木、果树及其他多年生植物第一次开花的年龄相差很大，如桃 3～5 年，柑橘 6～8 年，桦木 10～12 年，麻栎 10～20 年，椴树 20～25 年，以后则每年开花。而一年生、二年生植物则一生仅开一次花。花期的长短取决于植物的特性，同时，在某种程度上也受生态条件的影响。如纬度、海拔、气温、光照、湿度、营养状况等的变化都可能引起植物开花的提早或推迟。

掌握植物开花的习性及开花的条件，在林木、果树栽培和杂交育种实践中具有重要的意义，以便控制花期及选择最适宜的时期进行人工授粉。

（二）传粉

开花以后，花药开裂，花粉以各种不同的方式传送到雌蕊的柱头上，这一过程叫作传粉。传粉的方式大致可分为两类，即自花传粉和异花传粉。

1. 自花传粉与异花传粉

雄蕊的花粉落到同一朵花的雌蕊的柱头上，叫作自花传粉。在果树栽培中，自花传粉一般是指同一品种内的传粉。在林业上，则是指同一植株内的传粉。在自花传粉中，往往有闭花受精现象，即在花蕾中就已进行了传粉受精，如豌豆、花生、森林中生长的奇异堇菜都有闭花受精的现象。

一朵花的花粉传到另一朵花的柱头上，称为异花传粉。在果树栽培中，异花传粉一般是指不同品种之间的传粉。在林业上，异花传粉则是指不同植株间的传粉。

植物传粉，必须借助于一定的媒介，在自然条件下，花粉主要靠风力和昆虫传播。靠风传粉的植物叫风媒植物，如核桃、麻栎、桦木、杨树等，它们的花叫风媒花。靠昆虫传粉的植物叫虫媒植物，如泡桐、油桐以及一般果树等，它们的花叫虫媒花。

风媒花一般很小，不具鲜艳的颜色，甚至花被完全退化，成为无被花，同时也无蜜腺及香味。风媒花一般能产生大量的花粉，花粉粒细小光滑，干燥而轻，易于被风吹送。据测定，有些风媒植物的花粉可以被风吹到 2 000 米以上的高空，一般高度也可达 500 米以上；水平传播的范围也可达 2 000 米。太远的距离花粉粒已很稀少，授粉机会就大大减少，故有效传粉范围一般认为是 300～500 米。由于风媒传粉是靠自然机会来实现的，因而能够落在雌蕊柱头上的花粉仅仅是雄蕊散出的花粉的一小部分，而大部分花粉实际上都无意义地消耗了，因此风媒植物之所以产生大量的花粉也是一种对于传粉的适应。许多风媒植物的花集生成柔软下垂的花序（如杨柳科、壳斗科等植物），微风吹拂，花序不停摆动，散出花粉。有些风媒植物的雄蕊，花丝细长，花药着生位置也易于摆动散粉；而雌蕊的柱头部分分裂并成羽毛状，以扩大表面积增加接受花粉的机会。除此，风媒植物大多数在早春开花，多在放叶前或与放叶同时开花，这样浮游在空气中的花粉不易被大量枝叶所阻碍而利于花粉的传送。

虫媒花一般具有鲜艳美丽的花被，花被颜色形状的变化很多，有芳香的气味或其他气味，有分泌花蜜的蜜腺。色、香、蜜三者是引诱昆虫传粉的适应，或者三者兼有，或者仅有一二。虫媒花种类很多，如大多数的果树、花卉等。传粉的昆虫种类也很多，如蜂、蝶、蛾、蚁、蝇等。花和昆虫之间产生了各种巧妙的适应关系，如花的大小、花的构造和蜜腺的位置，与虫体的大小、口器的结构等都是密切相关的。

但是风媒和虫媒并不是绝对的，有些虫媒植物如椴树、油茶也可以借风力传送花粉，白蜡则有从虫媒转化为风媒的趋势。

除风媒、虫媒外，一些水生植物借水传送花粉，称为水媒传粉，如金鱼藻和茨藻。

2. 自花传粉与异花传粉的生物学意义

达尔文对传粉问题进行了多年的观察研究，早在1876年他发表的《植物界异花传粉和自花传粉的作用》一文中就指出：植物连续自花传粉是有害的，异花传粉是有益的。由异花传粉所得的后代，植株高大，生活力强，结实率高，抗逆性也较强。

大量的生产实践和科学实验的事实证明了达尔文理论的正确性。自花传粉的栽培植物，如果任其长期连续地进行自花传粉，三四十年后就会发生衰退，成为毫无栽培价值的品种。这表明，“自花传粉有害，异花传粉有益”是自然界的一个规律。

既然异花传粉有益，自花传粉有害，为什么自然界还存在自花传粉的植物呢？这是由于植物的自花传粉是在异花传粉条件缺乏的情况下，对繁殖的一种特别的适应。达尔文指出：“很显然，对植物来说，用自体受精的方法来繁殖种子，总比完全不繁殖或繁殖很少量的种子来得好些。”自花传粉，在某些情况下，仍然是生物学上的有利特性。在不适于异花传粉的情况下，例如，早春太冷或风雨太多，影响了昆虫的活动，自花传粉和严格的异花传粉相比，就具有一定的优越性。实际上，植物的自花传粉是在不具备异花传粉的条件下，长期适应的结果。在自然情况下，异花传粉的植物在条件不具备时，也有自花传粉现象。同样，自花传粉的植物，在一定条件下，也可以进行异花传粉。

3. 植物对异花传粉的适应

自然界虽然有自花传粉的植物，但仍以异花传粉的种类为多，特别是在树木中更多。一般说，植物在长期进化过程中形成了种种特殊的性状，以适应异花传粉。

（1）雌雄异株：有些植物仅具单性花，而雄花和雌花又分别生于不同的植株上，称为雌雄异株，如杨、柳、杜仲、羽叶槭等。在这种情况下，植物是严格的异株异花传粉。

（2）雌雄异熟：有些植物虽为两性花，但雄蕊和雌蕊并不同时成熟，或者雄蕊先熟，在花粉散布时，同株花的雌蕊尚未成熟，不能受粉。雄蕊先熟的情况比较普遍，如泡桐。或者是雌蕊先熟，在花粉散布时，同株花的雌蕊，柱头已萎，不再受粉，如柑橘。

（3）花柱异长：有的植物可以产生两种花，一种为花柱长，花丝短的花，叫长柱花；

一种为花柱短，花丝长的花，叫短柱花，如中国樱草、荞麦都属这种。传粉时，较多的可能是短柱花的花粉落在长柱花的柱头上，避免或减少了自花传粉的机会。

（4）柱头的选择性：柱头分泌的柱头液，除供给花粉的营养外，主要有刺激花粉萌发生长的作用，并对不同的花粉具有选择性。如对同花或同株的花粉，柱头液具有抑制作用，使其不能萌发或生长缓慢，而对异株花粉，则有促进作用，使其花粉萌发并生长很快，这样，保证了植物的异体受精。

五、受精作用

（一）花粉的萌发与生长

花粉粒传送到柱头上后，生理上有亲和性的花粉粒在柱头液的影响下开始萌发。花粉粒从柱头分泌物中吸收水分膨胀，内壁从萌发孔向外突起形成细长的花粉管（图 4－8），内含物流入管内。花粉管不断伸长，经花柱进入子房，最后直达胚囊（图 4－9）。花粉管生长时，细胞质处于运动状态。如为二核期花粉粒，生殖细胞和营养细胞随之进入花粉管先端，一般营养细胞在前，生殖细胞在花粉管中分裂一次形成两个精子。如为三核花粉，营养细胞和两个精子都进入花粉管中。花粉管生长的途径各不相同。有的植物花柱中空，花柱内表皮细胞分泌黏液充满空腔，在这种花柱中，一般花粉管都是沿内表皮生长，最常见的如罂粟、百合、油茶。有些植物的花柱是封闭的，如核桃，其中花柱中的部分细胞转化成贯穿于花柱中的特殊的引导组织，花粉管沿引导组织伸入，或花粉管分泌酶使花柱细胞胞间层溶解而沿胞间隙伸入。花粉管进入子房后，直趋珠孔，通过珠孔进入珠心，最后进入胚囊，称为珠孔受精，如油茶及大多数植物都是这种类型。有些植物，花粉管进入子房后，沿子房壁内表皮经合点进入胚囊，叫合点受精。

花粉管在花柱中的生长速度因植物的种类及外界条件差异而不同。木本植物一般较慢。如桃受粉后 10～12 小时花粉管到达胚珠，柑橘需 30 小时，核桃需 72 小时，白栎和槲栎约需 2 个月，而栓皮栎、麻栎等则需 14 个月才受精。草本植物一般较快，如水稻、小麦从受粉到花粉管到达胚囊约 30 分钟，菊科的橡胶草需 15～30 分钟，蚕豆需 14～16 小时。影响花粉管生长快慢的外界条件主要是温度。在适宜温度范围内，温度越高生长越

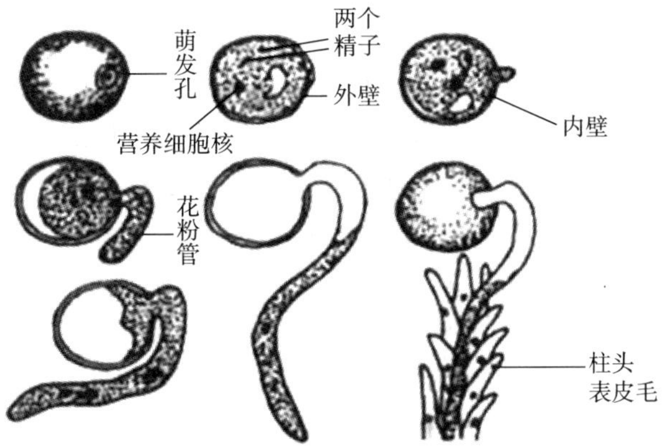

图 4－8　水稻花粉管的生长及形成

快，如小麦的花粉管，10℃时2小时可达胚珠，20℃时则需30分钟，30℃时仅需15分钟即可到达。此外，花粉生活力的高低、亲本亲缘关系的远近、花粉数量的多少等都是影响花粉管生长速度的因素。

从传粉到受精的整个过程中，花粉管与雌蕊组织之间是一种相互同化的关系。一方面花粉要吸收同化雌蕊的物质，特别是要受到柱头液的刺激才能萌发生长，另一方面花粉与花粉管也能分泌一些物质，引起雌蕊组织的一系列变化，使大量营养物质流入花柱和子房，从而使受精过程能够顺利进行。

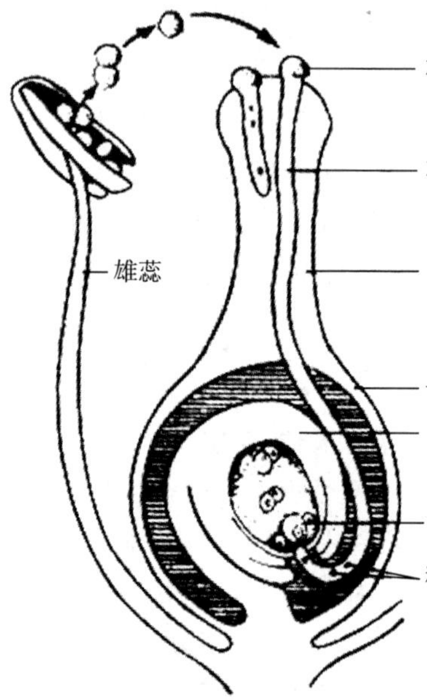

图4-9 松属的传粉作用和花粉管的生长

（二）被子植物的双受精现象

当花粉管进入胚囊时，先端破裂，两个精子由花粉管进入胚囊。其中一个精子与卵细胞结合，形成二倍体的合子，将来发育成胚；另一个精子与极核结合形成三倍染色体的初生胚乳核。这种两个精子分别与卵和极核结合的现象，称为双受精（图4-10）。双受精是进化过程中被子植物所特有的现象。

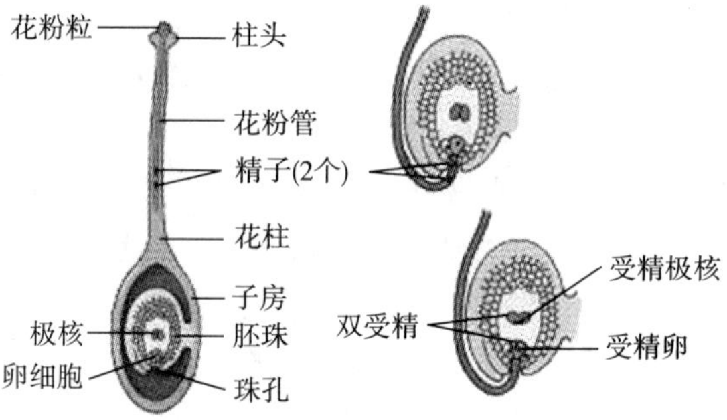

图4-10 被子植物的双受精

精子进入胚囊的途径，可以从卵细胞和助细胞之间进入，也可从助细胞与胚囊壁之间进入，或直接穿入助细胞而进入。受精前后胚囊中的其他细胞也有种种不同的变化。有的受精前一个助细胞消失；有的两个助细胞均处于退化状态。受精后一般两个助细胞全部消失。反足细胞有的在受精前消失，如油茶等；有的在受精后消失，如核桃等；还有一些植物反足细胞可以增多形成细胞群，成为胚及胚乳发育过程中的养料，最后全部消失，如毛竹。

近年来，根据用电镜对受精过程的观察，被子植物如棉花、玉米、矮牵牛等在受精前卵细胞中细胞器稀疏。卵朝向合点端的细胞壁在成熟时消失，这可能与受精过程中精子的进入有关。受精后的主要变化是细胞器进行分离和重组，以及新细胞壁物质合成，等等。在裸子植物中，通过电镜观察，建立了“新细胞质”的概念。新细胞质中的细胞器来源于雄细胞，这表明在受精过程中，除雌、雄核融合以外，雌、雄细胞质也进行了融合。

受精作用实质上是雄性生殖细胞（精子）和雌性生殖细胞（卵细胞）相互同化的复杂的代谢过程。相互同化的结果——产生的合子（受精卵）是具有双重遗传性的新细胞。由受精作用所得的后代，一般来说，除具父母本的遗传特性外，还具有较强的生活力和适应性。这是由于雌雄配子之间存在着差异的缘故。差异就是矛盾，而内在的矛盾是事物运动和发展的源泉。受精作用中，雌雄配子的差异决定了受精后合子的新性状。如异花传粉比自花传粉产生的后代生活力强，就是由于异花传粉的两个配子之间比自花传粉的配子之间的差异大，带有丰富的遗传性的缘故。

被子植物的双受精作用具有特殊的生物学意义。因为双受精不仅使合子或由合子发育成的胚具有父母双方丰富的遗传特性，而且作为胚发育中的营养来源的胚乳，也是通过受精而来的，因而也带有父母双方的遗传特性。这就使产生的后代具有更深的父母遗传特性，以及更强的生活力和适应性。因此，被子植物的双受精，加上其他各种形态构造上的进化适应，使它们成为地球上适应性最强、构造最完善、种类最多、分布最广、在植物界中占绝对优势的类群。

（三）受精的多重性

通常落在柱头上的花粉粒数目很多，萌发生长成花粉管的也很多。一般情况是每一胚珠有一花粉管进入胚囊，进行受精。但有时是几个花粉管进入胚囊，同时也就会有多数精子进入胚囊。这种多数花粉粒萌发、多花粉管生长、多精子进入胚囊的现象，就是受精的多重性。多量花粉的存在，对花粉的萌发生长是有促进作用的。有人研究过山茶属、鸢尾属、月见草属、山黎豆属的花粉，分别用 1 粒、2 粒、3 粒、4 粒……不同的组合播种在培养基上，结果发现聚在一起的花粉越多，萌发率越高，生长越快。其他一些实验也都表明多余的花粉对受精作用是有影响的，它们也参与了相互同化的过程。同样，多花粉管入胚囊、多精子入胚囊以及多精子入卵等，都能不同程度地影响受精作用、胚与胚乳的发育。

（四）受精的选择性

在自然状态下，被传送到柱头上的花粉是各式各样的，有同株的花粉，有同种而异株的花粉，也有不同的花粉。在这些花粉中，有些能萌发，有的不能萌发。有的花粉管生长快，有的则生长慢。结果只有一定的花粉粒所产生的精子能够与卵结合。这表明受精是有选择性的，这种现象称为选择受精。这是由于柱头、花柱、子房和胚囊的分泌物对于那些生理上相适应、具亲和力的花粉来说是最好的营养物质，并能刺激它们迅速地萌发生长，形成花粉管，把精子送入胚囊。而卵细胞也只和那些生理上相适应、具亲和力的精子结合以完成受精过程。受精的选择性是在长期自然选择的条件下形成的，是生物适应性的一种表现。由此即可避免自花受精或近亲繁殖，从而保证了后代生活力的提高和适应性的增强。

开花、传粉和受精的规律是植物遗传和育种工作的理论基础。生产实践广泛采用人工授粉、有性杂交以获得新品种，提高结实率，获得生活力强的后代等，都是上述基本规律的应用。

六、种子和果实

植物经开花、传粉和受精后，雌蕊发生了一系列变化，胚珠发育成种子，子房则发育成果实，直到种子和果实成熟，才算完成了整个生殖过程。

（一）种子的形成

胚珠由珠被、珠心组成。珠心中形成胚囊，成熟的胚囊里有卵细胞、助细胞、极核和反足细胞。受精后，合子发育成胚，初生胚乳核发育成胚乳，珠被则发育成种皮。大多数植物的珠心、助细胞和反足细胞则被吸收而消失，整个胚珠发育成种子。

1. 胚的发育

受精后，合子经过一定时间的休眠后才开始发育，休眠期的长短随植物种类不同而异，并与环境条件有密切的关系。

胚的发育有许多种类型，现以油茶（图 4 - 11）和核桃为例比较说明。

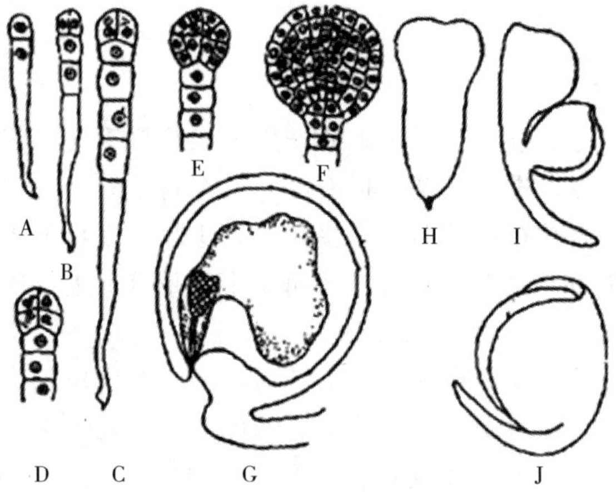

图 4 - 11　油茶胚的发育

A～F—原胚期；G，H—幼胚期（胚体心形具狭长的胚柄）；I，J—成熟胚期（子叶折叠包裹胚轴和胚根）

油茶的受精卵，经过休眠后，进行横向分裂形成两个细胞，近珠孔的一个叫基细胞，另一个叫末端细胞。基细胞以后不再分裂，长大成泡状结构，具吸收功能。末端细胞经多次分裂，基部形成一列细胞，称为胚柄。而顶端的两侧的 2～3 层细胞再进行多次分裂，形成多细胞的球形原胚；原胚继续分裂分化，形成多细胞的球形胚；球形胚继续增大和分化，由于各部分生长的速度不同，在顶端的两侧生长较快形成两个突起；突起继续生长形成胚的两个子叶；子叶之间的小突起是胚芽，在胚芽相对的一端形成胚根，胚芽和胚根之间的连接部位称为胚轴，这样，形成了胚。胚实际上是由一团幼嫩的、具分裂能力的、有极性分化的细胞组成的。合子是新的有机体的第一个细胞，而胚则已经是植物体的原始体了。

核桃的受精卵，经休眠后，分裂形成的原胚，不产生胚柄。在原胚顶端继续分裂分化形成两个对称的子叶。

单子叶植物的两个子叶生长不对称，只有一个子叶长大。

多胚现象　在一般情况下，一粒种子只有一个胚，萌发只长出一株幼苗。但有些植物的种子里含有两个以上的胚，这叫多胚现象。例如柑橘类植物的多胚现象是较普遍的。多胚的出现，可以由合子分裂产生，裸子植物的多胚就是这一类；也可以由胚囊中形成多个卵细胞受精而产生，例如油茶胚囊中，有少数可形成两套卵器。两个卵细胞分别受精形成两个胚。以上这两种情况都是经过配子融合所产生的胚，是二倍体的，具有两亲本的遗传特性以及较强的生活力和适应性，且容易产生变异。此外也有由卵细胞、助细胞甚至反足细胞不经过受精作用发育成胚的，这样产生的胚，是单倍体的，常是不发育的。有的植物可由胚囊外珠心或珠被细胞发育成胚，如柑橘。这种胚是二倍体的，是可育的。但这种胚没有经过受精作用，因而只有母本的遗传特性，能比较好地保持亲本的优良特性。因此，对于能形成多胚的果树，如选择这种未经受精的无性胚，常能得到保持原有优良品质的植株。上述种种不通过受精作用而产生胚的现象，统称为无融合生殖。

2. 胚乳的发育

被子植物的胚乳，是极核受精后发育而成的，一般是三倍体。而裸子植物的胚乳，是由雌配子体发育成的，为单倍体，仅具母本特性。

极核受精后形成的初生胚乳核，不经休眠，即开始核分裂。但每次核分裂后，暂不进行胞质分裂，因而形成很多游离核。最初所有的游离核沿胚囊边缘分布，整个胚囊内充满着含蛋白质、脂肪和淀粉的乳状物质。椰子及禾谷类作物种子的乳熟期就是这个时期。随后，核继续分裂，逐渐分布到胚囊中央，最后，游离核布满了整个胚囊。与此同时，从胚囊边缘开始逐渐产生细胞壁，并进行胞质分裂，形成胚乳细胞，并由边缘向中心发展。以这种方式形成的胚乳叫核型胚乳。大多数植物的胚乳都是这种类型。

有些植物的胚乳，在形成初生胚乳核后，每次分裂都随之进行胞质分裂，产生细胞壁，成为多细胞结构，而不经过游离核时期，这种类型叫细胞型胚乳，见于大多数合瓣花植物。

胚乳在胚的发育中起着重要的作用，胚的发育依赖于胚乳的发育，胚乳初期阶段主要供给胚发育所需的营养物质，胚乳后期则成为贮藏养料的组织，以备种子萌发时需要。有些植物的种子，当胚发育时，胚乳被胚全部吸收，其中养料完全移到子叶中。因此，种子成熟后胚乳消失而子叶特别肥大，成为无胚乳种子，如豆科、蔷薇科、壳斗科等植物的种子。另一些植物，成熟的种子的胚乳将胚包围在内，成为有胚乳种子，如大戟科、柿科等植物的种子。

大多数植物的种子，当胚和胚乳发育的时候，胚囊外的珠心组织全部被吸收。但也有些植物，如胡椒科、藜科、石竹科等植物珠心组织始终存在，在种子成熟时，珠心组织发展为一种类似胚乳的贮藏组织，包在胚乳之外，叫外胚乳。

3. 种皮的形成

种皮是由珠被发育而成的。受精后，在胚和胚乳发育的同时，珠被发育成种皮，包在种子的最外面起保护作用。具两层珠被的胚珠，常形成两层种皮，外珠被形成外种皮，内珠被形成内种皮。但有些植物，如毛茛科、豆科等，其内珠被在种子形成过程中全部被吸收而消失，也只有一层种皮。具一层珠被的胚珠，形成种子时一般只具一层种皮。

一般外种皮常坚而厚，由木化或角化的厚壁组织组成，有各种色泽和花纹。有些植物的种子，外种皮具有其他附属物，如梓属的种皮延伸成翅；杨、柳种子基部则有由珠柄发育而成的长毛。有些种子的外种皮成为肉质的，如南蛇藤、石榴。内种皮一般薄而柔软，由于其细胞中的养料在种子发育过程中常被吸收，故细胞常呈解体状态。也有一些植物的外种皮、内种皮是不易区分的。

除种皮外，少数植物具有假种皮。例如，荔枝、龙眼的食用部分就是假种皮，卫矛种子具橙红色的假种皮。假种皮是受精后，由珠柄或胎座发育成的，包在种皮外面或包被种子的一部分。

（二）果实的形成

卵细胞受精后，花各部分随之发生显著变化，通常花瓣凋谢，花萼枯落，少数植物的花萼宿存，雄蕊和花柱、柱头也都枯萎，仅子房继续发育增大，形成果实。果实包括由胚珠发育形成的种子和包在种子外面的果皮。果皮是由子房壁发育形成的。果皮部分的变化很多，因而形成了各种不同类型的果实。

在一般情况下，植物的果实纯由子房发育而成，这种果实称为真果，如桃、杏等。有些植物的果实，除子房外，还有花的其他部分（如花托、花被等）参加发育，和子房一起形成果实，这种果实称为假果，如梨、苹果、石榴等。见图 4－12 所示。

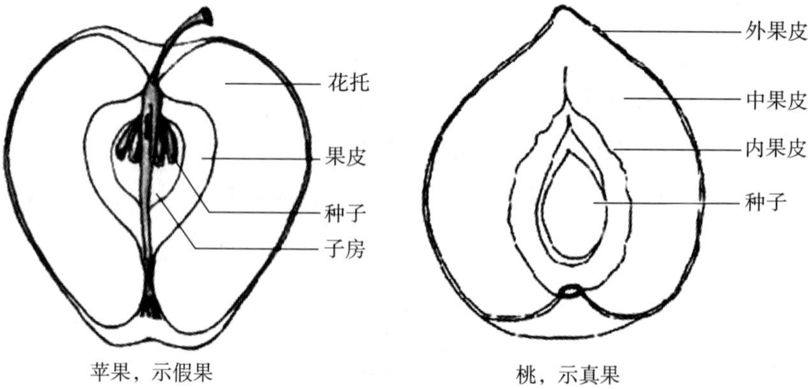

苹果，示假果　　桃，示真果

图 4－12　果实的构造

果皮的构造可分外果皮、中果皮、内果皮三层。外果皮一般很薄，只有 1～2 层细胞，通常具角质层和气孔，有时还有蜡粉和毛。幼果的果皮细胞中含有许多叶绿体，因此呈绿色。果实成熟时，果皮细胞中产生花青素或有色体，所以显出红、橙、黄等各种颜色。中果皮很厚，占整个果皮的大部分，在结构上各种植物差异很大。如桃、李、杏的中果皮为肉质，全部由薄壁细胞组成；刺槐、豌豆的中果皮成熟时为革质，由薄壁细胞和厚壁细胞组成。中果皮内有维管束分布，有的维管束非常发达，形成复杂的网状结构，如丝瓜络、橘络。内果皮变化也很大，有些植物的内果皮细胞木化加厚，非常坚硬，如桃、李、核桃、椰子、油橄榄等；有的内果皮的表皮毛变成肉质化的汁囊，如柑橘的果实，我们食用的部分就是其内果皮的腺毛形成的。有些果实成熟时内果皮分离成单个的浆汁细胞，如葡萄、番茄。

虽然果皮的构造可分三层，但是由于植物种类不同，果皮的结构、色泽、质地以及各层发育的程度，变化是很大的，有时三层结构不易区分出来。

为了得到完整的花、果实、种子发育过程的概念，现归纳图解如下（图 4－13）。

- 花柄……果柄 ⎫
- 花托……残留或发育为假果 ⎬ 附属物（假果）
- 花萼……宿存或脱落 ⎭
- 花冠……通常脱落
- 雄蕊
  - 花药—花粉粒—花粉管
    - 营养细胞（管细胞）……解体
    - 生殖细胞
      - 精细胞1
      - 精细胞2
  - 花丝……凋萎
- 雌蕊
  - 柱头、花柱……凋萎
  - 子房（果实）
    - 子房壁
      - 外层……外果皮
      - 中层……中果皮 } 果皮
      - 内层……内果皮
    - 胎座…发育变形成假种皮
    - 胚珠（种子）
      - 珠柄—种柄，脱落后在种皮上留下的疤痕为种脐
      - 珠被
        - 外珠被—外种皮
        - 内珠被—内种皮
      - 缝线……脐条（种脊）
      - 合点……内脐
      - 珠孔……发芽口（种孔）
      - 珠心……残留遗迹或发育成外胚乳
      - 胚囊
        - 反足细胞、助细胞 } 在发育过程中解体
        - 极核（次生细胞）……内胚乳
        - 卵细胞—合子—胚

图 4－13　果实的形成

单性结实　一般情况，植物结实一定要经过受精作用，否则，子房是不会发育成果实的。但有些植物，特别是栽培植物，不经过受精，子房也能长大发育成果实，称为单性结实。单性结实所形成的果实，不含种子，称为无子果实、如葡萄、柑橘、香蕉、凤梨、南瓜、黄瓜等植物都有单性结实现象。

单性结实有两种情况：一种是子房不需要传粉或其他任何刺激，便可膨大形成无子果实，叫营养单性结实。另一种情况是，虽不需受精，但仍需受粉，需要花粉的刺激，才能形成无子果实，叫刺激单性结实。例如用爬山虎或蛇葡萄的花粉刺激葡萄的柱头，用苹果的花粉刺激梨的柱头，用马铃薯的花粉刺激番茄的柱头，都可以得到无子果实。用生长素一类的化学药品，如 2，4－D，吲哚乙酸（IAA）等，也可导致单性结实。也有一些无子果实不是由单性结实产生的，而是由于受精后胚珠发育受到阻碍而形成的。

七、单倍体、二倍体和多倍体植物

植物经有性生殖，精、卵结合产生合子，形成的下一代，细胞内具有两个染色体组，因此大都是二倍体植物。但现在已有用花药进行培养，直接由花粉粒人工育成的植物。由于花粉粒是经减数分裂而来的，只有一个染色体组，因而由花粉粒育成的植物是单倍体植物。近年来，应用植物实验胚胎学、植物细胞学和植物生理学的方法培养单倍体，并与育种学相结合，形成了一种新的育种方法——单倍体育种。单倍体植物在植物育种工作中具有重要意义，可以克服杂种分离，缩短杂交育种周期，简化育种程序，以加速获得自交系。用远缘杂种的花粉培养，可以创造植物的新类型。因此，单倍体育种法是对传统的育种方法的一次重大技术革新，国内外正在大力试验研究，已育成水稻、小麦、烟草、甘蓝、辣椒、桉树等单倍体植株。

培育花粉粒为单倍体植株，需根据植物种类的不同来选择花粉发育的适当时期，因而对花粉粒发育各阶段特征的了解是必要的。

单倍体植株矮小，不能正常进行减数分裂，因而不能形成种子，必须使用动力精、秋水仙素等处理，促使染色体加倍，才能正常结实，用于生产。

在植物界中，还有细胞内具有三个、四个、八个染色体组的植物，分别称为三倍体、四倍体、八倍体植物等，一般统称为多倍体植物。

多倍体植物可以自然产生，也可人工诱导产生。植物受到强烈的外界条件（如机械创伤、温度、射线及化学药品等自然或人为因子）的影响时，使正常进行有丝分裂或减数分裂的细胞受到障碍，染色体不易分离或全部不分离，纺锤丝不能形成，细胞板也不能产生，因此成对的染色体组不能分开移向两极，仍保留在一个细胞之中，于是引起染色体组的增加。此外，也可能由于细胞中代谢活动发生改变，引起酶类活动的异常，使得核内物质合成加倍而导致多倍体的出现。

多倍体植物具有许多有益的经济性状，如巨大性、不孕性以及坚强的适应性等，能满足生产上高产、优质、抗病虫害及适应不良环境的要求。林果植物的多倍体，如巨峰葡萄（三倍体），每个果穗重 750 克，果粒很大，一粒重 12～20 克；大型山杨，树干高而叶片大，一般比二倍体山杨高 11%、胸径大 10%、材积多 36%；温州蜜柑（四倍体）很少有种子；香蕉（三倍体）没有种子。但三倍体常因花粉母细胞不能正常进行减数分裂，故不能形成花粉粒而影响受精作用的进行，生产中为了弥补这一缺点，果园中种植三倍体品种时，必须配置授粉树，以保证正常结实。林木生产中，不孕性并不影响其经济价值部分——营养体，并可通过无性繁殖获得后代，因此，是诱导优良多倍体树木新类型的有效途径。

多倍体在植物进化上及育种工作中的重要意义体现在两方面。第一，是它的普遍性。在植物界里约有二分之一的物种属于多倍体，在被子植物里约有三分之一，而在禾本科植物里，竟高达四分之三。第二，是它的飞跃性。在19世纪的达尔文时代，一般认为从一个种演变成另一个新种需要经历长期的渐变过程，直到变化的积累达到一定程度，新种才分化出来。20世纪初期，多倍体的发现提供了另一种类型的种的演变方式，它使一个种能在一两个世代的极短时间内，以飞跃的方式产生新种。所以，现在我们知道，在植物界里物种的进化是通过几乎具有同等重要的两种途径来实现的，一种是渐变，一种是飞跃。如果以进化的角度来看育种，常规育种、突变育种以及杂种优势的利用，都是属于渐变式的，通过这些育种途径，在相当长的时间内都不会分化新的物种来。而多倍体育种的情况刚好相反，它一开始，就以飞跃的方式产生新种，而后使这个人为造成的新种在新的基础上进行改造，使它符合与生产上的要求，培养出有经济价值的多倍体植物。

第五章 植物界的基本类群

第一节 概　　述

目前已发现地球上生存的植物约有 40 万种，它们有单细胞、群体、多细胞的丝状体和叶状体，以及具根、茎、叶分化的植物体。有长度不到一微米的细菌；也有矮小的草本植物以及高大的乔木。有含叶绿素能进行光合作用的绿色植物；也有不具叶绿素不能进行光合作用，只能摄取有机物加以同化利用的非绿色植物。这些种类繁多、形态各异的植物，都是经过漫长的历史进化过程形成的。它们分布极为广泛，从热带到寒带，从大气中到土壤里，从高山雪地到江河湖海，从农田到沙漠，到处都有它们的分布。

一、植物的分类单位

植物种类繁多，“种”是客观存在的分类学上的基本单位。“种”是具有相似的形态特征，表现出一定的生物学特性，要求一定的生存条件，能够产生遗传性相似的后代，在自然界中占有一定分布区的无数个体的总和。每一个种都具有一定的本质特性并以此区别于其他的种。例如毛白杨、山杨、油松、马尾松、苹果、梨都隶属于不同的种。

根据进化学说，一切生物起源于共同的祖先，彼此之间都有亲缘关系，并经历着从低级到高级、从简单到复杂的系统演化过程。分类学上把那些亲缘关系相近的种集合为“属”，相近的属组合为“科”，相近的科组合成“目”，由此类推组成“纲”“门”“界”等分类单位。因此，界、门、纲、目、科、属、种是分类学上的各级分类单位；界、门都是大的分类单位，种是最基本的单位。在上述各级分类单位中，又可根据实际需要，再划分更细的单位，如亚门、亚纲、亚目、亚科、亚属、组、变种、变型等。

先举例说明各级分类单位如下：

界——植物界（Plantae）
　门——种子植物门（Spermatophyta）
　　亚门——裸子植物亚门（Gymnospermae）
　　　纲——松柏纲（Coniferae）
　　　　目——松柏目（Coniferales）
　　　　　科——松科（Pinaceae）
　　　　　　属——松属（*Pinus*）
　　　　　　　种——油松（*Pinus tabulaeformis*）

二、植物的拉丁名

植物的名称，不但因各国语言不同而异，即使在同一国家也往往由于地区不同，而发生“同物异名”或“同名异物”的现象。例如，北方常见的毛白杨，河南叫大叶杨，也有的地方叫响杨、白杨的。而北方的一种小灌木（一种鼠李科植物）与南方的一种大乔木（一种漆树科植物）又都称为酸枣。植物名称不统一，对植物的研究和利用非常不便，现国际采用统一的名称，即植物的拉丁名，也就是植物的学名。

植物的拉丁名是以瑞典植物学家林奈（Carolus Linnaeus，1753）所创的“双名法”来给植物命名的，后经国际植物学会公认，并制定了命名与分类的法规。双名法以两个词来给植物命名，第一个词是属名，第二个词是种名，一个完全的拉丁名还要在种名之后附以命名人的姓名缩写。拉丁名均用拉丁文拼写，属名的第一个字母要用大写。例如，核桃的拉丁名是 *Juglans regia* L.——其中第一个词是属名，第二个词是种名，第三个词是定名人林奈（Carolus Linnaeus）的缩写（参见附录 2）。

三、现代植物的基本类群

地球上现存约 40 万种植物，按其植物体的形态特征及进化顺序，可归纳分类为：

门	类群	类群
蓝藻门（Cynonphyta）	藻类植物	低等植物
绿藻门（Chlorophyta）	藻类植物	低等植物
眼虫藻门（Euglenophyta）	藻类植物	低等植物
金藻门（Chrysophyta）	藻类植物	低等植物
甲藻门（Pyrrophyta）	藻类植物	低等植物
褐藻门（Phaeophyta）	藻类植物	低等植物
红藻门（Rhodophyta）	藻类植物	低等植物
细菌门（Bacteria）	菌类植物	低等植物
粘菌门（Myxomycophyta）	菌类植物	低等植物
真菌门（Eumycophyta）	菌类植物	低等植物
地衣门（Lichenes）		低等植物
苔藓植物门（Bryophyta）		高等植物
蕨类植物门（Pteridophyta）		高等植物
种子植物门（Spernatophyta）		高等植物
裸子植物亚门（Gymnospermae）		高等植物
被子植物亚门（Angiospermae）		高等植物

第二节 低等植物

低等植物是地球上出现最早的一群古老植物，植物体的结构比较简单，是单细胞或多细胞的叶状体，叶状体有分枝或不分枝的，没有根、茎、叶的分化。生殖器官是单细胞的，极少数为多细胞的。它们的生殖过程亦很简单。合子直接萌发成为叶状体，而不形成胚。它们大部分生活在水中或潮湿的环境条件下。根据植物体的结构和营养方式的不同，又可将低等植物分为藻类植物、菌类植物和地衣。

一、藻类植物

藻类是极古老的植物，形体较小而构造简单，形态结构的多样性反映了从单细胞到多细胞的进化过程。它们的细胞壁分两层，外层为果胶质，内层为纤维素。绝大多数藻类的细胞内含有叶绿素和其他色素，能进行光合作用。各种藻类植物细胞内含叶绿素和其他色素比例不同，使植物呈现不同的颜色。如含藻蓝素的藻类呈蓝绿色，含藻褐素的呈褐色，含藻红素的呈红色，等等。上述各种色素构成了藻类植物细胞内所特有的色素体（载色体），也有少数不形成色素体的。不同藻类植物色素体的形状、大小各异，有小盘状、杯状、网状、星状、带状等。由于藻类植物具有叶绿素形成的色素体，能够进行光合作用，故能自己制造有机物，属于自养植物。

藻类植物多为水生，少数为陆生。世界各地凡潮湿地区都可见到。热带、寒带、海水、淡水、温泉里、地面、土壤内、树皮和岩石上都有分布。常常在不同的环境条件下，生长着不同的藻类。现存藻类植物约有 22 000 种。

（一）念珠藻属（*Nostoc*）

念珠藻属于蓝藻门植物，是最简单的蓝绿色自养植物，植物体都是由圆球形细胞组成的单列细胞的丝状体，外面有共同的胶质鞘，常由许多个丝状体聚在一起，形成胶质的块状或球状。细胞无真正的细胞核，中间的原生质形成一中央体，内含染色质的颗粒，但不形成核膜，其余四周的原生基粒（微小而透明的蛋白质颗粒）中则含有叶绿素 a 及藻蓝素，二种色素使细胞呈现蓝绿色。它的色素不含在色素体里。细胞壁由纤维素与果胶质组成，壁的外部吸水成胶质鞘。贮藏物质为糖原。

念珠藻（图 5 - 1）的丝状体在形态构造和生理机能上是一个群体。丝状体内若干细胞之间，常有形状较大，细胞壁较厚，内部不含原生质的细胞，叫作异形胞。在营养繁殖时丝状体常在此处断裂，形成小段，叫作连锁体，每一连锁体可进行细胞分裂而形成新的丝状体。在群体成熟时，有时则进行无性生殖，有些细胞增大，其内充满营养物质，胞壁加厚而形成厚壁孢子。在不良的环境下，此种孢子长期休眠，遇环境适宜时，厚壁破裂、细胞分裂形成新的丝状体。

念珠藻科（Nostocaceae）植物一般生长在潮湿的地区或水流缓慢、有机质较丰富的浅水水底。老则破裂漂浮水面。有的种类能生长在地面和岩石上。常见种有葛仙米（*Pogostemon auricularius*）和发菜（*Nostoc flagelliforme*），可供人类食用。有些种类如念珠藻属和项圈藻属（*Anabaena*），能利用游离氮合成有机含氮化合物，增加土壤和稻田

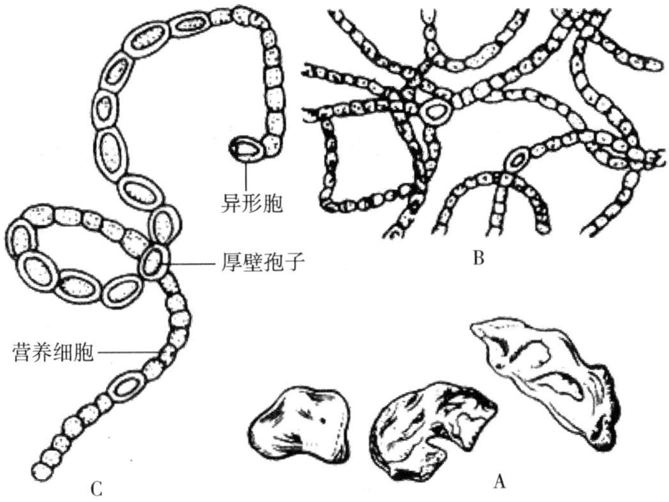

图 5－1　念珠藻属

A—植物体（胶群体）；B—植物体部分放大；C—营养细胞、异形胞和厚壁孢子

的肥效，提高水稻和其他作物的产量。

（二）衣藻属（*Chlamydomonas*）

衣藻为绿藻门植物，是一种单细胞绿藻。如图 5－2 所示，细胞中有一个杯状的色素体和一个淀粉核。细胞核位于细胞中央。藻体的前端具有二个并列的收缩泡，并伸出二根鞭毛。在前端的一侧还有一个红色的眼点，为感光构造。

如图 5－3 所示，衣藻进行无性繁殖时失去鞭毛，原生质体常分裂为 4 或 8 团，每团各形成一个具有二根鞭毛的游动孢子，此时老的细胞被称为游动孢子囊。囊破裂后，游动孢子逸出，每一游动孢子各发育为一个新的衣藻。

衣藻在进行有性繁殖开始时，和无性繁殖相似，只是原生质体分裂成较多的小团，每一小团的形状构造与母体完全相同。小团从母细胞中出来以后，称为配子，两个配子互相融合，进行有性繁殖。产生配子的细胞称胚子囊。某些种类两个相结合的配子形态大小相同，称同配生殖；但有些种类，配子的形状大小各不相同，由两个形状大小不相同的配子互相结合，称异配生殖；个别的种是由一个雄性细胞分裂为 8、16 或 32 个小而具双鞭毛的游动雄配子，一个雄配子和一个由大型的雌性细胞变成的球形而无鞭毛的卵细胞相结合，称为卵式生殖。由配子结合而形成的合子，经休眠后，即进行萌发。萌发时，合子的细胞经减数分裂，形成四个单倍体的细胞核，每个细胞核与周围的细胞质组成一个游动孢子。合子的壁破裂时，散出四个具双鞭毛的游动孢子，各自形成一个新的衣藻。

（三）水绵属（*Spirogyra*）

水绵为绿藻门植物，植物体由多细胞组成不分枝的丝状体，鲜绿色。丝状体幼年固着生长，成年后自由漂浮在水面，集成泡沫状团块，用手触摸有滑润感，这一特点可与水中其他丝状体绿藻相区别。水绵是淡水中极为普遍的一种绿藻，分布非常广泛，几乎世界各地都有。

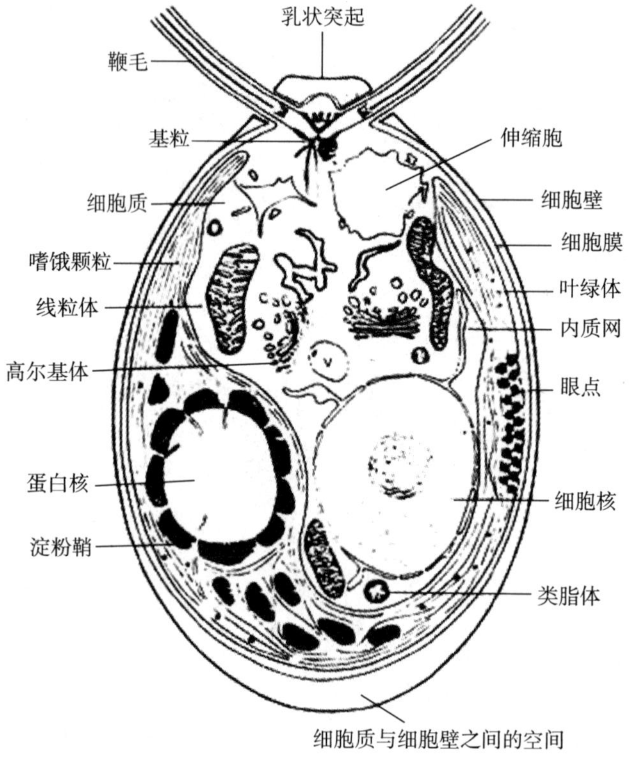

图 5-2　衣藻超微结构

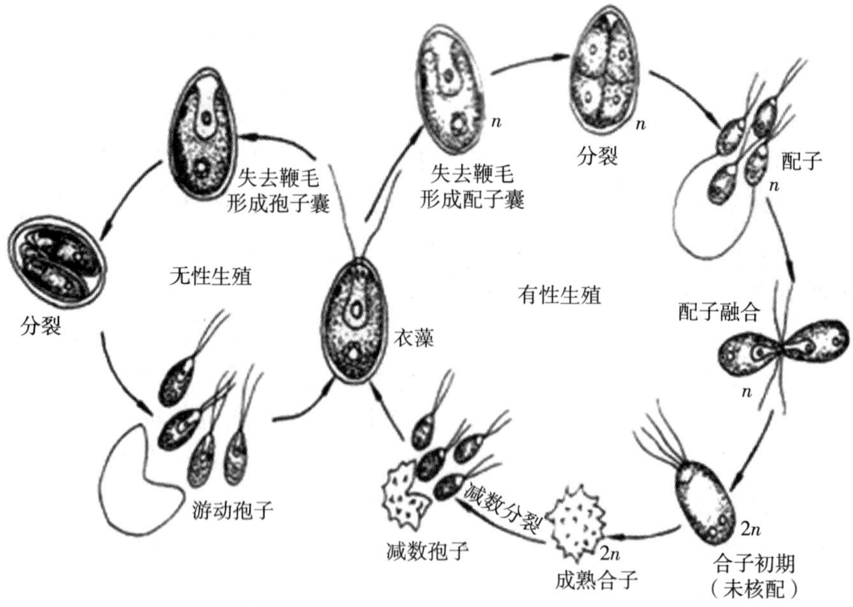

图 5-3　衣藻生活史

水绵丝状体分节，每一节为一个细胞，呈圆柱形。细胞中部有一个大液泡，细胞核被浓厚的细胞质包围，包围细胞核的细胞质伸出细胞质丝穿过液泡和贴近细胞壁的细胞质相连，使细胞核悬浮于细胞中央。色素体呈带状，做螺旋状环绕。在色素体上有一列淀粉核。

如图 5-4 所示，水绵常以丝状体断裂的方式进行无性繁殖，每一短丝都可以生长成一新的丝状体。

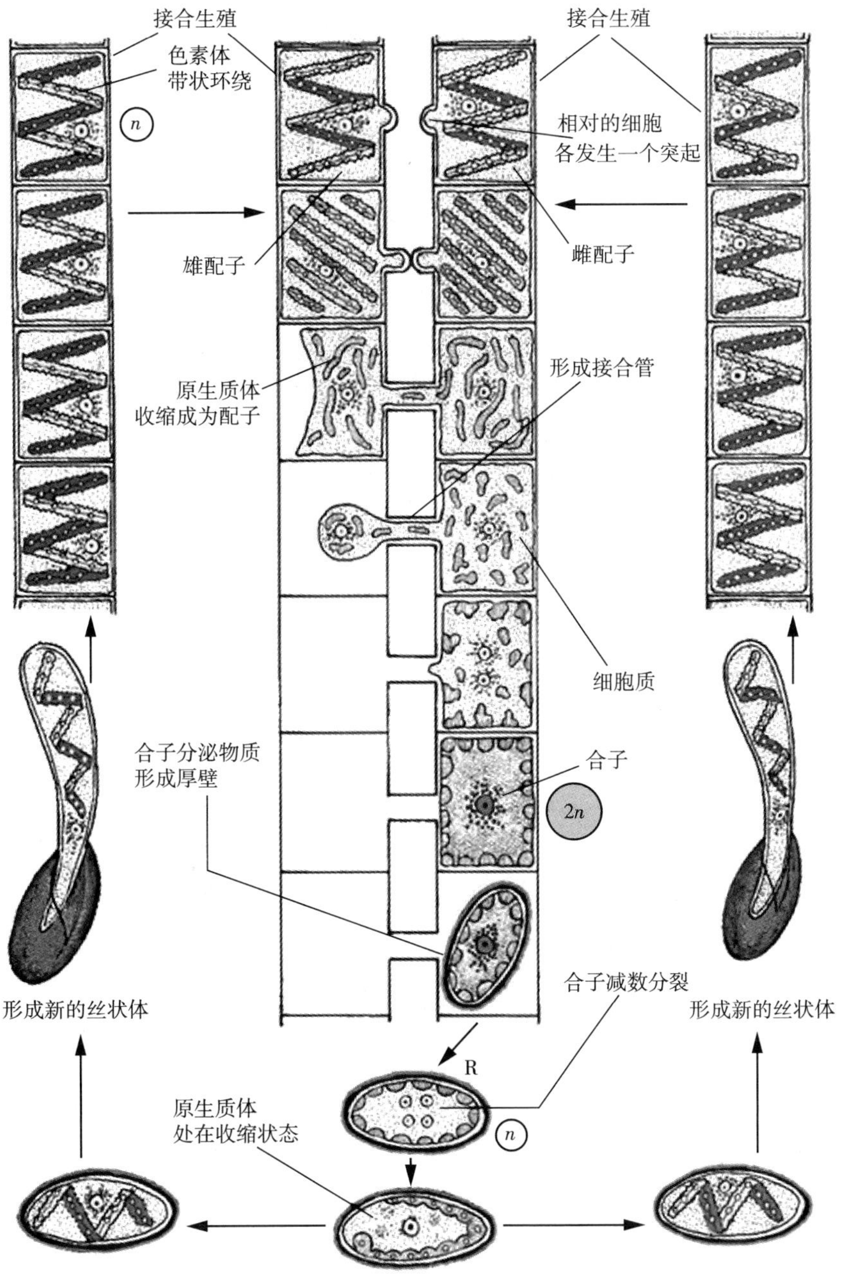

图 5-4　水绵生活史

水绵进行有性生殖是有季节性的，大约是在春季或秋季，在二条并列的丝状体上，相对的细胞各发生一个突起，逐渐生长到互相接触，接触的隔膜消失，连成为接合管。同时，各细胞中的原生质体收缩就成为配子，其中一个细胞内的原生质体流入到另一个细胞中，两个细胞核进行融合成为合子。合子分泌物质形成厚壁，随着死亡的母体沉入水底，最后母体细胞壁腐解，合子单独存在。合子度过不良环境后，开始萌发，进行减数分裂，形成新的丝状体。

（四）轮藻属（*Chara*）

轮藻（图 5-5）为绿藻门植物，是一类构造比较复杂的多细胞绿藻。植物有简单的分化，具一直立的主枝，上有节与节间之分。每个节上着生一轮旁枝，有的种类旁枝的节上又轮生短枝，基部有假根，伸入泥土中。

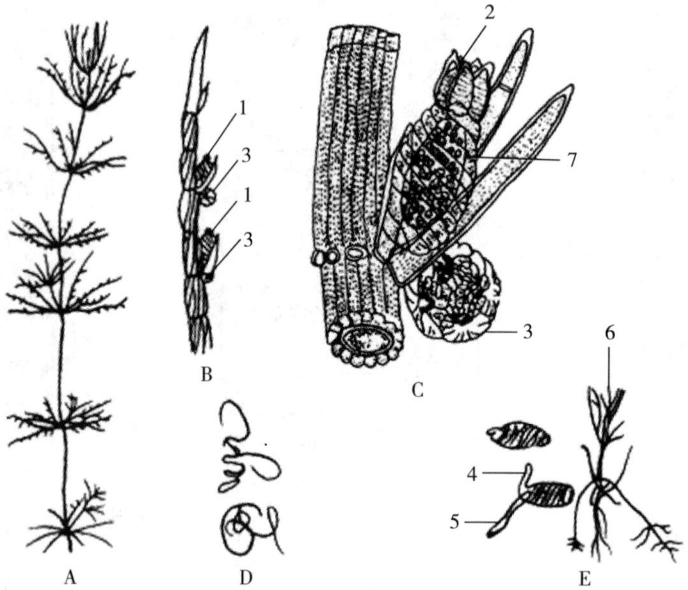

图 5-5　轮藻属

A—植物体；B—植物体着生性器官的一部分；C—性器官的放大；D—精子；E—合子萌发

1—卵囊；2—冠细胞；3—精子囊；4—合子开始萌发；5—生出假根；6—幼植物体；7—管细胞

轮藻到了生长季节，假根上发育出珠芽，进行繁殖。另外在主枝横断时，节上发生假根，可长成一株新植物体。

轮藻可进行有性繁殖，均为卵式生殖。由短枝的节部生出精子囊和卵囊。卵囊位于精子囊之上，内含一卵细胞。精子囊球形呈红色，成熟时形成许多带双鞭毛的精子。精子游至卵囊与卵细胞融合形成合子。合子沉入水底，经休眠后萌发成新个体。

轮藻分布很广，通常生长在不太流动的水中。

（五）昆布属（*Laminaria*）

人们常食用的海带，是昆布属的一种，为褐藻门植物。海带多生长在比较清凉的沿海海水中，植物体较大，长达 2～3 米。全株分三部分，最下为分枝状的假根，上为一短而圆的柄，柄上为扁平狭长的带片。内部构造较其他藻类复杂，带片上有表皮、皮层及髓的分化。中央扁平的髓部由丝状细胞交织而成，具输导作用。髓部以外是皮层，细胞呈方形或多边形，带片的最外层是一层排列紧密的细胞组成的表皮。表皮及皮层细胞中含有色素体，色素体上除具叶绿素以外，还有藻褐素，因此，植物体呈现褐色。

昆布的繁殖过程比较复杂，夏末及初秋，在带片上的两个表面细胞向外伸长成线状的细胞，称为隔丝。每一隔丝顶端形成一胶状物质的冠。隔丝发育的同时，一些表面细胞也向外伸长发育成棒状的孢子囊，排列在隔丝之间。孢子囊幼时只有一细胞核，以后经减数分裂形成大量游动孢子。孢子囊成熟破裂，游动孢子散出。游动孢子很小，具一核（单倍体的）、一色素体和两根不等长的侧生鞭毛。游动孢子在水中游动一些时间以后，失去鞭毛，萌发成极小的丝状体。有的丝状体呈丝状分枝，分枝的顶端细胞形成一小的精子囊。精子囊成熟，其内的原生质体形成一具有两根侧生鞭毛的游动精子；另一些丝状体细胞数目很少，可以少至只有一两个细胞，其顶端细胞发育成卵囊，每个卵囊产生一圆形而不能游动的卵细胞。成熟时，卵细胞外出附着卵囊顶端与精子结合，形成合子。合子萌发成具带片、假根的植物体。

海带的整个生活史（图 5－6）包括两个阶段，即出现两种结构。一种是由合子萌发形成的具带片的植物体，其上产生无性繁殖器官孢子囊，产生无性繁殖的游动孢子，这种植物体称为孢子体；另一种是由无性繁殖的游动孢子萌发，形成丝状体，其上形成有性生殖器官，这些丝状体称为配子体。形成卵囊的丝状体称为雌配子体；形成精子囊的称为雄配

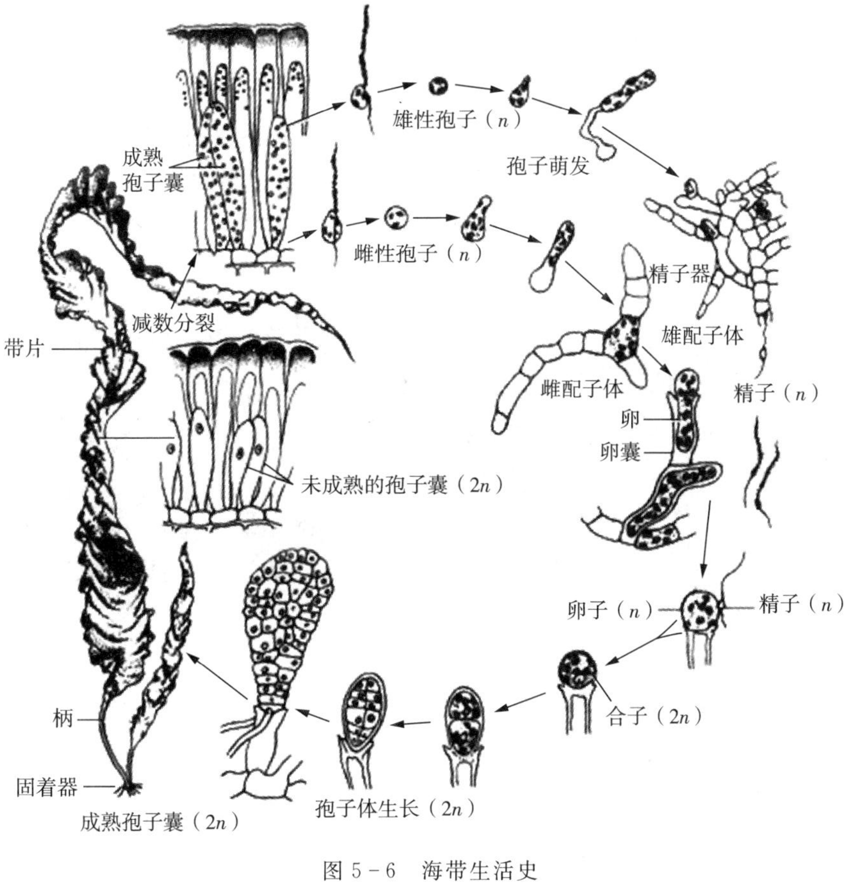

图 5－6　海带生活史

子体。海带的整个生活史中，无性繁殖与有性繁殖，孢子体和配子体总是交替出现，缺一不能完成其生活周期，这种现象称为世代交替。

（六）藻类在自然界的作用及其经济意义

许多藻类，虽然个体非常微小，但在整个地球的水域里却构成了体积很大的浮游植物，成为鱼类和其他水生动物的主要食物，对发展水产养殖业有着重要的意义。有些藻类还可做家畜的饲料和绿肥。藻类在进行同化作用中吸收水中的有害物质，增加了水中的氧气，净化和氧化污水，清除水中腐烂的嫌气细菌。也可根据藻类的存在和数量来鉴定水质，测定水源清洁的程度。浮游的藻类在形成腐殖质淤泥中有重大的作用，是农业上很重要的肥源。有的藻类能分解石灰岩，促进大量碳素的继续循环。也有一些土壤藻类有固氮作用，可增加土壤中氮素含量。除此之外，有些藻类可以食用，有些藻类是工业上和医药上的主要原料。因此，很多经济藻类已有专门的人工养殖。

二、菌类植物

菌类植物的共同特征是没有叶绿素。除极少数细菌外，都不能进行光合作用制造碳水化合物。因此，菌类植物的营养方式是异养的，即从活的或死的有机体中吸取有机碳作为自身的营养。前者称为寄生，被寄生的生物称为寄主；后者称为腐生，从已死的动植物遗体或动物的排泄物以及其他有机物中获取养分。行异养方式的植物，又称为异养植物。菌类植物约有 72 000 种。

（一）细菌（Bacteria）

1. 细菌的形态与构造

细菌是一类原始的、低等的、极微小的单细胞生物，主要特征是不含叶绿素和没有细胞核的分化。根据细菌的形态不同可将其分为球菌、杆菌、螺旋菌（图 5－7）。细菌多成群存在，称为菌落。有的连接成一系列细胞的丝，丝有时分叉。极少数的细胞呈分枝状，称为放线菌。

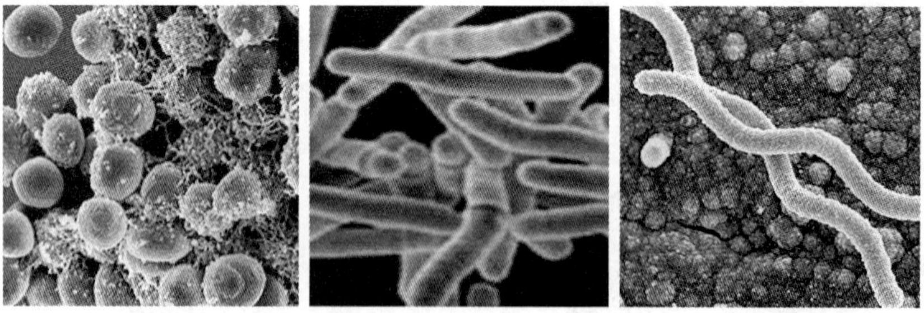

图 5－7　细菌形态

细菌一般很小，球菌的直径为 0.15～2 微米，通常为 0.5～0.6 微米。多数杆菌长 1.5～10微米，最普通的大约长 2 微米，直径 0.5 微米。

细菌的细胞结构非常简单，无真正的细胞核，但含有与高等生物相似的核物质——核酸。核酸呈许多小粒分散在细胞核内，或呈形状不规则的颗粒。有人在观察细胞分裂时，发现这些颗粒也随之分裂。细菌有无细胞核的问题，多年来一直有争论。但从形态的角度来看，没有分化出细胞核，也没有核膜。因此，从细胞结构及分裂方式来看，细菌属于一种原始阶段的状态，即原核细胞阶段状态。

细菌细胞的原生质中有极小的液泡、食物颗粒（糖、脂肪、蛋白质等）及其他内含物。细胞外有极薄的细胞壁，一般不易看到，但是，如设法使原生质收缩，则仍可观察到。在电子显微镜下，上述结构都是清晰可见的。细胞壁通常无纤维素，而含氨基酸、糖、拟脂等，多数细菌细胞壁外有一层胶质的膜。细菌连成群体时，常常形成胶质鞘。

许多细菌在生活史中某一时期常生有鞭毛，能游动。鞭毛着生的位置、数量随种类而不同。一般杆菌、螺旋菌多具鞭毛，球菌很少有具鞭毛的。

2. 细菌的繁殖

细菌通常以简单的分裂方法进行繁殖，当细菌个体生长到一定限度之后就开始分裂，在细菌细胞中部凹入，原生质被向内生长的新壁分为两部分，将菌体分成两个大小相等（球菌）或不相等的（杆菌）新细菌。有些杆状或丝状细菌，可断裂形成三个以上的新个体。有些种类则以出芽的方式形成一至数个细菌。在适宜的环境条件下细菌的繁殖速度是极快的，20～30 分钟可分裂一次，形成新的一代。

有些种类在不良的环境条件下，常形成圆形或椭圆形的芽孢，形成芽孢时，原生质集聚到细胞的中间或一端，在胞壁内另生新壁，故细菌的芽孢又叫作内生孢子。芽孢成熟时，原有的细胞壁多溶解消失。每一细菌个体只形成一个芽孢，其外被一层坚厚含脂肪的壁所包被，不易透水，它的原生质体凝缩，含水很少，对恶劣的环境条件具有很强的抵抗能力。因此，这是在长期自然选择中保持种族延续的一种形式，而不是一种生殖的方法。如有些芽孢能忍受－253℃的低温以及在沸水中耐到 30 小时之久。当养料、温度、湿度以及其他环境条件适合时即可萌发。

3. 细菌的营养

绝大多数细菌营寄生或腐生生活，叫作异养细菌。少数种类可以进行化能合成作用或光合作用，叫作自养细菌。

异养细菌不能自制有机物而必须从外界取得食物，它又可分为寄生细菌与腐生细菌。

寄生细菌是在人、动物及植物体内吸取养料而生活的，使人和动植物致病。细菌多从人及动物的口腔、呼吸道及皮肤的伤口侵入。植物则从气孔，缺乏保护的地方及伤口侵入，常见的有根癌病（冠瘿病）、软腐病等。

腐生菌分布最广，它们生活在动植物的遗体上和含有机物的土壤及污水中，人及动物的消化道中亦有此类细菌存在，它们主要是使有机物质腐烂分解取得有机碳作为养料，使复杂的有机物分解成简单的无机物。

所有的高等植物都不能消化纤维素，也不能直接吸收利用蛋白质。这些物质是地球上大量存在的有机物。许多细菌能够分解这些物质为简单的可利用的物质。这个过程并不是由一种细菌来完成，而是由许多细菌接替完成的。一些细菌把纤维素分解为一种双糖——纤维二糖，纤维二糖经另一些细菌可分解为葡萄糖，再经多种细菌分解可变为二氧化碳和水。蛋白质种类很多，有多种细菌能分解它们。分解过程为复杂的蛋白质经一系列细菌作用，分解为简单的含氮化合物——氨。氨可以被高等植物吸收利用，也可能在土壤里被硝化细菌氧化成亚硝酸及硝酸。硝酸在土壤中被中和成为硝酸盐，是绿色植物的氮素来源。

自养细菌不需要吸取外界的有机物，而自己能制造食物，根据其合成有机物质所需能量的来源不同，又可分为两类：

一类是化能合成细菌，借氧化无机物所放出的能，把无机物合成为有机物，这一过程叫作化能合成作用，如硝化细菌、硫细菌、铁细菌等。硫细菌分布很普遍，它们能将硫化氢氧化成硫和硫酸。

$$2H_2S+O_2 \longrightarrow 2H_2O+2S+能$$

$$2S+2H_2O+3O_2 \longrightarrow 2H_2SO_4+能$$

最常见的硫细菌有白硫菌属（*Beggiatoa*），它们生活于污水中，当水中硫化氢丰富时，细胞内充满硫的颗粒，致使细胞横壁不易看出。铁细菌能氧化铁的化合物，将二价铁氧化成三价铁而得到能量。

另一类是光能自养细菌，它们以 CO_2 为碳源，以光能为能源，从而合成自身的有机物。

4. 细菌的固氮作用

细菌中有两类能够吸收空气中游离氮素，把氮素和糖类组合成含氮的有机物。一类是根瘤菌属（*Rhizobium*），共生于豆科植物根中，形成根瘤。它们在根内摄取糖，而供给豆科植物有机氮。另一类是自由生活在土壤中的固氮细菌，有梭状芽孢杆菌属（*Clostridium*）和固氮菌属（*Azotobacter*）。它们从土壤中的腐烂有机物摄取糖而用游离氮与有机碳合成有机氮。

在农林业生产过程中，细菌的固氮发挥着很重要的作用，高等植物不能直接利用空气中大量的氮气，而固氮细菌可把氮气固定成有机氮，供高等植物利用。

5. 细菌在自然界的作用及其经济意义

在自然界的物质循环中，细菌占很重要的地位，细菌的活动，对碳与氮的循环尤为重要。经细菌的活动，动植物遗体腐烂分解，复杂的有机物还原成硝酸氮、硫酸铵、磷酸盐、二氧化碳及水等简单的化合物，重新为植物所利用；土壤中不能被植物利用的物质转化成可利用的物质；森林下的枯枝落叶分解成腐殖质，土壤肥力增加。细菌对人类健康有直接影响，可以引起人、禽、畜及植物发生病害，甚至造成死亡。但是，细菌在工业及轻工业方面也有极大的用处，如酒精、乳酸、丙酮、丁酸的酿造或提取，石油原油分解，制革，造纸，制糖等都与细菌作用分不开。此外，细菌在医药卫生方面的应用也极广泛，如预防和治疗疾病的菌苗、抗病血清以及各种抗生素，都是由细菌制取的。抗生素药物如金霉素、链霉素、氯霉素、土霉素是从放线菌中提取出来的。

（二）真菌（Fungi）

真菌是一类不含叶绿素的异养植物。真菌的细胞都有细胞核，细胞壁多含几丁质，亦有含纤维素，菌体由分枝或不分枝的细丝组成。每一根细丝称为菌丝，一团菌丝称为菌丝体。菌丝体或疏松如蛛网，或紧密如高等植物的组织，甚至有的坚硬如木。真菌为寄生或腐生的，也有和其他植物共生的。真菌的贮藏物质为肝糖和脂肪，无淀粉。

真菌的无性繁殖很发达，产生各种类型的孢子。同时，又可以借菌丝断裂进行营养繁殖。有性生殖有同配、异配和卵式生殖等各种方式。

真菌的种类很多，约 70 000 种，分布极广，陆地、水中及大气中皆有，而尤以土壤中最多，滋生于各种动植物遗体上。寄生的种类则主要寄生于各类植物上，许多动物及人体上也有真菌寄生。

1. 根霉属（*Rhizopus*）

常见的黑根霉（*Rhizopus nigricans*）最易生长在馒头、面包及其他粮食制品上，称为面包霉。其菌丝发达，分枝极多，为多核无隔管状体。菌丝体可分为三种类型，横生在附着物表面的菌丝叫匍匐枝；匍匐枝膨大的地方向下生出假根，伸入附着物内吸取养料；在匍匐枝生假根处成束向上生出直立的分枝叫孢子囊柄，顶端膨大形成孢子囊，为无性生殖器官。孢子囊内形成许多孢子，当孢子囊成熟后破裂，孢子即飘散，落到适宜之处，即可发成新的菌丝体。黑根霉必须在两种不同性的菌丝相遇时才能进行有性生殖。异性菌丝接触处产生短枝，两短枝的顶端膨大，产生横壁，使短枝与菌丝隔开，顶端形成孢子囊，横壁下部是配子囊，孢子囊里产生孢子，由孢子再发育新的个体。图 5－8 为黑根霉的形态与繁殖。

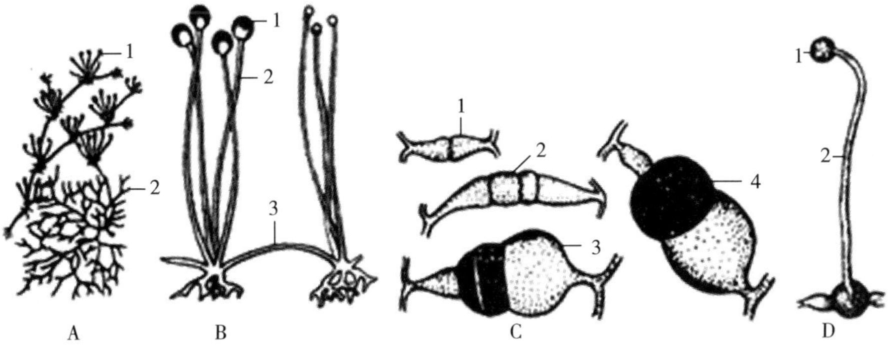

图 5－8 黑根霉的形态与繁殖

A—生长示意图（1. 营养菌丝；2. 葡萄菌丝）；B—部分菌丝体（1. 孢子囊；2. 孢子囊梗；3. 葡萄枝）；C—接合过程（1. 突起；2. 配子囊；3. 配子囊梗；4. 接合孢子）；D—接合孢子萌发和形成（1. 接合孢子囊；2. 孢子囊柄）

黑根霉多生于腐烂的食品、蔬菜、果实以及其他的有机物上，在温度较高而潮湿的地方生长特别迅速，对农产品及食物的贮藏危害很大，常引起发霉腐烂，造成损失。黑根霉能在淀粉及糖液中引起发酵，可利用它来酿酒、制酱。

2. 青霉属（*Penicillium*）

青霉属营腐生生活，生长在腐烂的水果、蔬菜、肉类和各种潮湿的有机物上。青霉属丝体生长在物体的表面或深入物体内部。它由多细胞分枝很多的菌丝组成，细胞壁薄，内含一个或多个胞核。无性生殖时，在菌体上形成直立的枝叫分生孢子梗，梗顶端分叉几次，状如扫帚，最末的每一小枝上生出一串蓝绿色的分生孢子。成熟时，分生孢子飞散，即可萌发成新的菌丝体。

青霉的有性生殖是在菌丝体上生出直立的单细胞分枝，其顶端产生雌性生殖器官，称产囊体。在产囊体附近，产生精子囊分枝，缠绕在产囊体周围，最后在分枝末端形成一个短的精子囊，精子囊顶端贴附在产囊体上，两者接触处细胞壁溶解，雄性细胞核输入产囊体，由产囊体上生出产囊菌丝，产囊菌丝靠顶端处再形成子囊，子囊经减数分裂发育出八个子囊孢子。子囊外面缠绕着不育菌丝，形成一球形的构造，称子囊果。子囊孢子萌发，形成新的菌丝体。

青霉属可使许多农副产品腐烂，也有少数种类可使人和动物致病。它能分泌一种抗生素，叫青霉素即盘尼西林（Penicillin）。青霉素对葡萄球菌、肺炎球菌、淋球菌、破伤风杆菌等有高度的杀菌力。医学上通常培养黄青霉（*Penicillium chrysogenum*）和点青霉（*Pennicilliun notatum*）提取青霉素。

3. 白粉菌属（*Erysiphe*）

白粉菌（图 5－9）种类很多，专门寄生于被子植物。除极少数寄生在禾本科植物之外，其他全寄生在双子叶植物上。菌丝体由许多短的单核细胞组成，蔓延在植物的茎、叶、花序和果实表面，成白色蛛网状，或成灰白色的一层。菌丝体不插入寄主的内部组织，只以单细胞的吸器插入寄主的表皮细胞内吸取养料。

白粉菌的无性生殖是由寄主体表的匍匐菌丝向上发育，生出许多直立的分生孢子梗，顶端不断形成分生孢子。分生孢子在适宜的条件下萌发形成新的菌丝体。

白粉菌的有性繁殖和青霉相似，形成产囊体和精子囊，融合后产囊体发育成子囊，子囊内产生子囊孢子，子囊孢子再萌发成新的菌丝体。

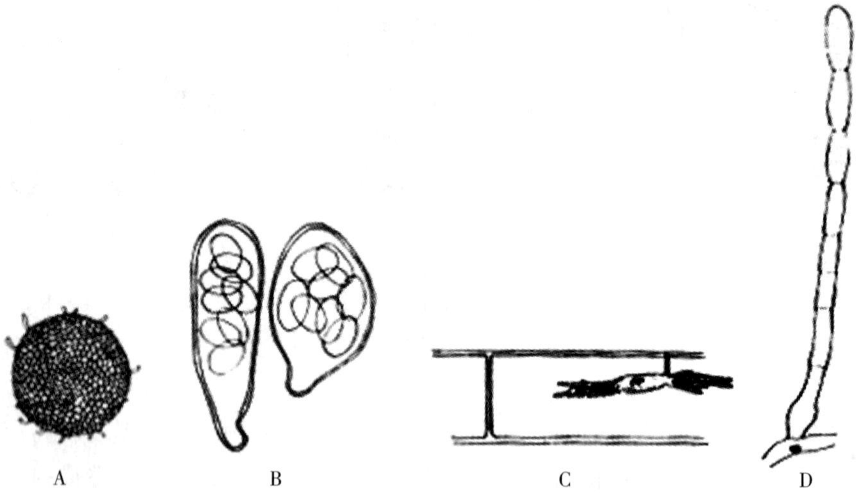

图 5－9　布氏白粉菌

A—闭囊壳（示发育不全的附属丝）；B—子囊及子囊孢子；C—吸器；D—分生孢子座及分生孢子

4. 蘑菇属（*Psalliota*）

蘑菇属植物的生活史如图 5－10 所示。以洋蘑菇（*Psalliota campestris* L.）为例，洋蘑菇的菌丝体可分为营养部分和生殖部分，营养部分的菌丝分布在寄主和土壤的腐殖质内，是一些纤细的由许多单核细胞组成的菌丝，又叫初期菌丝体。以后与异性的初期菌丝相遇，两者细胞的原生质融合而细胞核不融合，形成双核细胞，进一步发育为双核菌丝体，称为次生菌丝体。由次生菌丝体发育分化为伞形的生殖部分，称为子实体（即俗称的蘑菇）。

子实体（蘑菇）由菌柄及菌盖组成，菌盖下有许多薄片状的菌褶（图 5－11）。菌褶的表面形成担子和隔丝（不育的菌丝），称为子实层。菌褶的内部为菌丝交织成的疏松的菌髓。担子的双核融合后，经减数分裂形成四个担孢子。担孢子成熟脱落，在适宜的条件下萌发生长形成初生菌丝。

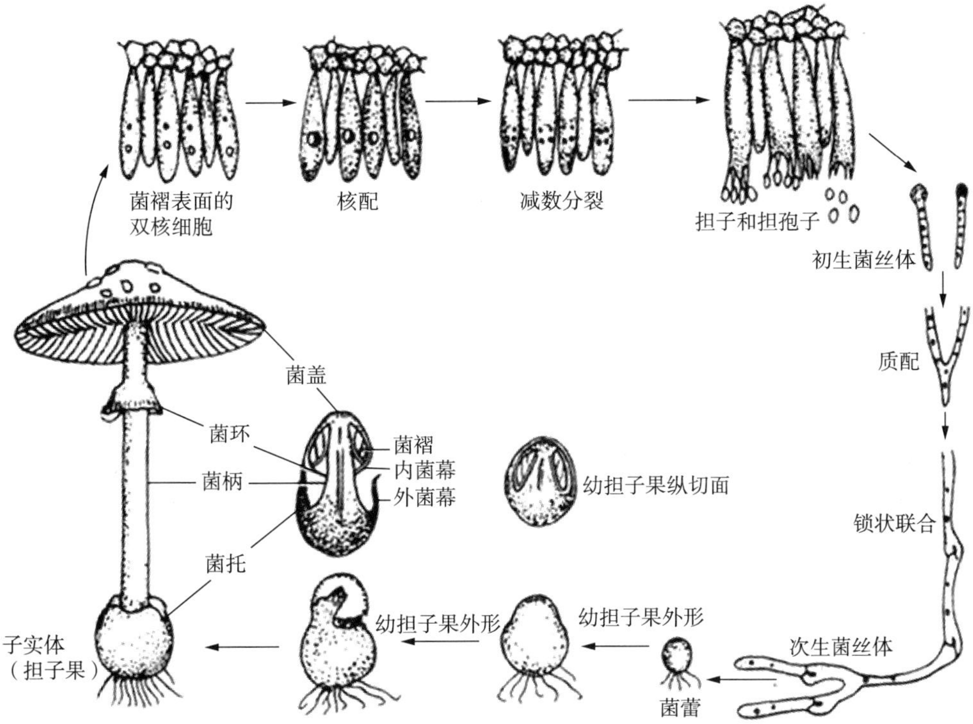

图 5－10　蘑菇属植物生活史

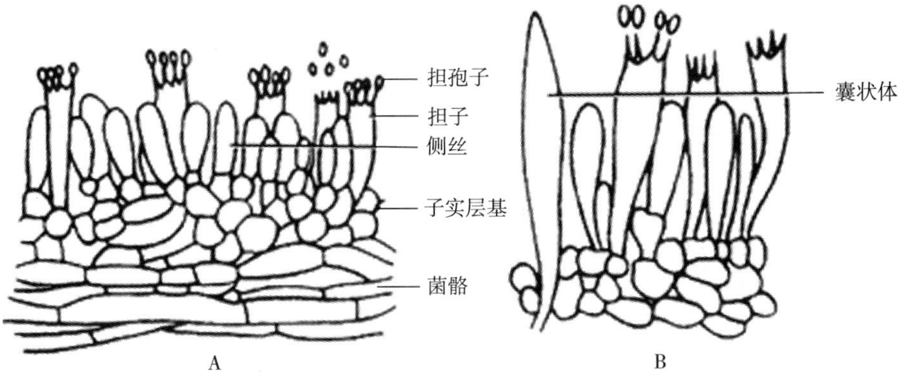

图 5－11　伞菌目菌褶切面

A—蘑菇属，无囊状体；B—红菇属，有囊状体

籽实体生长时，菌盖张开。包围在籽实体外面的薄膜破裂，留在菌盖边缘的叫菌膜，留在菌柄中部的一环叫菌环，有些种类在菌柄基部还留有残余部分叫菌托。

伞菌的种类很多，全世界各地都有分布，均为腐生菌，多数腐生于富含腐烂植物体的泥土上，以及垃圾、粪便、枯树朽木、草地等处，其中许多种类都可形成森林树种的菌根。在松林、栎树林、杨树林、山毛榉林、桦树林、椴树林、冷杉林等不同森林中生长的伞菌种类也各有不同。在某些缺乏伞菌生长的地区营造森林时，在土壤中接种相应的菌种使其形成菌根，可对树木的成长发育起良好的作用。有些蘑菇是味美的食用菌，如洋蘑（*Psalliota campestris*）、口蘑（*Tricholoma gambosum*）、鸡枞（*Termitornyces albuminosus*）等。有些种类则具有微毒或剧毒，如鹅膏属（*Amanita*）的某些种含有剧毒，人误食后常中毒死亡。不同种类的蘑菇有各种不同颜色，如红、绿、黄、灰、白等，但有毒无毒不完全靠颜色分辨。

5. 多孔菌属（*Polyporus*）

多孔菌是木材的腐生菌。生长于树木枝干上，或有腐烂木质的泥土上，菌丝侵入木质部，使木材腐朽，也有长在活树木质部上的，可导致树木的死亡。

多孔菌的子实体幼嫩时是肉质或革质的，老时成木质，质地坚固，不易毁坏。因种类不同，生长时间长短不一，有的长成后即行枯萎，有的为多年生，每年新生一层，可以生长数十年，成为很大的半圆形籽实体。籽实体有柄或无柄，下面分化成无数的小孔管，管的内周是籽实层，满生着担子，也有发育形成分生孢子，分生孢子发育时菌丝的末端膨大，形成多数的孢子，这种孢子也能萌发成菌丝。

多孔菌种类很多，各地都有分布，在阴湿季节最易发生。有的能供食用，如猢狲眼（*Fomes igniarious*）等；中药中的茯苓（*Poria coccos*）是镇静、解热、利尿的药剂。

伞菌及多孔菌在有性生殖时均产生担子和担孢子。凡产生担子和担孢子的真菌称为担子菌（Basidiomycota）。如供食用的木耳、银耳、竹荪及药用的茯苓、灵芝等都是担子菌。

6. 真菌在自然界的作用及其经济意义

在自然界中真菌对有机化合物的矿化作用仅次于细菌。但在苔原中，由于土壤温度低，真菌的矿化能力超过了细菌，特别在适宜真菌发育的酸性的森林枯枝落叶层，其活动程度远高于细菌，因此对自然界的物质循环起着重大的作用。此外真菌在酿造、发酵工业上和医药卫生事业中都有很重要的意义。在农业上，堆肥的腐熟和固氮作用可增加土壤肥力，对生产都起着积极的作用。另一方面真菌也常给人类造成灾害，如某些真菌可使木材、木桥、河船和枕木腐烂，有些真菌寄生于树木上引起树干中心腐烂，有些真菌感染针叶树，引起树冠稀疏枯顶，常造成树木的风倒，有些真菌引起人类及动物的疾病。

三、地衣（Lichenes）

地衣是植物界中一类特殊的植物，是由藻类和菌类混合组成的复合体。两者关系十分密切，使地衣在形态、构造和生理上成一有机整体，在分类上也自成一体系，约有 15 500 种。植物体的大部分由菌丝体构成，多为子囊菌，少数为担子菌。藻类则分布在复合体内部，聚集成一层或若干团，是单细胞的或丝状的绿藻或蓝藻。在生长过程中菌类吸收水分及无机盐供给藻类，并在环境干燥时保护藻类的细胞不致干死。藻类进行光合作用制造的有机物质供给菌类做养料。它们之间的关系是互惠的，这种现象叫作共生。

（一）地衣的类型

根据地衣的生长状态，大略可将其分为三种类型（图 5－12）：

（1）壳状地衣。全体扁平呈壳状，植物体紧附树皮、岩石或其他物体上，底面和基质紧密相连，难以分离，如茶渍属（*Lecanora*）、文字衣属（*Graphis*）。

（2）叶状地衣。全体成薄片状的扁平体，形似叶片，仅由下表面成束的菌丝附着在基质上，可以剥离，如梅衣属（*Parmelia*）、蜈蚣衣属（*Physcia*）。

（3）枝状地衣。全体直立，通常分枝，呈丛生状，如石蕊属（*Cladonia*）。枝状地衣中，植物体细长而分枝，基部附着树枝上，全体向下悬挂的种类，也称悬垂地衣，如松萝属（*Usnea*）。

A　　B　　C

图 5-12　地衣的类型

A—壳状地衣；B—叶状地衣；C—枝状地衣

地衣根据内部构造进行分类，菌丝与藻细胞混合在一起组成的地衣叫同层地衣，如菌丝和藻细胞分层组成地衣则异层地衣。

（二）地衣的构造

异层地衣的内部分化为四个部分（图 5-13）：最上面的部分是由垂直菌丝组成的，这些菌丝之间没有间隙或者充满着胶质物，叫作上皮层，在它的表面有的种类有一层由菌丝组成的表皮组织状的外皮；在上皮层的下方，由稍疏松交织的菌丝组成，其中混杂有藻细胞，叫作藻胞层；藻胞层下方是由很疏松的菌丝组成，叫作髓层；髓层以下由紧密的菌丝组成，叫作下皮层。同层地衣没有藻胞层与髓层的分化，藻细胞均匀地散布在髓中。地衣下层的菌丝垂直或平行于基质表面，其中一部分菌丝成束或单一地伸入基质内，起吸收和固着作用。

A　　B

图 5-13　叶状地衣横切面的构造

A—同层地衣；B—异层地衣

枝状地衣则不分上下皮层，整个表皮围着一层皮层，皮层内为一圈藻层，中央部分是髓层，也属异层地衣。

（三）地衣的繁殖

地衣最普通的繁殖方式是营养繁殖。植物体因受风力或因其他力量的影响使部分断片脱离母体，被带到适宜的基质上，再长成一新个体。除此之外，许多种类能形成一种特殊的无性生殖的结构叫作粉芽。它是叶状体表面或特殊的分枝上，几根菌丝缠绕着一个或数个藻细胞而成。粉芽从母体上脱落后随风传播到各处，遇适宜的环境条件即行萌发。

（四）地衣在自然界的作用及其经济意义

地衣分布很广，从平地到高山，从热带到寒带均可见，通常生长在岩石、树皮、树叶和土壤表面。地衣是多年生植物，生长极慢，抗旱性很强，只需微量的养料就能生存，所以能生长在许多植物不能生长的地方。地衣作为岩石生境中植物定居的先锋，在生态学上有很重要的意义。地衣生长在峭壁或裸石上，利用它特有的地衣酸腐蚀和溶解岩石。地衣死亡后的遗体经过腐化和被它分解的岩石颗粒混合在一起逐渐形成土壤，而后其他植物才可以随之生长，因此地衣在土壤形成过程中起着重大的作用。

地衣对空气污染非常敏感，在含极少量的二氧化硫及氟化氢等的空气中，它们将逐渐死亡。因此，在工业城市中及厂矿附近很少有地衣生长，在逐渐远离这些地区后，地衣也逐渐增多。因此，可以从地衣的存在与否及数量的多少，来检测空气污染的程度。有些地衣，其菌丝壁内含有色素，如染料衣（*Roccella tinctoria*）、红粉衣（*Ochrolechia tartarea*）可提取酸碱指示剂或地衣红靛，可染红色毛织品，又可用为化学指示剂与医学上的杀菌剂。松萝（*Usnea longissima*）、石蕊（*Cladonia rangiferina*）、肺衣（*Lobaria pulmonaria*）、犬地卷（*Peltigera canina*）是药用植物。有些种类可做饲料，如冰岛衣（*Cetraria islandica*）是北极草原寒冷地带驯鹿的常年饲料。石耳（*Gyrophora esculenta*）产于江西庐山，可供食用。

第三节　高等植物

高等植物是植物界最大而在形态构造和生理上都比较复杂的一个类群。它们是从类似现代生活的低等植物的祖先进化而来的。除了少数水生类型外，都是陆生植物。由于长期适应了陆地上的环境条件，除苔藓植物外都有了根、茎、叶和中柱的分化。

高等植物的生活周期具有明显的世代交替，即有性世代（配子代）和无性世代（孢子体）成有规律的交替出现。它们的生殖器官由多细胞构成。卵受精后在母体内发育成胚。

高等植物包括苔藓植物、蕨类植物、种子植物三大类群。

一、苔藓植物（Bryophyta）

苔藓植物是高等植物中最原始的陆生类群，约有 40 000 种。它们虽然脱离水生环境进入陆地生活，但大多数仍需生长在潮湿地区。因此它们是从水生到陆生过渡的代表类型。植物体构造简单而矮小，较低等的苔藓植物常为扁平的叶状体，较高等的则有茎叶分化，而无真正的根，仅有单列细胞构成的假根。茎中尚未分化出维管束的构造。在它们的世代交替过程中，配子体很发达，具有叶绿体，营自养生活，而孢子体不发达，不能独立生活，着生在配子体上，由配子体供给营养。它们的雌性生殖器官——颈卵器很发达，呈长颈花瓶状。在苔藓植物的生活史中出现胚，因此，根据以上一些特征，将它们归入高等植物。

苔藓植物大多数生于阴湿的土壤上或林中的树皮、树枝及朽木上，极少数生于急流水中的岩石上或干燥地区。在阴湿的森林中，常形成森林苔原，苔藓也和地衣一样有促进岩石分解为土壤的作用。根据植物体的构造不同，可分为苔类和藓类。

（一）苔类（Hepaticae）

常见的地钱（*Marchantia polymorpha* L.），其生活史如图 5－14 所示。其植物体（配子体）是成扁平二叉分枝的叶状体，匍匐生长，生长点位于二叉分枝的凹陷中，叶状体分为背腹两面。背面深绿色，表面生有突出的圆形杯状体，叫作胞芽杯，杯中可产生若干枚绿色带柄的芽孢。芽孢脱落后，能发育成新植物体。

从地钱内部构造上观察，背部表皮上分布有整齐而构造特殊的气孔。表皮是细胞直立不整齐而疏松的同化组织，同化组织以下的细胞较大横生，排列紧密，细胞内含有油脂，为贮藏的养料。腹部表皮生有假根鳞片，具有吸收、固着和保持水分的作用。

地钱的配子体是雌雄异株的，着生殖器官的雌托和雄托分别在不同叶状体的背部，形状像伞，具柄。雌托边缘深裂，呈星芒状，腹面倒悬许多颈卵器。颈卵器分颈腹两部，颈部外壁是一层细胞，里面是一条颈沟，沟内有一串小细胞，叫作颈沟细胞。腹部外壁由许多细胞构成，里面有一大的卵细胞，卵细胞上方是腹沟，沟内有一个腹沟细胞。雄托边缘浅裂，形如盘状，在盘状体背面生有许多小腔，每一个小腔里有一个精子器，精子器呈卵圆形，壁由一层细胞构成，下有一短柄。精子器内形成许多顶端具两根等长鞭毛的游动精子，游动精子借助水游至颈卵器内，与卵细胞融合，发生受精作用。卵受精后在颈卵器内发育成胚，胚进一步发育成具短柄的孢子体，它由胞蒴、蒴柄、基足三部分组成。孢蒴内的孢原组织一部分细胞形成四分孢子，另一部分细胞引长，细胞壁成螺纹加厚，在不同的湿度条件下发生伸屈运动，有弹散孢子的作用，叫作弹丝。孢子体成熟时，蒴柄引长，孢蒴裂开，孢子借弹丝的力量散出，孢子落地萌发成原丝体。原丝体分别发育成雌雄配子体。

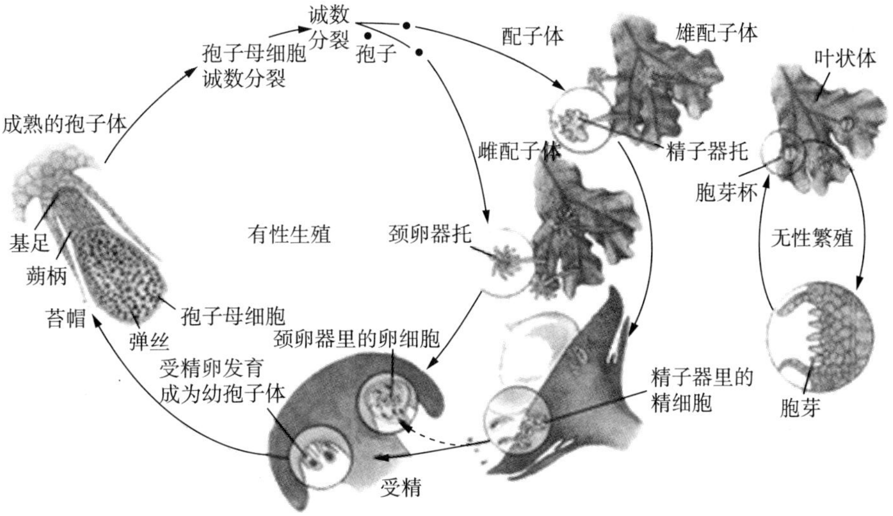

图 5－14　地钱生活史

（二）藓类（Musci）

以葫芦藓（*Funaria hygrometrica* Sibth.）（图 5－15）为例说藓类植物的特征。

葫芦藓的植物体（配子体）矮小直立，有茎、叶分化。茎细而短，基部分枝，下生有多

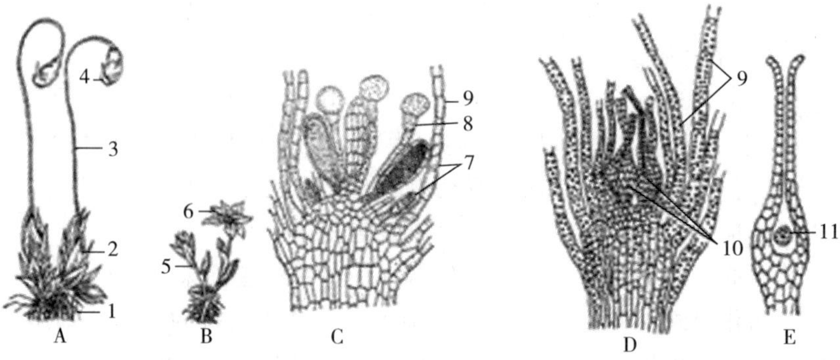

图 5－15　葫芦藓

A—具孢子体植株；B—具颈卵器植株；C—雄枝枝端纵切面；D—雌枝枝端纵切面；E—成熟的卵

1—假根；2—叶；3—孢子体；4—雌枝；5—雄枝；6—精子器；7—隔丝；8—叶；9—颈卵器；10—卵；11—卵

细胞假根。叶小而薄，具中肋，生于茎上。配子体是雌雄同株的，雌雄性生殖器官分别生于不同的枝顶。生有精子器的枝顶，周围密生叶片，形如花蕾状，称为雄苞。精子器丛生在雄苞内，形如棒状，内有许多精子，精子成螺旋状弯曲，前端具两根鞭毛。在精子器的周围生长多数隔丝，隔丝顶端常膨大呈球形。生有颈卵器的枝顶称为雌苞，叶片紧密包被，形状如芽。雌苞内生有许多颈卵器，颈卵器呈花瓶状，构造与地钱相似，在它们之间生有隔丝。

游动精子游至颈卵器，与卵细胞融合，形成合子。合子在颈卵器内发育成胚，胚继续生长分化形成孢子体。孢子体生长过程中，颈卵器腹部断裂。成熟的孢子体分为基足、蒴柄、孢蒴三部分。基足伸入配子体植株茎顶组织中吸取养料和水分，因而孢子体寄生于配子体上；蒴柄伸长，顶端膨大部分称为孢蒴。孢蒴的构造比较复杂，其内的孢子母细胞经减数分裂形成孢子。孢子成熟时，孢蒴开裂，孢子散出。孢子萌发形成原丝体，由原丝体上的芽形成配子体，如图 5－16 所示。

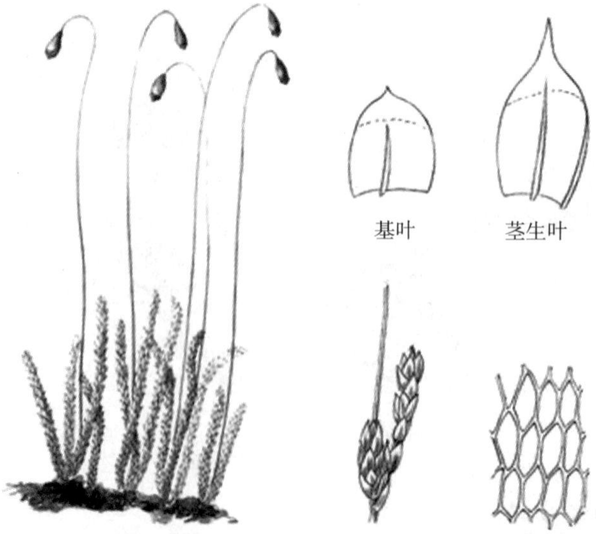

图 5－16　真藓孢子的萌发及原丝体的形成

（三）苔藓植物在自然界的作用及其经济意义

一般苔藓植物的含水量较多，如山地大量被覆苔藓植物，对土壤的保持、水分的蓄积都有极大的重要性。同时苔藓植物和地衣一样，对促进岩石分解和土壤形成起先锋作用。苔藓植物对于人类也有一定的经济价值，如泥炭藓（*Sphagnum*）形成的泥炭可做肥料和燃料。用它包裹苗木，能保持水分不致使苗木干死。用泥炭藓进行干馏，可以得到染料及其他产物。有多种藓可作药用，如金发藓（*Polytrichum*）、碎米藓（*Fabronia*）、真藓（*Bryum*）、树藓（*Homaliodendron*）等。苔藓植物常常是许多森林中的地被植物。苔藓植物可以用来反映林型特征和林地状况，我们常常根据林地上苔藓植物的成分来确定森林的类型。

二、蕨类植物（Pteridophyta）

蕨类植物具明显的世代交替，孢子体与配子体各自独立生活。孢子体形大而显著，为多年生植物，有根、茎、叶及维管束的分化。根为须根状。茎多为根状茎，在土中横走、上升或直立。叶有小叶型和大叶型之分，一部分种类为小叶型，大部分种类为大叶型。大叶型的叶常为多次羽状分裂或复叶。孢子囊单生或群生，着生孢子囊的叶称为孢子叶，有孢子叶、营养叶之分。有些种类孢子叶集生茎顶形成孢子叶球。根状茎中具维管束，它和具维管束的裸子植物与被子植物合称为维管植物。但蕨类植物的维管束，木质部只有管胞，韧皮部只有筛胞，是比较原始的维管束类型，一般无次生构造。输导系统的形成和完善化，是植物适应陆地生活的结果。蕨类植物比苔藓植物对陆地生活具有更强的适应性。

蕨类植物的配子体是简单微小的叶状体。颈卵器和精子器同体或异体而生。多数种类颈卵器和精子器都生于叶状体的腹面，少数生于背面。

蕨类植物广布全球，寒、温、热三带都有分布，以热带、亚热带、温带分布最多。它们的生长环境是多样的，有水生的，也有能生长在较干旱的地区的，但大多数的种类生长在林下、山野的阴坡、溪旁、沼泽等较为阴湿的环境。在气候温暖潮湿的地区，生长尤为繁茂。我国云南、四川、贵州、广东、广西、福建、台湾等省（区），蕨类植物的种类和数量均极为丰富，在世界上都占有很重要的地位。

蕨类植物种类很多，约有 12 000 种。

（一）石松属（*Lycopodium*）

石松属植物为多年生小型草本，茎细长、直立、半直立或匍匐生长，茎成二叉分枝。叶小，呈鳞片状、螺旋状排列在茎上。在直立分枝的顶端形成圆柱形的孢子囊穗。孢子囊穗由许多排列较为紧密的孢子叶组成。每一孢子叶的叶腋生有一肾形的原叶体（配子体）。原叶体上产生精子器和颈卵器。精子与卵融合后成为合子。合子在颈卵器内发育成胚。胚长大成为孢子体。其生活史见图 5 - 17 所示。

石松多分布在热带及温带潮湿环境，我国南方各省都有分布，有些种类在较寒冷的地方也能生长。有些石松可作为酸性土指示植物。

（二）卷柏属（*Selaginella*）

为多年生草本。茎匍匐、直立或攀缘生长，通常纤细，叶小单生，鳞片状，或螺旋状或交互对生在茎上，多做四行排列，上面的两行较大，叶腋内生有一枚小片叫叶舌。分枝

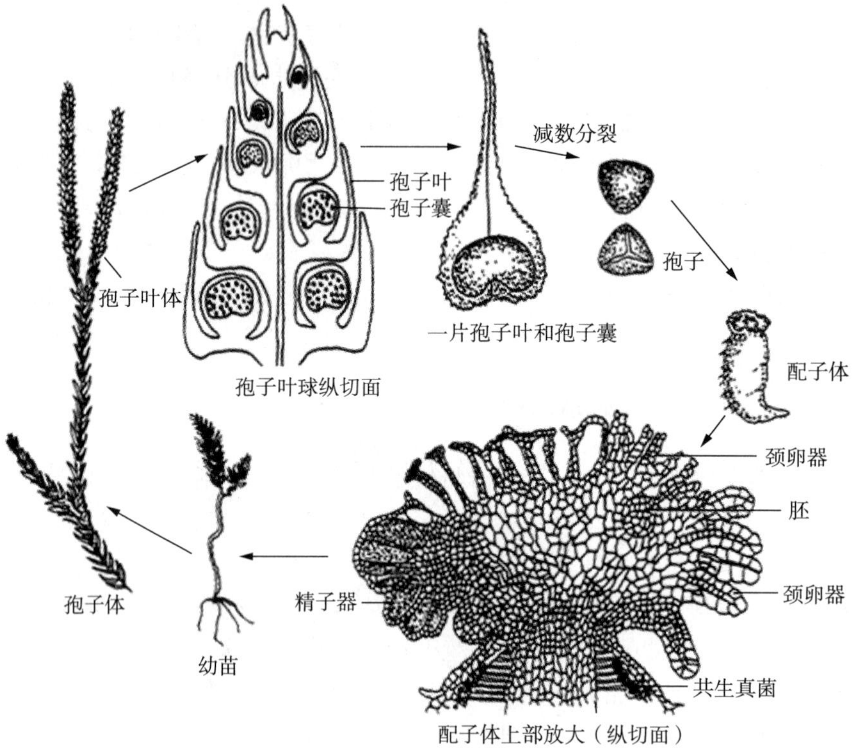

图 5－17　石松生活史

顶端产生孢子囊穗，呈四棱形，由大小孢子叶组成，大小孢子叶的上面基部产生大小两种孢子囊，大孢子囊内产生四个大孢子，小孢子囊内产生大量小孢子。大小孢子囊有时生在同一个孢子囊穗上（小孢子囊在上，大孢子囊在下），有时异株而生。植物的孢子有大小不同的区别，叫异型孢子。小孢子萌发产生雄配子体，形体很小，上部形成一个精子囊，囊内产生具有多数鞭毛的精子。大孢子萌发为多数细胞的雌配子体，它比雄配子体大得多，细胞内含有大量养料，供以后胚发育的需要，在大孢子上方的壁的裂口处生有构造简单的颈卵器。受精作用在有水的情况下进行。其生活史见图 5－18 所示。

卷柏分布很广，多数生于热带、亚热带、温带。它们是耐旱性极强的植物，能在极干燥的环境生存，干燥时枝叶内卷，呈干枯状态，遇雨就展开继续生长。

（三）木贼属（*Equisetum*）

为多年生常绿草本，茎分地下匍匐及地上直立两种，中空，都有节和节间。地上茎又分生育茎及营养茎两种，或不分。生育茎不分枝，顶端生长一枚孢子囊穗，营养茎上发生轮生的枝茎，有凹沟及隆起的棱脊，表皮的外壁含硅质。叶退化失去绿色，呈鳞片状。根是须根，由节上生出。孢子囊穗着生于生育茎顶端，孢子叶轮生在孢子囊穗的中轴上，孢子叶为六角盾形，中央有柄，孢子囊长形，沿盾形孢子叶下面的边缘而生。孢子囊内产生孢子，孢子萌发后产生雌雄两种原叶体。受精卵在颈卵器内发育成胚，胚长大成为孢子体。常见的种类有木贼（*Equisetum hyemale* L.）、问荆（*E. arvense* L.）（其生活史见图 5－19）、林问荆（*E. silvatium* L.）等。

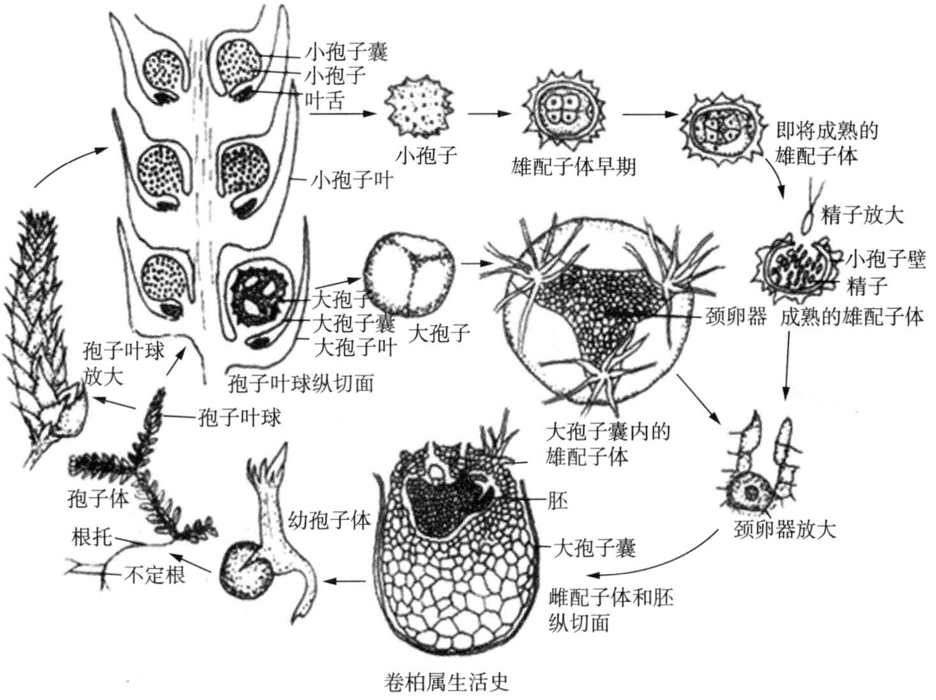

图 5－18　卷柏生活史

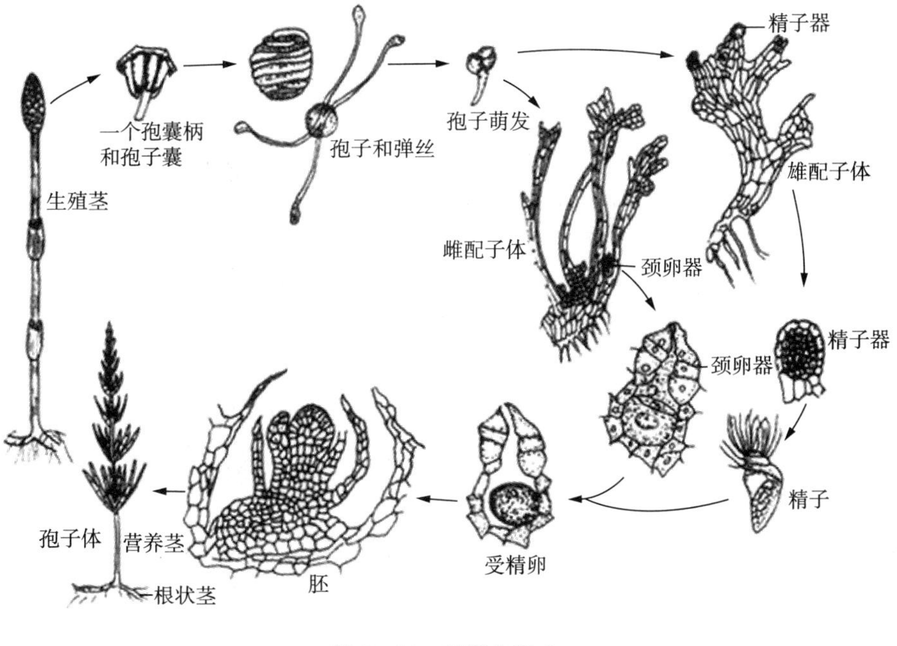

图 5－19　问荆生活史

木贼属植物主要分布在温带各地区，通常生长在田野、河岸、沙地、水沟旁或草原上比较阴湿的地方，有的生长在比较干旱的环境中，有的生于森林和灌木杂草中，还有的生在有地下水潜伏处，所以是地下泉源的指示植物。我国西北、河北各地常以木贼生长处作为开凿水井的指示。木贼茎的表皮含有硅质，可做金属和木器的磨光剂。有些种类供药用。

（四）蕨属（*Pteridium*）

最常见的蕨（*Pteridium aquilinum* L.）（其生活史见图 5-20）为多年生草本，具横走的根状茎。叶从根状茎上长出，散生，幼叶拳卷。叶有长柄，多为三回羽状复叶。

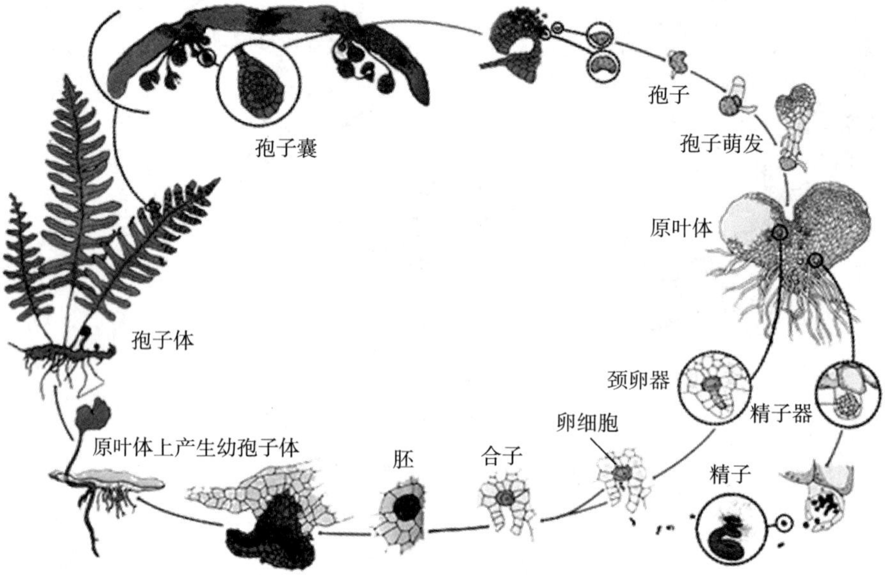

图 5-20　蕨类生活史

植物体进行繁殖时，在叶的下表面沿叶缘产生许多孢子囊（图 5-21），孢子囊集生成孢子囊群，孢子囊群外有囊群盖覆盖。

孢子囊具长柄，孢子囊壁上有一列内切线壁及侧壁加厚的细胞，围绕大约三分之二的孢子囊，称为环带。孢子囊成熟时，细胞干燥失水，环带翻转，使孢子囊开裂，孢子散出。

孢子落于土壤中萌发形成心脏形的片状体，称为原叶体，为蕨类植物的配子体。原叶体绿色，下面生有假根，能独立生活。原叶体中央部分较厚，为多层细胞，周围较薄仅有一层细胞。蕨类雌雄配子体同体，颈卵器生于原叶体凹入的较厚部分的细胞层内，仅颈部伸出原叶体表面。精子器生于原叶体表层，为球形，其中产生许多多鞭毛螺旋形的精子。精子器成熟，游动精子借水游至颈卵器与卵细胞融合，形成合子。合子在颈卵器内分裂形成胚。胚增大时，突破颈卵器壁，但是继续从原叶体吸取养料，直至成为独立的孢子体，原叶体才逐渐死亡。

蕨分布在世界各地，我国各省普遍都有生长，性喜温暖湿润，多生于山野向阳地区。嫩叶可食，名蕨菜；地下茎中可提取淀粉，名蕨粉，可供食用；蕨根有利尿解热的效用。

（五）蕨类植物在自然界的作用及其经济意义

蕨类植物常成为林下草本层的重要组成部分，对森林的生长和发育有一定的影响。其

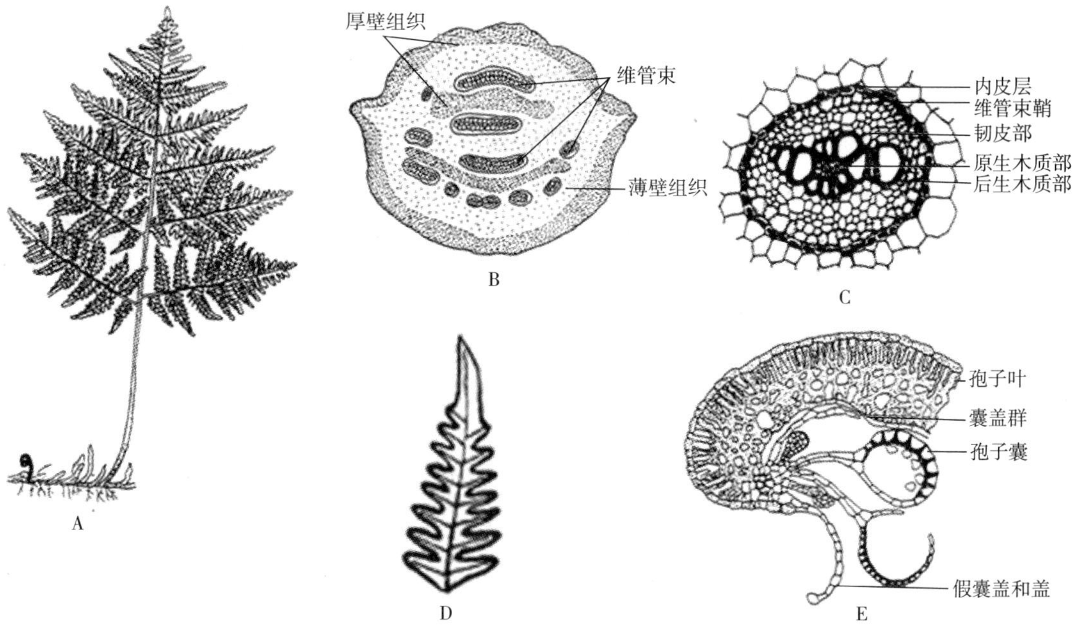

图 5－21 蕨的孢子体

A—孢子体外形；B—根状茎横切；C—一个维管束放大；

D—一个小羽片，囊群线形、边缘生，具假囊群盖；E—一个小羽片横切面一部

中的某些种类是土壤、气候等自然条件的指示植物。大多数的蕨类植物，喜生长在肥沃湿润有团粒结构的中性土壤中。有些种类如卷柏（*Selaginella tamariscina*）、石韦（*Pyrrosia lingua*）、贯众（*Cyrtomium fortunei*）、石蕨（*Saxiglossum angustissimum*）、肿足蕨（*Hypodematium crenatum*）、铁线蕨（*Adiantum capillus-veneris*）、柳叶蕨（*Cyrtogonellum fraxinellum*）、团羽铁线蕨（*Adiantum capillus-junonis*）、溪边凤尾蕨（*Pteris excelsa*）、蜈蚣草（*Pteris vittata*）等生长于石灰岩及钙质土壤上，为石灰岩或钙质土指示植物。石松（*Lycopodium japonicum*）、铁芒萁（*Dicranopteris linearis*）、紫箕（*Osmunda japonica*）、狗脊（*Woodwardia japonica*）、乌毛蕨（*Blechnum orientale*）、双盖蕨（*Diplazium donianum*）、半边旗（*Pteris semipinnata*）等生长在酸性土壤中，为酸性土指示植物。桫椤（*Alsophila spinulosa*）、崖姜（*Pseudodrynaria coronans*）、地耳蕨（*Quercifilix zeylanica*）等可指示热带及亚热带气候。变异鳞毛蕨（*Dryopteris varia*）则指示亚寒带、北温带气候。蕨类植物的分布，反映着当地的环境条件，因此可用来作为选择合适造林树种时的参考。许多蕨类植物是有名的药材，如石松、紫箕、狗脊、贯众、石韦、卷柏、海金沙等。还有一些种类的幼叶可做蔬菜，有些种类的地下茎可提取淀粉供食用，水生种类可做饲料和绿肥。

三、种子植物（Spermatophyta）

种子植物是现代地球上适应性最强，分布最广，种类最多，经济价值最大的一类植物。它们最突出的特点是用种子来繁殖。种子是由胚珠发育来的。它是长期适应陆地生活

的产物，也是保存种族适应陆地环境的最好方式。因为胚被保护在种子里，故而能够抵抗不适宜的环境条件，同时种子内还贮存了胚发育时所必需的养料，保证胚在休眠后能继续发育。种子的出现，是植物界进化过程中一次巨大飞跃，是种子植物能够不断繁盛，广布于地球上的重要因素。种子植物的另一特点是受精过程中形成花粉管，精子由花粉管输送到胚囊并与卵细胞融合，使种子植物的有性生殖不再受水条件的限制。此外，种子植物的孢子体非常发达，有强大的根系，体内各组织的分化愈来愈精细完善。种子植物的配子体极其简化，并寄生在孢子体上，从孢子体上获得水分和养料的供应。这使得种子植物能更好地适应陆地生活条件，对植物由水生到陆生的进化有很重要的意义。

根据种子是否有果皮包被，种子植物又可分为裸子植物和被子植物两大类。它们的形态构造及生活周期中的发育变化，第三、四章中已有介绍，下面仅做简要的概括和比较。

（一）裸子植物（Gymnospermae）

裸子植物无子房构造，胚珠裸露，着生在大孢子叶上，不形成果实。在进化过程中，种子比花及果实出现得早，因而裸子植物比被子植物原始。裸子植物都有形成层和次生构造，维管组织比被子植物简单。在大多数种类中（买麻藤植物例外），木质部只有管胞而无导管与纤维，韧皮部中只有筛胞而无筛管与伴胞。它们大部分是高大的乔木，极少数是灌木，无草本类型。裸子植物发生距今有三亿年左右，中生代是它们系统发育的全盛时期。现在存留的种类不多，约 700 种。广泛分布于世界各地，特别是在北半球亚热带高山地区及温带至寒带地区分布较广，组成大面积的森林。为林业生产上的主要用材树种，在人类经济生活中占有极重要的地位。

第三章中已详细叙述了裸子植物孢子体的构造特点，第四章中叙述了它们的有性生殖过程，现用图 5－22 所示松树的生活史，说明裸子植物的生活。

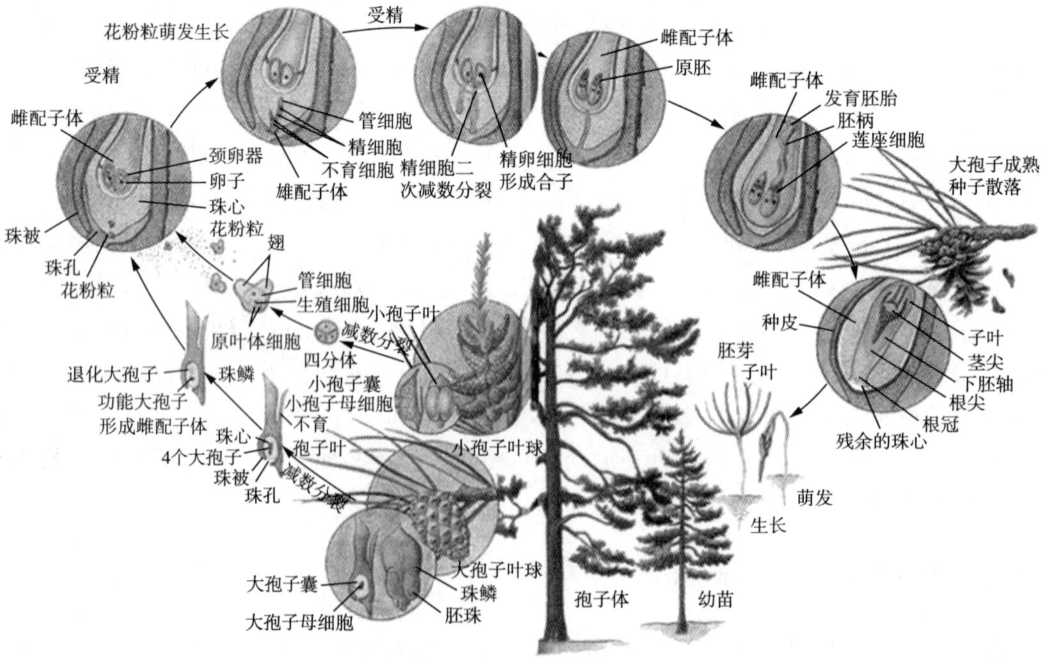

图 5－22　松树的生活史

（二）被子植物（Angiospermae）

被子植物是植物界中发展最高等的类型，它们最显著的特点是在繁殖过程中产生特有的生殖器官——花，所以又叫有花植物。胚珠包被在子房里，不裸露。传粉受精后胚珠发育成种子而子房则发育成果实。种子仍包被在果实内，这可保护胚不受外界环境条件的影响，并使后代的繁殖和传播得到可靠的保证。它们的雌性生殖器官不形成颈卵器，而进一步简化成由助细胞和卵细胞组成的卵器。在受精过程中出现了特殊的双受精现象，除精卵结合成合子外，作为胚的养料的胚乳也是经过有性过程产生的，所以不仅胚具有父母本的遗传性，胚乳也具父母本的遗传性，因此加强了后代的生活力和对环境的适应能力，并丰富了它们的遗传基础。植物体在构造上也较其他类型植物更为发达完善，表现在机械组织与输导组织存在明显的分工。在裸子植物体内管胞不仅输导水分，也是机械支持的唯一成分，而运输养料是由单个的筛细胞来完成。在被子植物体内出现了由多细胞组成的导管，更快、更有效地输导水分，由壁厚的纤维细胞起机械支持作用，输送养料则由较长的筛管进行。这种输导组织和支持组织的加强，保证了其对陆地条件有更强的适应性，进一步说明了被子植物比裸子植物更为进化。

由于被子植物具有上述各种更为适应陆地条件的形态特征，因此，被子植物发展成为地球上种类最多，适应类型最多的一群植物，约有 20 万种，占植物界总数的 1/2 以上，成为地球上最占优势的植物类群。被子植物又可分为双子叶植物和单子叶植物。

1. 双子叶植物（Dicotyledoneae）

其主要特征是：胚多具二片子叶；通常为直根系；茎中有形成层能进行增粗生长；叶为网状脉序；花各部每轮通常 4～5 数。

2. 单子叶植物（Monocotyledoneae）

其主要特征是：胚具一片子叶；为须根系；维管束中无形成层，一般无增粗生长；叶为平行脉序；花各部每轮通常 3 数。

被子植物的形态构造及生长发育过程，已在第三、四章中详细叙述过，现用简图表示其生活史（图 5 - 23）。

（三）种子植物在自然界中的作用及其经济意义

种子植物是植物界中占绝对优势的植物类群，它们覆盖着地球表面陆地的大部分，在自然界物质的循环中起着很重要的作用。它们和其他绿色植物一样，通过叶绿素进行光合作用，把无机物合成为有机物，把太阳能转化为化学能，贮藏在自己的体内，这种潜能成为地球上一切生命的动力源泉。这一过程把无机界与有机界紧密地联系起来。同时它们在光合作用中放出氧气，呼吸过程中放出二氧化碳，是保持大气中各种气体平衡的重要因素之一，在这些运动中种子植物发挥着突出的作用。种子植物包含大部分森林树种。森林对人类的生产与生活有着直接的影响，它可以防风、防旱、固沙、保持水土、涵养水源、调节气候、净化大气等。因此绿化祖国改造大自然，营造各种用材林和防护林是社会主义建设中不可缺少的一个重要组成部分。如何合理采伐和利用森林是当前我国亟待解决的重大问题之一。如果人为地对森林过度砍伐，将造成生态破坏的巨大灾难。除此之外，人们的衣、食、住、行和生产活动都直接或间接地和种子植物相联系着，如粮食、蔬菜、水果、药品和工业原料大部分都来源于种子植物。

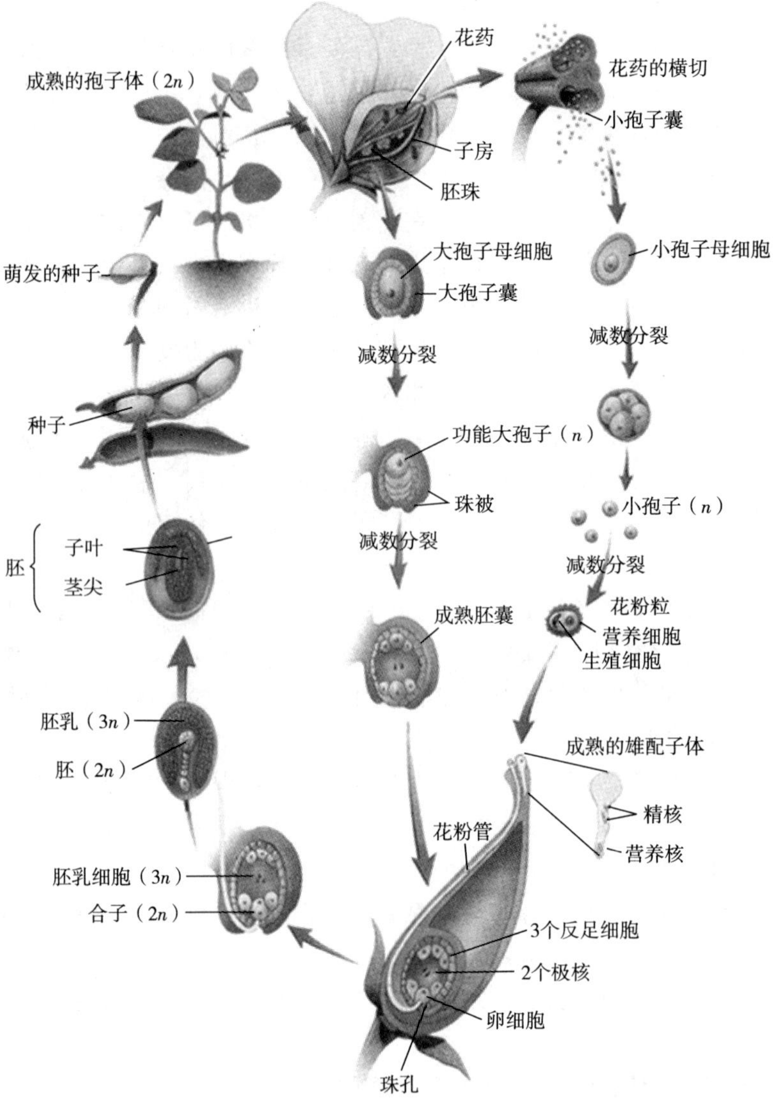

图 5-23　被子植物生活史

木材大部分来自于种子植物，是社会主义建设中不可缺少的物资，在基本工程建设及铁路、桥梁、车辆、矿山的建造和许多轻工业生产中都需要大量的木材。我国目前木材的重要产地是东北，其次是西南各省。进一步合理开发我国的森林资源，加强造林、营林工作，扩大森林面积，是目前一项紧急而艰巨的任务。农林生产对象，绝大部分为种子植物。对种子植物的充分利用已成为国民经济的重要组成部分。

第四节　植物界基本类群的进化

在漫长的历史发展过程中，这些繁多的植物种类都循着一定的规律在不断的运动、变化和发展着。有些种类趋于繁盛；有些种类已经绝迹；新的种类产生并发展起来。这种演化是从几十亿年以前开始的。人们要逐步了解这一过程，需通过研究古代地质的变迁所保留下来的古植物化石资料和地球上现存的植物种类的个体发育以及不同类型植物的形态结构、生理、生化和地理分布等，并系统分析、比较它们之间的相互关系，然后加以概括，从它们身上找出植物界过去发展所经历的道路。到目前为止，由于缺乏足够的资料和受科学水平的限制，对某些具体的演变发生问题，仍存在不同的意见。随着科学的不断发展，对古植物化石新的挖掘和对现存植物进一步的研究，必将对植物界的进化过程有更完善、系统和科学的结论。我们从本章所介绍的植物大类群的基本概述中可以看出植物发展进化的一般规律性，现简述如下。

植物形态结构的演化，是由简单到复杂，由单细胞到群体再到多细胞的个体的过程。低等植物的某些单细胞种类，如不含色素又没有细胞核结构的细菌，某些有色素无细胞核构造的蓝藻以及着生鞭毛能运动的衣藻，在一个细胞内执行着所有的生理机能而独立生存。群体结构的植物，是一种过渡类型，其表现有两种形式：一种是许多单细胞植物虽然生长在一起，但是每一个体生活仍是独立的，细胞之间的关系并不密切；另一种是细胞开始有了分化的趋势。多细胞的低等植物在形态与结构上发展成丝状体与叶状体，细胞开始有了分化，但分化程度不高，没有复杂的生理功能分工和器官的分化。苔藓植物在形态上出现了茎、叶和假根的构造，假根深入土壤吸收水分和溶于水中的无机盐，植物体表面有一层角质层，可以减少蒸腾，但是内部细胞的形态与功能大致相同，组织比较简单，没有维管束和中柱的形成，随着环境条件的复杂化，细胞有了精密的分工，进一步分化成各种组织，形态结构也更加趋于完善。

植物从水生生活过渡到陆生生活，从而摆脱了水的环境是植物界进化的主导因素。最早植物体全部浸没于水中，如低等的各种藻类；以后逐渐移居于阴湿地区，如一些苔藓植物；最后变成能在干燥地面生长的陆地植物，如绝大多数的种子植物。植物从水生到陆生，对环境巨大变化的适应主要是减少水分的损失，增加水分和养料的吸收，加强光合作用的效率，抵御风暴的袭击，因而产生了保护组织、机械组织和输导组织等，这使其对多变与复杂的陆地生活有了更强的适应性。

在世代交替过程中，进化的趋势是由配子体世代占优势到孢子体世代占优势，它体现了植物从水生到陆生的重大发展。原始的植物生在水中，生殖器产生在配子体上，形成游动精子等。游动精子必须在有水的条件下才能游至卵细胞，与卵结合。在它们的生活周期中是配子体占优势。随着植物由水生向陆生过渡，生活周期中形成了更为适应陆地生活的孢子体世代，而配子体逐渐缩小，并在较短的有利的时期内完成受精作用。例如，苔藓植物的配子体发达，孢子体寄生；到蕨类植物的配子体退化，孢子体逐渐发达，但两者均独立生活；再到种子植物的孢子体更为发达，配子体缩小、退化并寄生于孢子体上。种子植物的孢子体具完全的组织分化和器官分化。根、茎、叶等器官的形成和完善保证了水分和营养物质的吸收、运输，以及扩大光合面积以适应陆地生活条件。在它们的世代交替中孢子体占绝对优势，配子体缩小退化，不形成游动精子而以花粉管传送精子，使有性生殖完全摆脱了水的限制。而且配子体完全寄生在孢子体上，并从孢子体中获得生活所需的水分和养料，使植物的有性生殖过程不受某些不利条件的影响而得到充分的保证。以上几类植物世代交替过程的演变，反映了植物由水生向陆生进化的适应。

植物生殖方式和生殖器官的演变也是植物界进化的重要方面。最原始的蓝藻、细菌的繁殖中未发现过有性过程，它们的生殖方法是以简单的细胞分裂行营养繁殖。衣藻出现了有性过程，但在适宜的环境中它主要还是进行无性生殖，产生游动孢子；在环境不利时则产生配子，配子结合成合子，合子能度过不良的环境而保持种族的生存。有性生殖是否起源于无性生殖是一个尚未完全解决的问题。但从衣藻和某些绿藻来看，它们的游动孢子和配子，在形状、大小、结构，甚至鞭毛的数目方面都可以完全相同。正常的配子，在适当的条件下可以单独地发育成新植物体，行为和孢子一样。而正常的孢子也可能作为配子进行无性生殖，在绿藻中似乎是一条主要途径，但不是唯一途径。从本章介绍的低等植物到高等植物有性生殖进化的过程来看，生殖进化的方向是从同配生殖到异配生殖再到卵式生殖。同配生殖和异配生殖只在藻类与菌类中出现，到苔藓植物以后则全是卵式生殖，即产生卵细胞与精子。在低等植物中，生殖器官绝大多数为单细胞的，精子与卵细胞结合成合子后即脱离母体进行发育，不形成胚而直接形成新的植物体。高等植物的生殖器官则是由多细胞组成，合子在母体内发育，且形成胚，胚再形成新植物体。藻类、苔藓、蕨类产生游动精子，受精过程必须在有水的条件下才能进行，而种子植物产生花粉管，这样，受精作用这一十分重要的环节就不再受外界水的限制。尤其是种子的出现，胚包被在种皮内，免受外界不良条件影响，对植物适应陆地生活极其有利。另外，被子植物的双受精作用，也具有特殊的进化意义。由于胚及胚乳都具有丰富的遗传特性，增强了植物的生命力和适应性，是被子植物繁荣发展的内因，使种子植物，特别是被子植物的发展成为现代植物中进化程度最高和最占优势的类群。

在植物界发展进化过程中，上述这些变化是互相影响，互相联系，互相制约着的，它们属于有机整体的变化，而不能孤立地取其某一性状来作为衡量进化的唯一标准。

附录1　植物界进化年表

<table>
<tr><th>代</th><th>纪</th><th>距今时间（百万年）</th><th>主要植物类群进化情况</th><th>优势植物</th></tr>
<tr><td rowspan="5">新生代</td><td rowspan="2">第四纪</td><td>现代</td><td rowspan="2">被子植物占绝对优势，草本植物进一步发展</td><td rowspan="5">被子植物</td></tr>
<tr><td>早期　2.5</td></tr>
<tr><td rowspan="2">第三纪</td><td>后期　25</td><td>经过几次冰期后，森林衰落；草本植物发生，植物界的面貌与现代相似</td></tr>
<tr><td>早期　65</td><td>被子植物进一步发展且占优势，世界各地出现大范围森林</td></tr>
<tr><td rowspan="4">中生代</td><td rowspan="2">白垩纪</td><td>上　90</td><td>被子植物得到发展</td></tr>
<tr><td>下　136</td><td>裸子植物衰退，被子植物逐渐代替了裸子植物</td><td rowspan="4">裸子植物</td></tr>
<tr><td>侏罗纪</td><td>190</td><td>裸子植物中松柏类占优势，原始裸子植物消失；被子植物出现</td></tr>
<tr><td>三叠纪</td><td>225</td><td>水生乔木状蕨类植物继续衰退，裸子植物继续发展</td></tr>
<tr><td rowspan="9">古生代</td><td rowspan="2">二叠纪</td><td>上　260</td><td>裸子植物中苏铁类、银杏类、针叶类生长繁茂</td></tr>
<tr><td>下　280</td><td>木本乔木状蕨类植物开始衰退</td><td rowspan="4">蕨类植物</td></tr>
<tr><td>石炭纪</td><td>345</td><td>巨大的乔木状蕨类植物如鳞木类、芦木类、木贼类、石松类等形成森林；同时出现了矮小的真蕨类植物；种子蕨类进一步发展</td></tr>
<tr><td rowspan="3">泥盆纪</td><td>上　360</td><td>裸蕨类逐渐消失</td></tr>
<tr><td>中　370</td><td>裸蕨类植物繁盛，种子蕨出现；苔藓植物出现</td></tr>
<tr><td>下　390</td><td rowspan="2">植物由水生向陆生演化，陆地上已出现了裸蕨类；可能出现了原始维管植物；藻类植物仍占优势</td><td rowspan="5">藻类植物</td></tr>
<tr><td>志留纪</td><td>435</td></tr>
<tr><td>奥陶纪</td><td>500</td><td>海产藻类占优势，其他类型植物群继续发展</td></tr>
<tr><td>寒武纪</td><td>570</td><td rowspan="2">初期出现了真核细胞藻类，后期出现了与现在藻类相似的类群</td></tr>
<tr><td colspan="2">元古代</td><td>570～1 500</td></tr>
<tr><td colspan="2">太古代</td><td>1 500～5 000</td><td>生命开始，细菌、蓝藻出现</td><td>原核生物</td></tr>
</table>

附录2 常见种子植物中文名、拉丁名对照

一 画

一枝黄花	*Solidago decurrens* Lour.

二 画

人面子	*Dracontomelon duperreanum* Pierre

三 画

大叶桉	*Eucalyptus robusta* Smith
大豆	*Glycine max* (L.) Merr.
大丽花	*Dahlia pinnata* Cav.
大麻	*Cannabis sativa* L.
大麻槿（洋麻）	*Hibiscus cannabinus* L.
大茨藻	*Najas Marina* L.
大戟科	Euphorbiaceae
万年青	*Rohdea japonica* (Thunb.) Roth
飞蛾槭	*Acer oblongum* Wall. ex DC.
马尾松	*Pinus massoniana* Lamb.
马齿苋	*Portulaca oleracea* L.
马铃薯	*Solanum tuberosum* L.
小麦	*Triticum aestivum* L.
小茴香	*Foeniculum vulgare* Mill.
小蘖（黄芦木）	*Berberis amurensis* Rupr.
卫茅	*Euonymus alatus* (Thunb.) Sieb.
山杨	*Populus davidiana* Dode
山楂	*Crataegus pinnatifida* Bge.
女贞	*Ligustrum lucidum* Ait.
大叶榉树	*Zelkova schneideriana* Hand.-Mazz.

四　画

文竹	*Asparagus setaceus*
木兰科	Magnoliaceae
木麻黄	*Casuarina equisetifolia* Forst.
木麻黄属	*Casuarina* Adans.
木犀（桂花）	*Osmanthus fragrans*（Thunb.）Lour.
木莲	*Manglietia fordiana* Oliv.
木薯	*Manihot esculenta* Crantz
无花果	*Ficus carica* L.
南洋杉属	*Araucaria* Juss.
五角枫（色木槭）	*Acer mono* Maxim.
甘薯（番薯）	*Ipomoea batatas* Poir
云杉	*Picea asperata* Mast.
云杉属	*Picea* Dietr.
云南松	*Pinus yunnanensis* Franch.
水毛茛	*Batrachium bungei*（Steud.）L. Liou.
水青冈	*Fagus longipetiolata* Seem.
水柳	*Salix warburgii*
水稻	*Oryza sativa* L.
毛白杨	*Populus tomentosa* Carr.
毛竹	*Phyllostachys heterocycla*
毛茛	*Ranunculus japonicus* Thunb.
毛茛科	Ranunculaceae
凤梨	*Ananas comosus*（L.）Merr.
中华补血草（盐云草）	*Limonium sinense*（Girard）Kuntze

五　画

兰科	Orchidaceae
东北红豆杉	*Taxus cuspidata* S. et Z.
乌桕	*Sapium sebiferum*（L.）Roxb.
龙舌兰属	*Agave* L.
龙眼	*Dimocarpus longan* Lour.
石竹科	Caryophyllaceae
石榴	*Punica granatum* L.
玉兰	*Magnolia denudata* Desr.
玉蜀黍（玉米）	*Zea mays* L.

仙人掌	*Opuntia stricta* (Haw.) Haw. var. *dillenii* (Ker-Gawl.) Benson
仙人掌属	*Opuntia* Mill.
冬瓜	*Benincasa hispida* Cogn.
印度榕	*Ficus elastica* Roxb.
加拿大白杨	*Populus canndensis* Moench.
禾本科	Gramineae
白皮松	*Pinus bungeana* Zucc. ex Endl.
白蜡树	*Fraxinus chinensis* Roxb.
白榆	*Ulmus pumila* L.
丝兰属	*Yucca* L.
台湾相思（相思树）	*Acacia confusa* Merr.

六 画

杧果	*Mangifera indica* L.
地锦（爬山虎）	*Parthenocissus tricuspidata* Planch.
芝麻	*Sesamum indicum* L.
芍药	*Paeonia lactiflora* Pall.
李	*Prunus salicina* Lindl.
朴树	*Celtis sinensis* Pers.
亚麻	*Binum usitatissimum* L.
百岁兰属	*Welwitschia* Hooker
羽叶槭	*Acer negundo* L.
买麻藤	*Gnetum montanum* Markgr.
向日葵	*Helianthus annuus* L.
朱槿	*Hibiscus rosa-sinensis* L.
华山松	*Pinus armandii* Franch
竹节蓼	*Homalocladium platycladum* Bailey
合欢	*Albizia julibrissin* Durazz.
红松	*Pinus koraiensis* Sieb. et Zucc.
红树	*Rhizophora apiculata* Bl.
刚竹属	*Phyllostachys* Sieb. et Zucc.

七 画

冷杉	*Abies fabri* Craib
冷杉属	*Abies* Mill.
芦荟	*Aloe vera* var. *chinensis* (Haw.) Berg.
苏铁	*Cycas revoluta* Thunb.

杏	*Armeniaca vulgaris* Lam.
枣	*Ziziphus jujuba* Mill.
车轴草	*Galium odoratum* (L.) Scop.
夹竹桃	*Nerium indicum* Mill.
杉科	Taxodiaceae
杉木属	*Cunninghamia* R. Br.
杉木	*Cunninghamia lanceolata* (Lamb.) Hook.
杜仲	*Eucommia ulmoides* Oliv.
杜鹃	*Rhododendron simsii* Planch.
杨属	*Populus* L.
杨梅	*Myrica rubra* Sieb. et Zucc.
赤松	*Pinus densiflora* Sieb. et Zucc.
热带松	*Pinus tropicalis* Mor.
连翘	*Forsythia suspensa* Vahl.
豆科	Leguminosae
壳斗科	Fagaceae
苎麻	*Boehmeria nivea* (L.) Gaud.
皂荚	*Gleditschia sinensis* Lam.

八　画

夜香树	*Cestrum nocturnum* L.
泡桐	*Paulownia fortunei* (Seem.) Hemsl.
波斯菊	*Cosmos bipinnata* Cav.
油杉属	*Keteleeria* Carr.
油松	*Pinus tabuliformis* Carr.
油茶	*Camellia oleifera* Abel.
油桐	*Vernicia fordii* Hemsl.
油橄榄	*Olea europaea* L.
奇异堇菜	*Viola mirabilis* L.
郁金香	*Tulipa gesneriana* L.
苹果属	*Malus* Mill.
苹果	*Malus pumila* Mill.
苦槠	*Castanopsis sclerophylla* Schott.
枫香树	*Liquidambar formosana* Hance.
枫杨	*Pterocarya stenoptera* DC.
松属	*Pinus* L.
构树	*Broussonetia papyrifera* (L.) L'Herit. ex Vent.
板栗	*Castanea mollissima* Bl.

刺楸	*Kalopanax septemlobus* (Thunb.) Koidz.
刺槐	*Robinia pseudoacacia* L.
鸢尾	*Iris tectorum* Maxim.
罗布麻	*Apocynum venetum* L.
罗汉松属	*Podocarpus* L. Her.
金合欢属	*Acacia* L.
金合欢	*Acacia farnesiana* Willd.
金丝桃属	*Hypericum* L.
金鱼藻	*Ceratophyllum demersum* L.
金钱松	*Pseudolarix amabilis* Rehd.
侧柏	*Platycladus orientalis* (L.) Franco.
苘麻	*Abutilon theophrasti* Medicus

九　画

洋葱（玉葱）	*Allium cepa* L.
柿科	Ebenaceae
柿	*Diospyros kaki* Thunb.
柽柳	*Tamarix chinensis* Lour.
柑橘属	*Citrus* L.
栎属	*Quercus* L.
柏科	Cupressaceae
柏木	*Cupressus funebris* Endl.
柳属	*Salix* L.
南瓜	*Cucurbita moschata* Duch.
南亚松	*Pinus latteri* Mason
南洋杉属	*Araucaria* Juss.
南蛇藤	*Celastrus orbiculatus* Thunb.
胡枝子	*Lespedeza bicolor* Turcz.
胡颓子	*Elaeagnus pungens* Thunb.
胡椒科	Piperaceae
厚朴	*Magnolia officinalis* R. et W.
茶	*Camellia sinensis* O. Ktze.
草麻黄	*Ephedra sinica* Stapf
骆驼刺	*Alhagi sparsifolia* Shap.
剑麻	*Agave sisalana* Perr. ex Engelm.
荔枝	*Litchi chinensis* Sonn.
垂柳	*Salix babylonica* L.
香蒲	*Typha orientalis* Presl

香蕉	*Musa nana*

十　画

滇杨（云南白杨）	*Populus yunnanensis* Dode
栗属	*Castanea* Mill.
桉属	*Eucalyptus* L. Herit
核桃（胡桃）	*Juglans regia* L.
桤木属	*Alnus* Mill.
桤木	*Alnus cremastogyne* Burk.
栓皮栎	*Quercus variabilis* Bl.
桃	*Amygdalus persica* L.
桦木属	*Betula* L.
栲属（锥属）	*Castanopsis* sp.
桂花（木樨）	*Osmanthus fragrans* Lour.
荸荠	*Heleocharis dulcis*（Burm. F.）Trin.
桔梗科	Campanulaceae
通麦栎	*Quercus tungmaiensis* Y. T. Chang
臭椿（樗）	*Ailanthus altissima*（Mill.）Swingle
铁杉	*Tsuga chinensis*（Franch.）Pritz.
绣线菊属	*Spiraea* L.
绣球	*Hydrangea macrophylla*（Thunb.）Seringe
桑	*Morus alba* L.
桑寄生属	*Loranthus* L.

十 一 画

麻栎	*Quercus acutissima* Carruth.
麻黄（草麻黄）	*Ephedra sinica* Stapf
望天树	*Parashorea chinensis* Wang Hsie
旋花科	Convolvulaceae
梅	*Armeniaca mume* Sieb.
梧桐	*Firmiana simplex* W. Wight
梓属	*Catalpa* L.
梓树	*Catalpa ovata* G. Don.
萌芽松	*Pinus echinata* Mill.
黄杉	*Pseudotsuga sinensis* Dode
黄耆属	*Astragalus* L.
黄瓜	*Cucumis sativus* L.

黄连木	*Pistacia chinensis* Bunge.
黄麻	*Corchorus capsularis* L.
黄花夹竹桃	*Thevetia peruviana*（Pers. ）K. Schum.
萝芙木	*Rauvolfia verticillata*（Lour. ）Baill.
萝藦科	Asclepiadaceae
菊科	Compositae
菱属	*Trapa* L.
悬铃木属	*Platanus* L.
悬铃木	*Platanus orientalis* L.
蛇葡萄	*Ampelopsis brevipedunculata*（Maxim. ）Trautv.
梨属	*Pyrus* L.
猪毛菜	*Salsola collina* Pall.
假叶树	*Ruscus aculeata* L.
银杏	*Ginkgo biloba* L.
银胶菊	*Parthenium argentatum* A. Grag
银桦	*Grevillea robusta* A. Cunn.
雪松	*Cedrus deodara* Loud.
野胡萝卜	*Daucus carota* L.
野百合	*Lilium brownii*
菟丝子属	*Cuscuta* L.
菟丝子	*Cuscuta chinensis* Lam.

十 二 画

湿地松	*Pinus elliottii* Engelm.
棉属	*Gossypium* L.
棕榈	*Trachycarpus fortunei*（Hook. ）H. Wendl.
椰子	*Cocos nucifera* L.
落叶松属	*Larix* Mill.
落叶松（兴安落叶松）	*Larix gmelinii*（Rupr. ）Kuz.
落羽杉	*Taxodium distichum*（L. ）Rich
葡萄	*Vitis vinifera* L.
葛属	*Pueraria* DC.
景天属	*Sedum* L.
黑松	*Pinus thunbergii* Parl.
黑藻	*Hydrilla verticillata*（L. f. ）Royle
紫穗槐	*Amorpha fruticosa* L.
紫丁香	*Syringa oblata* Lindl.

紫堇科	Fumariaceae
番木瓜	*Carica papaya* L.
番茄	*Lycopersicum esculentum* (L.) Mill.
鹅耳枥属	*Carpinus* L.
鹅耳枥	*Carpinus turczaninowii* Hance
鹅掌楸	*Liriodendron chinense* Sarg.

十 三 画

新疆杨	*Populus bolleana* Louche
慈姑	*Sagittaria trifolia* L. var. *sinensis* (Sims) Mak.
槐属	*Sophora* L.
槐树	*Sophora japonica* L.
榆属	*Ulmus* L.
榆	*Ulmus pumila* L.
椴属	*Tilia* L.
椴树	*Tilia tuan* Szysz.
楝树	*Melia azedarach* L.
楸树	*Catalpa bungei* C. A. Mey.
蒲葵	*Livistona chinensis* R. Br.
鼠尾草	*Salvia japonica* Thunb.
蓝桉	*Eucalyptus globulus* Lab.
蒿属	*Artemisia*

十 四 画

榕树	*Ficus microcarpa* L. f.
蔷薇科	Rosaceae
蔷薇属	*Rosa* L.
罂粟科	Papaveraceae

十 五 画

樟	*Cinnamomum camphora* (L.) Presl.
槲寄生属	*Viscum* L.
槲寄生	*Viscum coloratum* (Kom.) Nakai
槭属	*Acer* L.
豌豆	*Pisum sativum* L.
樱桃	*Cerasus pseudocerasus* Lindl.

十六画以上

橡胶树	*Hevea brasiliensis*（H. B. K.）Muell. Arg.
橡胶草	*Taraxacum kok-saghyz* Rodin
薄壳山核桃	*Carya illinoensis* Koch
藜科	Chenopodiaceae
麝香百合	*Lilium longiflorum* Thunb.